国家自然科学基金项目（51374095、51774119）、教育部创新团队发展
支持计划项目（IRT_16R22）和煤炭安全生产河南省协同创新中心资助

基于煤结构的煤粒瓦斯放散规律与机理研究

刘彦伟 著

科学出版社
北京

内 容 简 介

煤粒瓦斯放散动力学规律和模型大多是基于均质煤粒建立，没有考虑软硬煤在孔隙结构和分子结构方面的差异及其对瓦斯放散规律的影响，工程实践表明，软煤瓦斯含量损失量推算、煤粒瓦斯解吸指标等参数测定偏差较大。本书研究了不同煤阶典型软硬煤分子结构、孔隙结构、初始瓦斯扩散浓度和瓦斯放散动态过程的差异特征，探讨动力变质对煤粒瓦斯放散规律的影响。根据气体在多孔介质运移理论，揭示煤结构对软硬煤粒瓦斯放散的影响机理。引入孔隙结构参数，建立能统一描述软硬煤粒瓦斯放散动态过程的多重孔隙结构动力学物理-数学模型，求解瓦斯放散量与时间关系式，采用数值模拟研究不同煤阶、破坏类型煤粒瓦斯放散规律。为瓦斯灾害预测与防治、煤层气开发奠定理论基础。

本书适合煤矿瓦斯灾害防治、煤层气、页岩气勘探与开发等领域的学者、研究生和工程技术人员阅读。

图书在版编目(CIP)数据

基于煤结构的煤粒瓦斯放散规律与机理研究 / 刘彦伟著．—北京：科学出版社，2018.3

ISBN 978-7-03-054692-0

Ⅰ．①基…　Ⅱ．①刘…　Ⅲ．①煤层瓦斯-瓦斯抽放-研究　Ⅳ．①TD712

中国版本图书馆 CIP 数据核字（2017）第 243855 号

责任编辑：王　运　姜德君/责任校对：张小霞

责任印制：张　伟/封面设计：铭轩堂

科学出版社 出版

北京东黄城根北街 16 号

邮政编码：100717

http://www.sciencep.com

北京中石油彩色印刷有限责任公司 印刷

科学出版社发行　各地新华书店经销

*

2018 年 3 月第　一　版　开本：787×1092　1/16

2018 年 3 月第一次印刷　印张：13

字数：300 000

定价：128.00 元

（如有印装质量问题，我社负责调换）

前　言

煤层气（煤矿瓦斯）开发利用“十三五”规划要求，到2020年，煤层气（煤矿瓦斯）产量达到240亿m^3，增加60亿m^3，该目标是在关闭退出3700处矿井前提下提出的，且关闭矿井多为煤与瓦斯突出矿井、高瓦斯矿井，因此，提高煤层气产量是国家“十三五”期间的主要能源发展方向之一。煤炭行业“十三五”规划要求，煤矿安全生产长效机制进一步健全，安全保障能力显著提高，重大、特大事故得到有效遏制，相对于2015年，煤矿事故死亡人数下降15%以上。但由于我国高应力、构造煤、低渗透性煤层气资源占比高，在基础理论和技术工艺方面尚未取得根本性突破，简单复制常规油气技术及国外技术均难以实现高效开发。煤与瓦斯突出等动力灾害致灾机理、煤与瓦斯共采基础理论研究需要进一步加强。煤粒的瓦斯放散规律、机理和模型方面的研究是煤层瓦斯含量测定、突出危险性预测、突出发展过程中破碎煤的瓦斯涌出、采落煤瓦斯涌出和煤层气开发等方面的关键科学问题之一。煤粒指从煤层中剥落，不受地应力影响、具有等压解吸放散条件的松散煤体。国内外学者通过理论推导和实验测定，总结出了多个煤粒瓦斯解吸经验公式，但井下测定和实验测定结果均表明，这些经验公式不适用于软分层初始段瓦斯解吸规律，软硬煤瓦斯解吸规律的差异性不清，缺少统一准确描述具有不同煤结构特征的软硬煤瓦斯放散规律的物理–数学模型，导致在工程应用中存在突出预测和效果检验不准确，煤层气勘探和储量、抽采可行性评估不准确，落煤瓦斯涌出量预测不准确等问题。

本书针对以上工程应用中存在的问题，围绕软硬煤差异特征，采用数学建模、实验室物理模拟实验、数值模拟实验和现场验证等综合研究方法，研究了煤的孔隙结构和分子结构特征差异、软硬煤瓦斯放散规律的差异性、气体在不同孔隙内的吸附运移行为差异。建立了能统一描述软硬煤的多孔隙结构物理–数学模型，分析了瓦斯放散参数随时间的变化特征，为解决以上工程问题奠定了理论基础。全书由河南理工大学刘彦伟撰写，研究生薛文涛、潘保龙、李通等协助完成了大量的实验和数据整理工作，张宝桢、王丹丹、李培博、张鑫淼和冯官正协助文字和图形编辑。全书由刘彦伟统一审核、定稿。

本书的出版将推动煤层瓦斯扩散理论的发展，有利于促进煤层气勘探和抽采可行性评估，改善煤矿安全状况；也会促进低渗透率煤层进行地面煤层气开发的相关理论研究。本书得到了国家自然科学基金项目（51374095、51774119）、教育部创新团队发展支持计划项目（IRT_16R22）和煤炭安全生产河南省协同创新中心的资助，在此一并致以最诚挚的感谢！同时也感谢上述研究生的辛勤工作！

由于作者水平有限，书中难免有不足之处，恳请读者批评指正，不胜感谢。

目　　录

前言
第1章　绪论 …… 1
1.1　研究目的和意义 …… 1
1.2　国内外研究现状 …… 3
1.2.1　煤孔裂隙结构特征及其对煤粒瓦斯放散规律的影响 …… 3
1.2.2　分子结构特征及其对煤粒瓦斯放散规律的影响 …… 7
1.2.3　煤的瓦斯放散规律研究现状 …… 8
1.2.4　煤粒瓦斯放散规律的影响因素研究现状 …… 11
1.2.5　煤粒的瓦斯放散机理研究现状 …… 13
1.2.6　煤粒的瓦斯放散动力学模型 …… 14
1.2.7　瓦斯解吸规律的应用 …… 17
1.2.8　存在问题 …… 19
第2章　华北板块构造软煤分布规律及构造控制作用 …… 20
2.1　构造煤区域分布规律及大地构造控制 …… 21
2.1.1　构造煤区域分布规律 …… 21
2.1.2　构造煤区域分布的大地构造控制 …… 22
2.2　构造煤层域分布规律及含煤建造控制 …… 23
2.2.1　构造煤层域分布规律 …… 23
2.2.2　构造煤层域分布的含煤建造控制 …… 24
第3章　软硬煤孔裂隙结构的差异特征 …… 28
3.1　煤样采集与制备 …… 29
3.1.1　煤样的采集与制作 …… 29
3.1.2　实验煤样的制备 …… 30
3.1.3　煤样的基本参数测定结果 …… 30
3.2　煤的大孔裂隙扫描电镜实验 …… 31
3.3　压汞法分析软硬煤孔隙结构特征 …… 33
3.4　低温液氮吸附法分析软硬煤孔隙结构特征 …… 50
3.5　二氧化碳吸附法测量煤样孔隙结构 …… 59
3.5.1　二氧化碳吸附法原理 …… 59
3.5.2　二氧化碳吸附法可靠性分析 …… 60

3.5.3　二氧化碳吸附法数据分析 …… 60
3.6　小角 X 射线散射法测量煤样孔隙结构 …… 63
3.6.1　小角 X 射线散射法原理 …… 64
3.6.2　小角 X 射线散射实验数据分析 …… 64
3.6.3　小角 X 射线散射结果可靠性分析 …… 68
3.7　软硬煤全尺度孔隙结构差异特征 …… 68
3.7.1　不同实验方法可测的合理孔径范围取值 …… 68
3.7.2　软硬煤全尺度孔隙孔容分析 …… 68
3.7.3　软硬煤全尺度孔隙比表面积分析 …… 70
3.7.4　软硬煤全尺度孔隙结构影响瓦斯放散规律的机理分析 …… 71
3.8　软硬煤孔隙结构分形特征 …… 72
3.8.1　分形的定义 …… 72
3.8.2　基于压汞实验的分形维数计算 …… 72
3.8.3　基于低温液氮吸附实验的分形维数计算 …… 74
3.8.4　基于小角 X 射线散射实验的分形维数计算 …… 75
3.9　本章小结 …… 76
第 4 章　煤分子结构特征 …… 78
4.1　X 射线衍射实验 …… 79
4.1.1　X 射线衍射实验原理 …… 79
4.1.2　XRD 图谱处理与参数计算 …… 80
4.2　傅里叶红外光谱 …… 85
4.2.1　傅里叶红外光谱实验原理 …… 85
4.2.2　数据处理 …… 86
4.2.3　傅里叶红外光谱图处理 …… 88
4.3　本章小结 …… 96
第 5 章　软硬煤瓦斯吸附规律差异性研究 …… 97
5.1　软硬煤瓦斯吸附规律 …… 97
5.2　瓦斯吸附等温线方程 …… 98
5.2.1　吸附模型介绍 …… 98
5.2.2　软硬煤吸附数据处理 …… 100
5.2.3　吸附模型对软硬煤吸附性能的适用性 …… 101
5.3　本章小结 …… 106
第 6 章　基于分子动力学模拟煤的瓦斯吸附机理 …… 107
6.1　软件介绍 …… 107
6.2　模型构建 …… 108

6.3 吸附模拟 …… 111
6.4 模拟结果与分析 …… 113
6.5 纳米级孔吸附性能模拟研究 …… 117
6.6 本章小结 …… 119
第7章 煤粒瓦斯放散实验系统研制 …… 122
7.1 煤粒瓦斯放散实验系统的设计 …… 122
7.1.1 实验仪器的系统结构 …… 123
7.1.2 实验仪器的功能分析 …… 124
7.2 实验仪器体积的标定 …… 124
7.3 实验系统死空间游离瓦斯体积的测定 …… 125
7.4 不同水分煤样制作 …… 126
7.5 测定数据处理 …… 127
第8章 煤粒瓦斯放散规律实验研究 …… 129
8.1 吸附平衡压力对瓦斯放散规律的影响 …… 129
8.1.1 平衡压力对瓦斯放散量的影响 …… 129
8.1.2 平衡压力对瓦斯放散速度的影响 …… 130
8.1.3 平衡压力对瓦斯放散系数的影响 …… 133
8.2 变质程度对瓦斯放散规律的影响 …… 135
8.2.1 变质程度对瓦斯放散量的影响 …… 135
8.2.2 变质程度对瓦斯放散速度的影响 …… 136
8.2.3 变质程度对瓦斯放散系数的影响 …… 137
8.3 破坏程度对瓦斯放散规律的影响 …… 139
8.3.1 破坏程度对瓦斯放散量的影响 …… 139
8.3.2 破坏程度对瓦斯放散系数的影响 …… 146
8.4 粒度对瓦斯放散规律的影响 …… 147
8.4.1 粒度对瓦斯放散量的影响 …… 147
8.4.2 粒度对瓦斯放散速度的影响 …… 149
8.4.3 粒度对扩散系数的影响 …… 152
8.5 水分对瓦斯放散规律的影响 …… 154
8.5.1 水分对瓦斯放散量的影响 …… 155
8.5.2 水分对瓦斯扩散系数的影响 …… 157
8.5.3 水分对瓦斯放散规律的影响机理 …… 158
8.6 环境温度对瓦斯放散规律的影响 …… 160
8.6.1 理论分析 …… 161
8.6.2 物理模拟实验 …… 162

8.6.3 环境温度对瓦斯放散规律的影响机理 …… 166
8.7 本章小结 …… 168
第 9 章 煤粒的瓦斯放散机理与模型研究 …… 170
9.1 煤粒的瓦斯放散机理 …… 170
9.1.1 煤粒内瓦斯流动方式探讨 …… 170
9.1.2 扩散模式 …… 171
9.1.3 扩散系数随时间变化的机理 …… 173
9.1.4 软硬煤扩散系数差异特征机理 …… 173
9.2 煤粒瓦斯放散物理-数学模型 …… 174
9.2.1 均质煤粒瓦斯扩散模型 …… 174
9.2.2 均质煤粒存在的问题 …… 179
9.2.3 双孔隙结构煤粒瓦斯扩散模型 …… 179
9.2.4 新模型的建立 …… 181
9.3 新模型通解的讨论与验证 …… 184
9.3.1 通解的讨论 …… 184
9.3.2 通解的实验验证 …… 185
第 10 章 结论与讨论 …… 187
10.1 结论 …… 187
10.2 讨论 …… 188
参考文献 …… 189

第1章 绪 论

1.1 研究目的和意义

1）我国煤矿瓦斯灾害与煤层气开发现状

我国的能源资源禀赋条件是富煤、贫油、少气。在世界能源消费结构中，2016年煤炭消费比重为28.1%，达到2004年以来的最低水平，但仍仅次于石油。煤炭仍是我国的主要能源，2016年中国煤炭生产和消费占全球比重接近一半，分别为46.1%和50.6%，2016年我国表观煤炭消费量为36.1亿t，占62%。2016年煤炭产量为33.64亿t。随着国民经济快速发展，煤炭工业面临新的发展机遇，也面临严峻挑战，综合考虑经济结构调整、技术进步和节能降耗等因素，产量和消费量在逐渐压缩，但煤炭仍然是我国主要能源。根据《能源发展“十三五”规划》《煤炭工业发展“十三五”规划》和《煤层气（煤矿瓦斯）开发利用“十三五”规划》，到2020年，煤炭消费总量控制在41亿t以内，煤炭消费比重下降到58%以下，煤炭生产量控制在39亿t，煤炭百万吨死亡率下降15%以上，控制在0.14%以内。煤层气（煤矿瓦斯）产量达到240亿m^3，增加60亿m^3，其中地面煤层气产量100亿m^3，相对2015年增加56亿m^3；煤矿瓦斯抽采140亿m^3，相对2015年增加4亿m^3，但以上目标是在关闭退出3700处矿井前提下提出的，且关闭矿井多为煤与瓦斯突出矿井、高瓦斯矿井，因此，提高煤层气产量是国家“十三五”期间的主要能源发展方向之一。

我国是世界上煤矿灾害严重、灾害多的国家。2016年全国规模以上煤炭企业原煤产量33.64亿t。发生煤矿事故249起、死亡538人，同比减少103起、60人，分别下降29.3%、10%；百万吨死亡率0.156，同比下降3.7%，虽然我国煤矿的安全状况正趋于好转，如图1-1和图1-2所示，但仍然与国际上发展中国家的水平有差距，与发达国家的先进水平相比差距更大。现在发展中国家的煤炭大国，如印度、南非、波兰等国家的百万吨死亡率均在0.1以下，发达国家，如美国、澳大利亚大概是0.03、0.05。发生瓦斯事故23起，同比减少22起，下降48.9%；死亡183人，同比略有反弹，煤矿瓦斯事故总量仍然较大。因此，煤炭行业“十三五”规划要求，煤矿安全生产长效机制进一步健全，安全保障能力显著提高，重特大事故得到有效遏制，相对于2015年，煤矿事故死亡人数下降15%以上。煤与瓦斯突出等动力灾害致灾机理、煤与瓦斯共采基础理论研究需要进一步加强。

2016年煤层气（煤矿瓦斯）抽采量173亿m^3。其中，井下瓦斯抽采量128亿m^3，地面煤层气产量45亿m^3。虽然煤矿瓦斯防治和煤层气开发利用工作取得积极进展，但仍存在一些差距和不足。但由于我国高应力、构造煤、低渗透性煤层气资源占比高，在基础理论和技术工艺方面尚未取得根本性突破，简单复制常规油气技术及国外技术均难以实现高效开发。

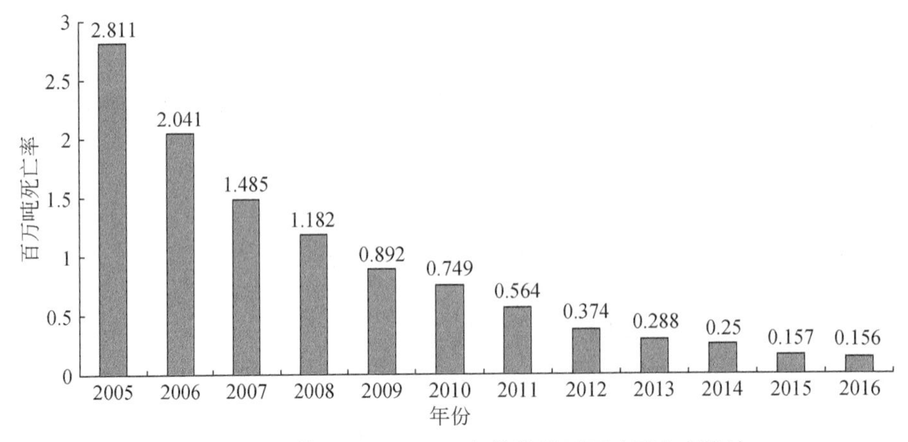

图 1-1　中国煤矿 2005～2016 年的煤炭百万吨死亡率统计

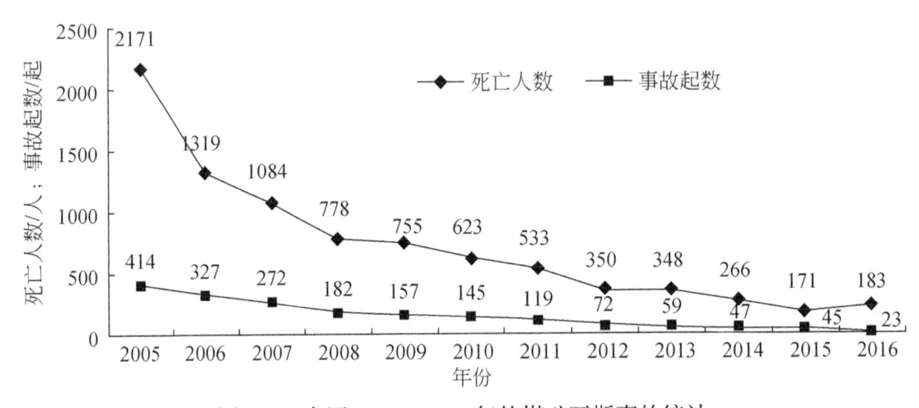

图 1-2　中国 2005～2016 年的煤矿瓦斯事故统计

2）煤粒瓦斯放散动力学规律是瓦斯灾害防治和煤层气开发理论基础之一

煤粒瓦斯放散动力学规律属于气体在多孔介质内的吸附、解吸和运移理论研究范畴，煤粒指从煤层中剥落，不受地应力影响、具有等压解吸放散瓦斯条件的松散煤体，如钻屑、采落煤体或破碎过的煤体等。煤粒瓦斯放散动力学规律指煤粒的瓦斯涌出量或瓦斯放散速度等参数与放散时间的量化关系。煤质差异大、孔隙结构多变和吸附解吸理论的不完善等原因，使以上问题更为复杂。

煤粒瓦斯放散动力学规律是煤层瓦斯含量测定、煤与瓦斯突出危险性预测、突出发展过程中破碎煤和采落煤的瓦斯涌出、煤层气开发等方面的关键科学问题之一。

煤层瓦斯含量、瓦斯放散初速度和煤粒瓦斯解吸指标是预测、评价和效果检验“抽采达标”和“两个四位一体”防治突出措施是否落实到位的主要参数，以上参数的准确测定均与煤粒瓦斯放散动力学规律和数学模型密切相关。

煤层气储量的计算、抽采效果的评价均需准确测定煤层瓦斯含量，煤粒瓦斯放散动力学规律和数学模型也是影响煤层气抽采效果的关键理论基础之一。

3）建立多重孔隙结构的非均质煤粒物理-数学模型的意义

目前应用最广泛的是基于均质煤粒和菲克（Fick）扩散定律，建立的常扩散系数煤粒瓦斯放散动力学规律和模型。而实际煤粒为非均质集合体，含有大量孔裂隙，包括微孔、过渡孔、中孔、大孔和可见孔等，不同煤粒孔隙结构特征迥异，以上孔隙中存储的瓦斯量和扩散路径也不同，瓦斯放散动态过程和扩散系数必然随煤孔隙结构和瓦斯放散时间而变化。工程实践表明，均质模型偏差较大，特别是描述软煤瓦斯放散动态过程时，在工程应用上易造成以下几个方面问题。

（1）突出预测和效果检验不准确：煤与瓦斯突出实例表明，造成人员伤亡的突出事故往往是预测或效果检验均不超标情况下发生的突出，如河南焦作九里山煤矿“10·27”突出事故，区域措施效果检验（采用煤层瓦斯含量）和局部措施效果检验（钻屑瓦斯解吸指标是指标之一）均不超标。出现该现象的原因除了人为因素和测定工艺因素外，煤粒瓦斯放散规律不清，数学模型不能准确描述瓦斯放散规律也是主要原因之一。而构造软煤发育区往往是容易发生煤与瓦斯突出的地点，《防治煤与瓦斯突出规定》第七十五条明确规定，预测（效检）钻孔应尽可能布置在软分层中。这里构造软煤是国家“十五”科技攻关计划提出的概念，主要指《煤与瓦斯突出矿井鉴定规范》（AQ 1024—2006）中煤的破坏类型分类表中的Ⅲ～Ⅴ类，f值一般小于0.5的受构造破坏的煤体。

（2）煤层储量和抽采评价不准确：由于煤层瓦斯含量损失量推算偏低，出现中国煤层气矿井实际开采资源量大于相应范围勘探资源量的现实情况。

（3）落煤瓦斯涌出量预测不准确。

综上所述，非均质煤粒瓦斯放散动力学规律和多重孔隙结构模型是工程应用中亟待解决的基础科学问题。

通过综合近几年的研究，结合煤的分子结构和孔隙结构的变化规律，揭示软硬煤粒瓦斯放散动力学规律与机理的差异性，建立适用于软硬煤的多孔隙煤粒瓦斯放散动力学物理数学模型。研究成果可用于瓦斯含量损失量估算、落煤瓦斯涌出量估算、瓦斯放散初速度估算、煤粒瓦斯解吸指标的准确测定和煤层气储量估算，在煤矿瓦斯灾害预测与防治效果评价和煤层气开发领域有广阔的应用前景。

1.2　国内外研究现状

国内外学者从煤矿瓦斯灾害预测与效果评价和煤层气开发角度，通过理论分析和实验研究，开展了大量的煤粒瓦斯放散动力学规律的研究，获得以下几个方面成果。

1.2.1　煤孔裂隙结构特征及其对煤粒瓦斯放散规律的影响

1）煤的孔隙结构及其对煤粒瓦斯放散规律的影响

煤是一种孔径尺寸跨度大、具有复杂结构的多孔介质，其孔隙特性是煤的瓦斯吸附、解吸、扩散、渗流和煤的强度等性质的物性基础。煤的比表面积、孔容、孔径分布、分形维数等表征煤孔隙结构的指标是研究煤层瓦斯吸附性能、瓦斯吸附解吸扩散机理、渗流特性的基础参数，是煤层瓦斯含量测定、煤与瓦斯突出危险性预测、煤层气开发的重要影响因素。国内外关于孔隙结构的研究结果表明，煤的孔隙系统中孔隙直径最小的只有5Å（即10^{-10}m），与甲烷分子直径相当，最大的孔隙直径有数百万埃等各种不同数量级的孔隙，关于孔隙的划分方法有近10种，根据国际通用标准，国际理论与应用化学联合会（IUPAC）划分方法，可将这些孔隙划分为微孔、<2nm，介孔（中孔）、2～50nm，大孔、>50nm。微孔和部分介孔是主要的瓦斯吸附空间；介孔是发生瓦斯分子扩散和毛细凝聚的空间；大孔构成了瓦斯的渗流空间和通道。因此，研究煤的孔隙结构特征是煤层瓦斯解吸扩散动态规律研究、煤层瓦斯赋存规律研究、煤矿瓦斯灾害预测与防治和煤层气开发的基础参数。

近年来，国内外常用的孔隙结构测定方法不仅包括CT扫描法、扫描电子显微镜（简称电镜）法、投射电镜法、光学显微镜法等定性的方法，还有压汞法、低温液氮吸附法、二氧化碳吸附法、小角度X射线散射法、小角度中子散射法、氦比重法等定量的方法。目前普遍应用的测定方法主要有压汞法、低温液氮吸附法，而二氧化碳吸附法具有测定微孔的优势，日益得到学者的关注。这些测定方法为煤的孔隙结构研究奠定方法与仪器设备基础。

关于孔隙结构的变化规律，迄今为止，已有不少研究者对比测试了不同矿区、不同煤阶的原生结构煤与构造煤的孔隙特征，Hower（1997）研究认为构造变形不会对纳米级结构产生变化；王佑安和杨思敬（1981）对29个不同破坏程度类型煤样的压汞实验结果表明，渗透孔隙体积（孔径100～10000Å）随煤体破坏程度增高而增大，最大时是原生结构煤的6.5倍，原因主要是中孔（1000～10000Å）体积的大幅度增大；姚多喜和吕劲（1996）、张红日（1999）、张井等（1996）利用压汞法证明构造煤主要增加了中孔和过渡孔的孔容，不影响纳米级孔的孔容，即纳米级孔隙结构没有发生应力变形。徐龙君等（1999）采用压汞法和二氧化碳吸附法对突出区煤的孔隙结构特征进行的研究表明，突出区煤的孔隙率、孔容、比表面积等均随其碳原子摩尔分数的增大而增大，且上述参数均与煤样点的位置有关。Frisen和Mikula（1988）建立了压汞法测试多孔固体时孔体积与压力的关系。

随着测试手段的改善，对构造煤中微孔的测试研究也得到了很大进展，从而有了一些与以往研究结果不同的认识。琚宜文等（2005a）、琚宜文和李小诗（2009）采用低温液氮吸附法、高分辨透射电镜研究了华北南部构造煤的纳米级孔隙结构，阐述说明构造应力的强弱对煤孔隙特征参数的演化起决定性作用；研究发现碎裂煤、碎斑煤及片状煤孔隙结构以开放孔和半封闭孔为主，碎粒煤及薄片煤属于半封闭孔，并有一定的开放性；揉皱煤及鳞片煤孔隙结构有一定的封闭性，糜棱煤主要为细颈瓶孔。

琚宜文等（2005b）通过X射线衍射和低温液氮吸附法对不同变质变形环境、不同变形系列构造煤的大分子结构和纳米级孔隙结构特征进行了深入研究，并结合高分辨透射电子显微镜对大分子结构和孔隙结构直观观测，研究表明：构造煤大分子结构的基本单元堆砌度从低煤阶变质变形环境到高煤阶变质变形环境增长较快，反映了构造变形强弱的变化；对于纳米级孔隙结构的变形，随着应力作用的增强，同一变质变形环境不同类型构造煤纳米级过渡孔孔容所占比例明显降低，微孔及其以下孔径段孔容明显增多，可见亚微孔和极微孔，过渡孔表面积所占比例大幅度降低，而亚微孔却增加得较快。

Porod（1951）、Debye等（1957）、许顺生（1966）等通过研究指出，电子密度起伏是产生小角X射线散射（SAXS）的根本原因。Guinier和Fournet（1995）发现碳粉和各种亚微观大小的微粒在X射线透射光附近出现连续散射现象。赵晓雨（2006）认为广角X射线衍射更适合研究原子尺度范围内的物质结构。相对于物理探测方法的不足，小角X射线散射法具有很多显著的优势，如X射线能够穿透煤样从而得到开放孔和封闭孔全部的结构信息（宋晓夏等，2014）。

煤与瓦斯突出是地应力、煤层瓦斯和煤体结构物理性质共同作用的结果。构造煤中孔隙对瓦斯突出的作用主要表现在：构造煤的孔隙率一般较高，因而可以保存更多的游离瓦斯，同时由于透气性小，渗透率低，构造煤保持相对较高的瓦斯压力，这是瓦斯突出所需的动力条件，也是瓦斯突出的内因（郝吉生和袁崇孚，2000）。

微孔和过渡孔中的气体可以产生扩散现象。瓦斯在煤中的流动状态取决于孔隙结构和孔隙中的排驱压力，直径为0.1～1.0μm的中孔构成了瓦斯缓慢流动的层流渗透区，直径为1～100μm的大孔构成了速度较快的层流渗透区，直径100μm及更大的大孔构成了层流和紊流的混合渗透区；一般构造煤中孔隙具有2～3个排驱压力（突破压力），而原生结构煤排驱压力高，不利于瓦斯突出（吴俊等，1991）。构造煤瓦斯放散速度快，而其速度快慢程度与煤的微孔隙结构、孔隙表面性质和孔隙大小有关；随构造破坏程度的增高，瓦斯放散速度加快，即糜棱煤>碎粒煤>碎裂煤（郭德勇等，2002），瓦斯放散速度越大，越容易形成具有携带已破碎煤能力的瓦斯流，即越有利于突出的发展。

煤的孔隙结构与分布是研究煤层气的赋存状态、气、水介质与煤基质间的相互作用，以及煤层气解吸、扩散和渗流的基础。霍多特（1996）首先根据孔隙结构与瓦斯分子的作用，将煤的孔隙结构分为5类，并得到众多学者的认同；李小彦和解光新（2004）认为孔径大小控制着扩散速率；聂百胜等（2000）根据气体在多孔介质中的扩散模式分析得出，瓦斯气体的平均自由程和不同尺寸微孔隙分布情况是影响瓦斯气体在煤层中扩散的主要因素。

构造煤和原生结构煤的比表面积的测试结果表明（降文萍等，2011），随煤体破坏程度的增高比表面积升高的一般规律。构造煤比表面积的增大表明其瓦斯吸附量将增加，不少研究者已经通过实验证实了这一结论。张子敏和张玉贵（2005）认为构造煤粒度小，从而造成比表面积增大，使得对瓦斯的吸附量增大。而目前的研究认为构造煤的渗透率普遍比原生结构煤小，且随破坏程度的增高而降低，易形成瓦斯突出，不利于瓦斯抽放。具有突出危险的煤，在同样压力下，变形值大，强度小，渗透率低，是导致瓦斯突出的关键条件。

关于变质程度对孔隙结构的影响，邹艳荣和杨起（1998）等多位学者研究了孔隙率与变质程度、比表面积与变质程度、孔径分布特征，典型成果如图1-3、图1-4所示，但关于破坏程度对孔隙结构随煤阶变化规律的影响方面的研究还较少。

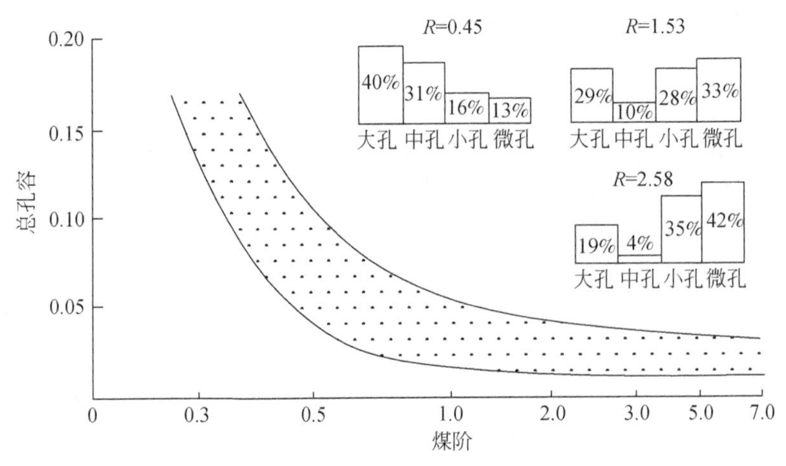

图 1-3 总孔容、孔径随煤阶的变化（邹艳荣和杨起，1998）

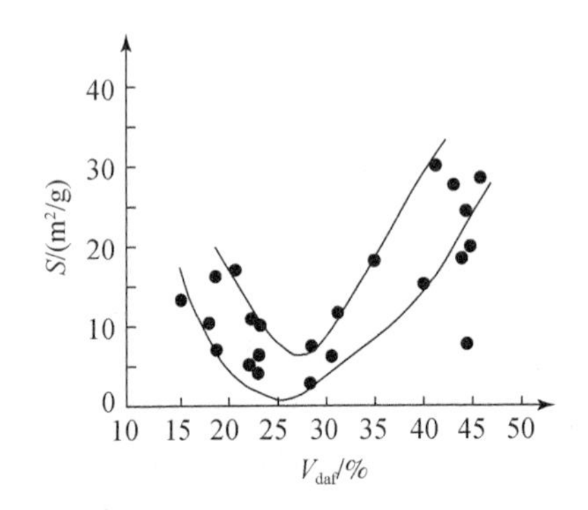

图 1-4 比表面积 S 与挥发分 V_{daf} 关系（唐书恒等，2008）

2）煤的孔隙结构及其对煤粒瓦斯放散规律的影响

目前研究煤中裂隙的方法有很多种，包括井下巷道井壁和手标本观察描述、测量，室内有光学显微镜、扫描电镜观察法和物理测试方法。

利用扫描电镜对煤裂隙进行研究已经取得了一些成果。20 世纪 80 年代，焦作矿业学院（现河南理工大学）利用扫描电镜对瓦斯突出煤层进行研究，对原生结构煤的超微观结构特征及突出煤层的超微观结构特征做了详尽的描述与分析，把突出煤体结构分为网络状结构、破裂结构及蜂窝状或溶岩状结构，破裂结构又分为显微角砾状结构、团粒状或鱼子状结构及定向排列结构。聂继红和孙进步（1996）利用扫描电镜观察突出煤层的显微结构特征，为认识突出煤层易于发生突出的原因提供了依据，其主要表现为断口类型多，断口脊线密集，显微角砾状结构和鳞片状结构是鉴定突出危险性的一项重要指标。张慧（2002）在扫描电镜下对煤裂隙进行了分类及特征描述。

物理测试方面，石强和潘一山（2005）将水饱和煤样置于核磁共振仪中，利用核磁共振成像技术获取水饱和煤样的核磁共振图像，应用数值软件中的图像处理函数对共振图像进行处理分析，观察研究煤样的主裂隙特征及分布形态。

在瓦斯地质研究领域，煤中裂隙的研究主要为煤中裂隙的属性及相互关系和成因；煤中裂隙特征研究，有助于探讨煤与瓦斯的突出机理，为具有瓦斯突出倾向煤层提供预测参数。

另外，学者 Grazyna 和 Katarzyna（2005）、Busch 等（2006）还对煤层中甲烷和二氧化碳混合气体的吸附解吸规律进行了较深入的实验研究。张玉涛和王德明（2007）采用分形几何学理论研究了煤孔隙分形特征及其随温度的变化规律，研究结果表明，随温度的升高，煤的孔隙结构越均匀。

1.2.2 分子结构特征及其对煤粒瓦斯放散规律的影响

煤的大分子结构主要影响煤吸附瓦斯能力，通过改变吸附瓦斯浓度影响瓦斯放散速度。煤吸附瓦斯主要是煤的大分子结构和甲烷分子之间相互作用的结果。近几十年来发展起来的固态谱学，包括 X 射线衍射（XRD）、电子顺磁共振（EPR）、核磁共振（NMR）、显微傅里叶红外光谱（FTIR）和激光拉曼光谱等分析方法，几乎包括了整个电磁波频谱区，为获得煤分子结构方面信息提供了技术支持。

利用 X 射线衍射（XRD）测定煤的基本结构单元参数，解释构造应力作用对煤产生动力变质。孙丽娟（2013）通过 X 射线衍射法测试煤的分子结构参数，得出芳香层片的面网间距 d_{002} 均小于硬煤，平均小 0.012nm，堆砌度 L_c 和延展度 L_a 均大于硬煤。随着变质程度的增加，煤的芳香层片的面网间距降低，堆砌度、延展度增加，表现为分子结构更为紧密。这表明软煤由于构造作用，变质程度增加，晶核更加紧密。蒋建平等（2001）发现，构造应力尤其是剪切与挤压力，促进煤的晶核网面间距变小，堆砌度、延展度变大，越来越向石墨晶体发展，因此构造应力使煤产生动力变质。

姜波等（1998a，1998b）分别对构造煤和原生结构煤利用 XRD 进行分析，探讨煤分子在构造应力作用下的变化，研究发现构造应力会促使芳香层片的面网间距减小，而堆砌度、延展度增加。Li 等（2013）等利用 XRD 分析了不同变质程度的煤样，发现变形作用下 L_c 和 d_{002} 演化相反，认为 d_{002} 的变化起到了缓冲作用，防止分子结构的急剧变化，违反其结构的稳定性。

屈争辉（2010）利用 X 射线衍射法测试了不同变质程度和不同破坏类型的煤，得到如下结论：煤晶核的发育与其变质程度呈正相关，但是与破坏类型的关系较为复杂，脆性、韧性、剪切变形对不同煤阶晶核的发育影响各不相同。曹代勇等（2006）认为构造应力使煤发生应力降解和应力缩聚，煤的大分子结构官能团掉落降解，基本单元结构缩聚，芳构化加强，是构造作用对煤的演化起主要作用，而非温度。

在对煤的研究中，屈争辉（2010）利用电子顺磁共振，获得不同变质程度软硬煤的自由基浓度（Ng）、线宽（ΔH）和波谱分裂因子（又称兰德因子 g）三个基本参数。

赵继尧和王向东（1987）对安徽闸河矿区热变质煤的自由基浓度进行了测定。张群和庄群（1995）则探讨了煤岩组分中丝炭和暗煤的 EPR 特征。秦勇等（1997a，1997b）在系统研究了中国高煤阶煤 EPR 特征的基础上，对高煤阶煤的阶跃式演化、煤中大分子基本结构单元的“拼叠作用”及其地质意义进行了探讨。姜波和秦勇（1998，1999）通过 X 射线衍射和顺磁共振的研究，揭示出变形煤分子结构具有波折和阶跃式演化的特点。近年来，构造煤结构研究表明：随着变形的增强，构造煤的自由基浓度增高，由此在实验的基础上进一步探讨了构造煤的动力变质作用，并指出自由基浓度可以作为煤与瓦斯突出预测指标（张玉贵等，1997；郭德勇和韩德馨，1999）。琚宜文和李小诗（2009）对不同变质变形环境，不同类型构造煤进行了电子顺磁共振研究，取得了一定的成果。

一些学者通过核磁共振技术，对固体结构进行扫描与分析，得到固体物质的高分辨图谱，对图谱进行处理分析，得到物质的分子结构参数，定性定量分析物质结构变化。琚宜文等（2005c）运用 NMR 获得了不同类型构造煤的^{13}C NMR 高分辨谱，通过谱的拟合和峰的解叠，求出各种官能团的相对含量，指出构造煤 NMR 参数的变化从某种程度上反映了构造煤结构成分的应力效应。

FTIR 可以用来分析构造应力对煤有机化学结构变化的影响，确定官能团的类型和煤的变质程度。李小明等（2005）利用 FTIR 对煤进行分析，结果显示构造煤脂族结构的伸缩振动峰较弱，而较稳定的芳香结构的伸缩振动峰恰恰相反，分析认为煤在遭受构造应力的过程中，煤分子中的氢发生了化学转移，造成煤分子中的脂肪烃含量降低而芳香烃含量增加，导致煤分子结构的方向度和有序度增加。一些学者通过 FTIR 实验，对不同变质程度的煤的官能团进行测试，发现随着变质程度升高，含氧官能团、脂肪烃减少，侧链掉落，煤大分子石墨化程度升高（Cao *et al.*，2007；李子文，2015）。

陈昌国等（1997）在分析煤微晶参数 d_{002} 的基础上，提出煤化度 p 的概念，煤化度反映了煤中芳香层与脂肪层的堆积程度比，定量描述煤化过程中的微晶结构变化。张玉贵等（2008）研究发现，不同破坏类型的煤的煤化度不同，破坏程度越高煤化度越高，构造煤的演化变质与受力机制有关。张玉贵等（2007）利用有机溶剂萃取实验分子，煤的大分子结构在构造应力作用下会发生芳构化缩合，同时形成一些低分子化合物和烃。张小兵等（2009）认为，煤对应力应变作用反应很敏感，纳米结构都有反应。由构造作用引起的力化学作用，对煤体的演化、变质、变形都有贡献。通过 XRD 实验、NMR 实验和气相色谱-质谱（GC/MS）实验，张小兵等（2016）发现煤的晶核的发育是有方向性的，受空间与作用力的驱使，晶核以“平躺”片晶形式生长；李小明和曹代勇（2012）研究结果表明，构造应力不仅影响物理煤化作用，而且会导致煤有机大分子化学结构和化学组成的改变，对煤结构的演化具有超前效应。

针对以上研究，作者发现对软硬煤的分子结构差异，软硬煤中动力变质作用对分子结构改变的差异性等方面的研究还不多。

1.2.3　煤的瓦斯放散规律研究现状

关于煤的瓦斯放散规律，英国、苏联、德国、波兰、法国、澳大利亚、日本，以及我国煤炭科学研究总院抚顺分院、重庆分院和河南理工大学等进行了大量的实验和理论模型简化研究，提出了一系列瓦斯解吸规律经验公式，包括巴雷尔（Barrer）式、文特（Winter）式、乌斯基诺夫式、博特（Bolt）式、孙重旭式、艾黎（Airey）式、渡边伊温式、大牟田秀文式、王佑安式、指数式等，依据解吸量与时间的关系，总体可分为两类，一类是幂函数式，另一类是指数式，具体总结如下。

1）幂函数式

英国剑桥大学巴雷尔基于天然沸石对各种气体的吸附过程实验，认为吸附和解吸是可逆过程，在定压系统下，气体累计吸附量和解吸量与时间的平方根呈正比（Barrer，1951）：

$$\frac{Q_t}{Q_\infty}=\frac{2s}{V}\sqrt{\frac{Dt}{\pi}} \tag{1-1}$$

式中，Q_t为从开始到时间 t 时的累计吸附或解吸气体量，cm^3/g；Q_∞为极限吸附或解吸气体量，cm^3/g；s 为试样的外比表面积，cm^2/g；V 为单位质量试样的体积，cm^3/g；t 为吸附或解吸时间，min；D 为扩散系数，cm/min。

Sevenster（1959）、Nandi 和 Walker（1975）通过大量测定，认为煤的瓦斯解吸在 $0\leqslant\sqrt{t}\leqslant\frac{V}{2s}\sqrt{\frac{\pi}{D}}$ 时间域内是适合式（1-1）的，当解吸时间 $\sqrt{t}>\frac{V}{2s}\sqrt{\frac{\pi}{D}}$ 时，随着时间延长，误差会越来越大。

Smith 和 Williams（1984a）根据扩散理论也得到了 Q_t 和 $\sqrt{t}$ 呈正比的关系式，见式（1-2），与巴雷尔公式形式相近，当 $Q_t/Q_\infty<0.5$ 时，国外常用于计算有效扩散系数：

$$\frac{Qt}{Q_\infty}=\frac{6}{\sqrt{\pi}}\sqrt{D_e t} \tag{1-2}$$

式中，D_e为有效扩散系数，cm^2/s。

Winter 和 Janas（2003）的实验结果表明，从瓦斯吸附平衡煤中解吸出来的瓦斯量取决于煤的瓦斯含量，以及吸附平衡压力、时间、温度和粒度等因素，并提出解吸速度随时间变化可用幂函数表示：

$$\frac{V_t}{V_a}=\left(\frac{t}{t_a}\right)^{-K_t} \tag{1-3}$$

式中，V_t、V_a分别为时间 t 及 t_a 时的瓦斯解吸速度，$cm^3/(g\cdot min)$；K_t为支配瓦斯涌出量随时间变化的指数。

解吸瓦斯量随时间的变化可用幂函数表示：

$$Q_t=\frac{V_1}{1-k_t}t^{1-k_t} \tag{1-4}$$

式中，Q_t为从开始到时间 t 时的累计瓦斯解吸量，cm^3/g；V_1为 $t=1$ 时的瓦斯解吸速度，$cm^3/(g\cdot min)$；t 为解吸时间，min；k_t为瓦斯解吸速度变化特征指数。

式（1-4）中 k_t不能等于1；在瓦斯解吸的初始阶段，计算值与实测值较为一致，但时间 t 很长时，计算值与实测值之间的误差有增大趋势。

彼特罗祥（1983）认为煤的瓦斯解吸过程按达西定律计算得到的数据与实测数据有较大出入，但未在理论上对此进行深入研究，根据实测数据的统计分析得到了与实测值较吻合的计算用经验公式：

$$Q_t=V_0\left[\frac{(1+t)^{1-n}-1}{1-n}\right] \tag{1-5}$$

式中，Q_t为从开始（$t=0$）到时间 t 时的累计瓦斯解吸量，cm^3/g；v_0为 $t=0$ 时的瓦斯解吸速度，$cm^3/(g\cdot min)$；t 为解吸时间，min；n 为取决于煤质等因素的系数。

我国研究人员（苏文叔，1986；于良臣，1990①；王兆丰，2001）通过对阳泉、焦作、淮南等矿区的煤样瓦斯解吸规律实验，确认了式（1-5）的成立。

王佑安和杨思敬（1981）利用重量法对煤样瓦斯解吸速度大量实验研究后，认为煤粒瓦斯解吸量随时间的变化符合 Langmuir 型方程：

$$Q_t = \frac{ABt}{1 + Bt} \tag{1-6}$$

式中，A 为从开始到时间 t 时的累计瓦斯解吸量，cm^3/g；B 为解吸常数；其余符号意义同前。

孙重旭（1983）通过对煤粒瓦斯解吸规律的研究，认为煤样粒度较小时，煤中瓦斯解吸受扩散过程控制，其解吸瓦斯量随时间的变化可用幂函数表示：

$$Q_t = at^i \tag{1-7}$$

式中，Q_t为试样压力解除后时间 t 内的累计瓦斯解吸量，cm^3/g；a、i 为与煤的瓦斯含量及结构有关的常数。

2）指数式

Airey（1968）在研究煤层瓦斯涌出时，将煤体看作由分离的包含有裂隙的“块体”的集合体，每个块体尺寸不同，在此基础上，建立了以达西定律为基础的煤的瓦斯涌出理论，并提出了如式（1-8）的煤中瓦斯解吸量与时间的经验公式：

$$Q_t = Q_\infty \left[1 - e^{-\left(\frac{t}{t_0}\right)^n}\right] \tag{1-8}$$

式中，Q_t为煤从压力解除开始至时间 t 时的累计瓦斯解吸量，cm^3/g；Q_∞为极限瓦斯解吸量，cm^3/g；t 为时间，min；t_0为时间常数；n 为与煤中裂隙发育程度有关的常数。

艾黎式强调的是煤块，且是富含裂隙的块体，块体与块体之间的裂隙系构成了煤的渗透孔容。生产实践表明，当煤的破坏程度不是特别强烈时，将煤层简化成这种“块体”结构是比较合理的；但当煤破坏非常强烈（如粉煤或软分层）或是人为采集的小粒度煤样，煤中会含有较大比例的微孔和过渡孔，渗透孔容所占比例相对减少，此时，煤的瓦斯放散过程用 Fick 扩散定律会更好。

渡边伊温和辛文（1985）使用与艾黎式基本相同的关系式。

$$Q_t = Q_\infty \left\{1 - \exp\left[-\left(\frac{t^m}{a}\right)\right]\right\} \tag{1-9}$$

式中，m 为常数，主要由煤的龟裂、孔隙构造等决定；a 为常数，主要由粒度决定。

大牟田秀文（1982）认为“瓦斯从微小煤块内部的涌出过程只遵循达西流动是难以设想的”，但在理论上未做扩散和达西流动的区分，而是将它们视为混合存在，其经验公式和艾黎式基本相同。

$$Q_t = Q_\infty \left[1 - \exp(-Lt\beta)\right] \tag{1-10}$$

式中，L、β 为经验常数，且 $0<\beta<1$，$L=1/a$ 时，该式和渡边伊温式相同。

Bolt 和 Innes（1959）通过对各种变质程度煤的瓦斯解吸过程进行实验研究，结果表

① 于良臣 . 1990. 矿井瓦斯涌出量预测方法的研究 . 煤炭科学研究总院抚顺分院（内部资料）。

明，瓦斯在煤中的解吸过程与瓦斯通过沸石的扩散过程非常类似，其解吸瓦斯量与解吸时间之间的关系可用式（1-11）表达：

$$Q_t = Q_\infty(1 - Ae^{-\lambda t}) \tag{1-11}$$

式中，A、λ 为经验常数；Q_t为从开始到时间 t 时的累计瓦斯解吸量，cm^3/g；Q_∞为极限瓦斯解吸量，cm^3/g。

式（1-11）的最大缺点是当时间 $t\to0$ 时，$Q_t=Q_\infty(1-A)\neq0$，与实际不相符。

我国许多学者（杨其銮，1986b；杨其銮和王佑安，1986）认为，煤粒瓦斯解吸随时间的衰变过程与煤层钻孔中的瓦斯涌出衰减过程类似，均可以用式（1-12）来描述：

$$Q_t = \frac{v_0}{b}(1 - e^{-bt}) \tag{1-12}$$

式中，v_0为时间 $t=0$ 时的瓦斯解吸速度，$cm^3/(g\cdot min)$；b 为瓦斯解吸速度随时间衰变系数；其余符号意义同前。

杨其銮和王佑安（1986）根据煤粒瓦斯扩散方程，经模拟计算，其近似解可用均方根式表示：

$$\frac{Q_t}{Q_\infty} = \sqrt{1 - e^{-KBt}} \tag{1-13}$$

式中，$B=4\pi^2D/d^2$；K 为校正系数，在 B 为 $6.5797\times10^{-3}\sim6.5797\times10^{-8}$时，$K$ 取 0.96。

我国现行的《煤层瓦斯含量井下直接测定方法》（AQ 1066—2008）行业标准推算瓦斯含量损失量时，选用巴雷尔式和乌斯基诺夫式，《钻屑瓦斯解吸指标测定方法》（AQ/T 1065—2008）选用的也是巴雷尔式，但当被测煤层破坏强烈时，计算得到的瓦斯含量损失量与实际值误差较大（杨其銮和王佑安，1988；缑发现等，1997）。

上述描述煤的瓦斯解吸规律的公式基本上包括了国内外典型研究成果，它们均是从不同角度，在一定实验条件和实验样品情况下得到的经验或理论近似公式，因此，揭示的瓦斯解吸放散规律均有一定的适应性和局限性，出现经验公式选择混乱的局面。富向等（2008）、刘彦伟（2011）、刘彦伟等（2015）、Liu（2017）等的实验结论也验证了构造煤的瓦斯放散初速度较大，并试图从前人经验公式中找出适合描述构造煤的公式，但结论均不一致。我国现行行业标准推算瓦斯含量损失量和钻屑瓦斯解吸指标时，同时选用巴雷尔式和乌斯基诺夫式。

1.2.4 煤粒瓦斯放散规律的影响因素研究现状

不同实验条件、实验环境和不同的煤样均会对煤粒瓦斯放散规律产生影响。国内外学者对煤的瓦斯吸附解吸规律的影响因素进行了大量实验研究，主要研究成果包括煤样破坏程度、煤样的变质程度、煤样粒度、吸附平衡压力、煤样水分、实验环境温度和孔隙结构等方面对瓦斯解吸规律的影响。

1）煤的破坏类型

河南理工大学一些学者通过实验对比分析了不同破坏程度煤的瓦斯解吸规律（温志辉，2008；陈向军，2008），硬煤和软煤的瓦斯解吸速度、突出危险瓦斯解吸指标均具有较大差异，温志辉（2008）提出采用巴雷尔公式加上的第一分钟解吸量的方法，但第一分钟解吸量不容易确定，与陈昌国（1996）提出的三参数模型相似，而陈向军（2008）经实验数据拟合经验公式，认为博特式和孙重旭式能够从累计解吸量上较好地描述强烈破坏煤瓦斯解吸过程；富向等（2008）在构造煤和非构造煤之间的微观结构对比分析基础上，对瓦斯放散速度实验研究表明，构造煤第一分钟的瓦斯放散速度更符合文特式，第一秒的瓦斯放散速度 V_1、衰减系数 $Q_{0\sim60}$ 和瓦斯放散初速度 ΔP 均与非构造煤有很大的差异；杨其銮（1986a）通过理论和实验研究表明，破坏类型越高，初始瓦斯放散速度越大，扩散系数 D 越大，受粒度影响越小，均质扩散模型描述轻度破坏类型煤的瓦斯放散过程比较理想，但对于破坏强烈的软煤偏离值较大。

2）煤的变质程度

关于变质程度对瓦斯放散规律的影响，相同粒度、相同吸附平衡瓦斯压力条件下，高煤阶煤的吸附量高于低煤阶煤吸附量，因此，高煤阶煤样的瓦斯放散速度高于低煤阶煤样，关于这方面的实验研究已经开展较多，但是变质程度对煤的瓦斯放散规律影响的总结较少，对煤粒的瓦斯放散动力学参数影响规律研究较少。

3）煤粒的粒度

关于粒度对解吸规律的影响，实验研究表明（杨其銮，1986a；王兆丰，2001；曹垚林和仇海生，2007），煤粒存在一个极限粒度，在小于极限粒度范围内，瓦斯解吸强度、衰减系数随着煤样粒度的增大而减小，当煤样粒度大于极限粒度时，瓦斯解吸强度、衰减系数随着煤样粒度的增大而减小的趋势不再明显。相同变质程度情况下，煤的破程度越强烈，煤的极限粒度越小，该观点得到周世宁（1990）等众多学者的认同。但关于软硬煤粒瓦斯放散速度差值随粒度的变化规律还没有查明，且很少学者关注，这是影响钻屑解吸指标等突出预测参数选择粒度的关键所在，也是粒度对煤粒瓦斯放散规律影响的重要方面。另外，关于不同粒度极限吸附量的认识还存在分歧，杨其銮（1986a）认为不同粒度煤的瓦斯极限吸附量是相同的；渡边伊温认为极限吸附量随着粒度发生变化，并提出采用瓦斯解吸曲线的渐近线的方法求极限瓦斯解吸量；王兆丰（2001）认为在有限的测定时间内，“回归极限瓦斯解吸量”总小于“理论极限瓦斯解吸量”，并认为，渡边伊温提出的用瓦斯解吸曲线的渐近线求煤样极限瓦斯解吸量的方法是不可行的。

4）吸附平衡瓦斯压力

关于吸附平衡压力对瓦斯放散规律的影响，卢平和朱德信（1995）等研究认为，粒度相同时，瓦斯放散初速度与吸附平衡瓦斯压力呈幂函数关系，并给出了它们的关系式，但它们的关系式不一致；关于吸附平衡瓦斯压力对瓦斯扩散系数的影响，仍存较大分歧，Nandi 和 Walker（1970）通过实验研究了 3 个美国煤样，其中两个煤样随着瓦斯压力的提高扩散系数增加，并认为是等温非线性吸附造成的，Bielicki 等（1972）也得到相同结论。渡边伊温和辛文（1985）的实验研究表明，煤粒的瓦斯扩散系数随瓦斯压力的升高略有增大，但均在一个数量级，杨其銮（1986a）的实验研究了 3 个煤样，其中，一个煤样的瓦斯扩散参数 KB 值随瓦斯压力的增大而减小，两个煤样 KB 值增大，最终认为，瓦斯压力对扩散系数的影响很小，Crank（1975）给出了瓦斯扩散系数随瓦斯压力变化的 Fick 扩散定律表达式。因此，众学者关于瓦斯压力对煤粒的瓦斯扩散系数影响规律仍有争议。

5）煤的水分

关于水分的影响，目前主要研究成果为气态水、液态水对煤的吸附能力和放散量的影响（Joubert et al. ,1973；Joubert，1974；Clarkson and Bustin，2000），研究结果表明，煤吸附气体能力随煤中水分的增加显著降低，但当煤中水分超过临界水分（平衡水分），即气态水达到相对饱和并出现液态水时，煤吸附气体能力不再受水分的影响，换言之，液态水对煤吸附气体没有影响。研究表明（朱履冰，1992；桑树勋等，2005a，2005b），当水压足够大时，液态水能克服固–液界面张力进入凝聚–吸附孔隙、吸附孔隙润湿内表面，水的压力越大，可以进入煤基质孔隙的孔径越小，并通过注水煤样、平衡水煤样、干燥煤样等温吸附实验的对比研究，储层条件下煤层中的液态水对煤基质吸附气体存在显著影响，液态水可以使煤基质吸附气体的能力提升，吸附规律更符合 Langmuir 模型。关于水分对瓦斯放散规律的影响，张时音和桑树勋（2009）在研究注水煤样吸附扩散系数时，发现注水煤样的扩散系数始终低于平衡水煤样，分析原因为煤粒孔隙表面形成了水膜，降低了扩散系数。

6）环境温度

关于温度与煤的瓦斯吸附、解吸过程的关系，目前，国内外的主要研究成果包括四个方面，一是煤的温度在吸附解吸过程中的变化规律，关于煤吸附和解吸瓦斯过程中温度变化实验研究表明（郭立稳，2000；颜爱华，2001；刘明举，2002①），煤在吸附瓦斯过程会升温，解吸过程中会降温，实验测定了煤解吸过程中的温度变化规律，同种瓦斯气体，在解吸过程中，原始瓦斯压力越大，解吸后温度降低的幅度就越大，准确测定煤中瓦斯的吸附量是测定煤的瓦斯含量的重要前提。二是关于温度对煤的瓦斯吸附能力的影响，实验研究结果表明（梁冰，2000；赵志根等，2001；钟玲文等，2002a），煤对瓦斯吸附能力与温度有关，随着温度的升高，煤吸附甲烷量随着温度显著减小，呈线性或二次函数降低，在较低温度和压力区，压力对煤吸附能力的影响大于温度的影响，在较高温度和压力区，温度对吸附能力的影响大于压力的影响。三是关于温度对煤层气解吸率影响，马东民等（2012）研究表明，随着温度升高，解吸率增大，温度增高比压力降低对解吸作用的影响要敏感得多；陈昌国等（1995）研究表明，随着温度的降低，煤对瓦斯的吸附平衡时间增加。四是关于温度对煤粒瓦斯解吸放散动力学方面的研究，目前主要停留在实验考察阶段，实验结果表明，随着环境温度的升高，瓦斯放散速度明显升高。

1.2.5 煤粒的瓦斯放散机理研究现状

煤粒的瓦斯放散机理是煤粒的瓦斯放散规律、物理–数学模型研究的基础，对瓦斯灾害防治和煤层气开发具有重要意义，目前，国内外学者从煤矿瓦斯灾害防治角度和煤层气开发角度开展过相关研究，但对瓦斯解吸机理的研究仅仅停留在对吸附机理的研究和对吸附、解吸可逆性实验研究阶段，近年来有学者发现构造煤的瓦斯吸附解吸不具有可逆性（琚宜文等，2005c）。关于煤的瓦斯解吸机理方面的研究，缺少必要的大样量煤层气解吸模拟实验。

① 刘明举．2002. 煤与瓦斯突出的热动力模型研究结题报告．焦作工学院（内部资料）。

多数学者认为煤层的瓦斯放散过程是解吸-扩散-渗流过程（周世宁，1990；王兆丰，2001），对于煤粒的瓦斯放散过程，多数学者认为是解吸-扩散过程（杨其銮，1986b；杨其銮和王佑安，1986），适用于 Fick 扩散定律。也有部分学者认为含有渗流过程（秦跃平等，2012；秦跃平等，2015），符合达西（Darcy）规律的达西流动，并且根据达西定律建立的模型与煤颗粒解吸规律有很好的一致性。

煤粒瓦斯解吸过程主要指甲烷气体从煤粒中逸出的过程，实现该过程的方法包括降压解吸、升温解吸、置换解吸及扩散解吸等方法（叶欣等，2008），降压解吸是最常用的方法。由于煤对瓦斯的吸附属物理吸附，解吸过程原则上可在瞬间完成（何学秋，1995；近藤精一等，2005），耗时在 $10^{-10}\sim10^{-5}$s，该过程相对于扩散和渗流过程可忽略不计。

煤粒瓦斯的扩散过程，根据气体在多孔介质扩散机理研究，富向等（2008）通过瓦斯在煤中的运移规律和瓦斯放散速度实验研究表明，煤层或煤粒中的瓦斯放散不能认为是纯扩散或纯渗流，而是二者共同作用的结果，当裂隙小于 10^{-7}m 时，瓦斯扩散起主导作用，用 Fick 扩散定律描述。何学秋和聂百胜（2001）分析了孔隙气体在煤体中的扩散模式，得出在煤体中的瓦斯扩散存在菲克（Fick）扩散、克努森（Knudsen）扩散、过渡扩散、表面扩散和晶体扩散几种扩散模式，并认为煤层中的瓦斯以过渡扩散为主。桑树勋等（2005b）对煤吸附气体的固气作用机理-煤吸附气体的物理过程与理论模型研究结果表明，扩散对煤吸附气体的动力学过程有重要控制作用。

煤层是孔隙-裂隙结构物质，瓦斯在孔隙中流动时，基本符合扩散定律，在煤层裂隙系统中的流动，符合达西渗透定律，按煤粒低渗透率、煤层高渗透率计算的结果与按煤粒扩散、煤层渗透的计算结果相近（周世宁，1990）。

综上所述，学术界关于煤粒瓦斯放散机理已经开展了相关研究，但对煤粒瓦斯放散过程中是否存在渗流及其对煤粒的瓦斯扩散规律的影响仍存争议；另外，关于软硬煤粒在瓦斯放散机理方面的差异性还没有相关研究。

1.2.6 煤粒的瓦斯放散动力学模型

1）均质球形煤粒瓦斯扩散物理-数学模型

Crank（1956）依据 Fick 扩散定律，提出的均质球形煤粒非稳态瓦斯扩散数学模型，见式（1-14），该模型为经典均质煤粒扩散模型，其假设条件如下：①煤粒由球形颗粒组成；②煤粒为均质、各向同性体；③瓦斯流动遵从质量不灭定律和连续性原理；④扩散系数与浓度、时间和坐标无关；⑤煤粒瓦斯解吸为等温条件下的等压解吸过程。Nandi 和 Walker（1970）、杨其銮和王佑安（1986）通过对该模型求解、相关实验和数值计算简化，结果表明，瓦斯放散量与时间的关系呈级数解，见式（1-15），认为应用于描述低破坏类型煤的初期瓦斯放散规律是比较理想的。

$$\frac{\partial C}{\partial t}=\frac{D}{r^2}\cdot\frac{\partial}{\partial r}\left(r^2\frac{\partial C}{\partial r}\right)=D\left(\frac{\partial^2 C}{\partial r^2}+\frac{2}{r}\frac{\partial C}{\partial r}\right) \tag{1-14}$$

式中，C 为吸附浓度，kg/cm^3；r 为半径，m；D 为扩散系数，m^2/s；t 为扩散时间，s。

$$\frac{Q_t}{Q_\infty}=1-\frac{6}{\pi^2}\sum_{n=1}^{\infty}\frac{1}{n^2}e^{-n^2Bt} \tag{1-15}$$

式中，Q_t为从开始到时间 t 时的累计吸附或解吸气体量，cm^3/g；Q_∞为极限吸附或解吸气体量，cm^3/g；$B=\frac{\pi^2 D}{a^2}$。

当瓦斯放散时间小于 10min，并且扩散率 $Q_t/Q_\infty<0.5$ 时，该无穷级数解可简化为

$$\frac{Q_t}{Q_\infty}=\frac{12}{d}\sqrt{\frac{Dt}{\pi}}=\frac{6}{\sqrt{\pi}}\sqrt{D_e t}=K\sqrt{t} \tag{1-16}$$

式中，D_e为有效扩散系数，即 D/r^2，m^2/s；K 为校正系数。

聂百胜等（2001）考虑到煤粒表面的瓦斯传质阻力，在式（1-14）模型的基础上，建立了第三类边界条件下的均质煤粒瓦斯扩散物理-数学模型，聂百胜等（2001）的简化式与博特式相吻合。

秦跃平（2012，2015）认为瓦斯放散速度与煤粒内部的瓦斯压力梯度呈正比，根据达西定律，建立了均质煤粒瓦斯放散数学模型，与大多数学者认为的煤粒瓦斯放散过程遵从 Fick 扩散定律不一致。张志刚（2012）认为扩散系数随放散时间的延长、煤粒内部瓦斯浓度的降低而增大，建立了基于时变扩散系数的球向扩散模型，但扩散系数变化规律与 Nandi 和 Walker（1970）、杨其銮和王佑安（1986）等学者的实验结果矛盾，仍存争议。

均质球形煤粒模型将复杂的多孔介质假设为单一的孔隙系统，模型简单，应用广泛，目前煤层瓦斯含量和煤与瓦斯突出预测参数测定所采用的经验公式均来自于该模型。但由于没有反映孔隙结构的差异性，适应性较差，仅适用于低破坏类型煤的初期瓦斯放散规律，多位学者实验研究表明，对于受强烈破坏的构造软煤，该模型偏差较大，致使煤层瓦斯含量和钻屑解吸指标测定不准确，煤与瓦斯突出的预测和抽采效果检验不可靠。

2）双重孔隙扩散模型

双重孔隙扩散模型（Ruckenstein *et al.*，1971；易俊等，2009；Yi *et al.*，2009）将煤孔隙结构处理为具有大孔隙和微孔隙的双重孔隙结构，双重孔隙结构模型又分为并行扩散模型（平行孔模型）和连续性模型（随机模型）。易俊等（2009）利用并行扩散模型研究了煤粒瓦斯扩散过程和视扩散系数的计算。并行扩散模型认为，气体分子在微孔和大孔内并行扩散，并在微孔和大孔之间保持平衡，由于数学处理方便，该模型得到广泛应用，但其有两个缺点：一是按并行扩散模型的假定，可推导出较快的扩散速率将成为整个扩散的控制步骤，而这与实际情况恰好相反；二是模型自相矛盾，一方面认为离子在固相中扩散较慢，另一方面又要求离子在固相和大孔间保持平衡。

连续性模型认为，颗粒由相同体积的微煤颗粒组成，微颗粒之间的孔隙为大孔，微煤颗粒内部含有微孔，瓦斯从微孔经扩散进入大孔，然后从大孔中扩散至颗粒表面，连续性模型的推导基于微元内的质量守恒。Ruckenstein 等（1971）利用连续性模型研究了气体在多孔介质中的扩散动力特性，将煤对瓦斯吸附考虑为遵循线性 Henry 等温吸附；Smith 和 Williams（1984c）将 Ruckenstein 等（1971）的模型更改后直接用于煤粒瓦斯扩散规律研究；Peter 等（1998）通过对澳大利亚煤的瓦斯解吸实验，验证了 Ruckenstein 等（1971）的模型应用效果比单一孔隙模型更适合描述整个扩散过程。Clarkson 和 Bustin（1999）在 Ruckenstein 等（1971）的模型的基础上提出了等温吸附率模型，分析了高压煤层气吸附特征。

综上所述，双孔隙扩散模型均来源于化学工程领域，没有考虑煤粒孔隙结构和解吸扩

散的特殊性，而直接应用于煤的瓦斯吸附解吸扩散规律，概括起来存在以下问题：①与瓦斯在煤粒内扩散模式结合不紧密，没有考虑软硬煤孔隙结构差异最显著的孔隙——中孔对瓦斯扩散规律影响，无法解释两者瓦斯扩散规律的差别。②将煤对瓦斯吸附考虑为遵循线性 Henry 等温吸附，与 Langmuir 方程差别较大。③对于煤粒来说，模型按照扩散过程考虑游离瓦斯的放散不科学。煤粒瓦斯放散实验和现场测定实践表明，游离瓦斯会瞬间放掉，一般在几秒到几十秒内放散完（瓦斯压力表降为零），放散过程中，煤样内部与外界仍有压差，放散速度极快，释放过程应属渗透。

3）煤粒的变扩散系数瓦斯扩散物理-数学模型

在煤样瓦斯解吸过程中，以定扩散系数建立的煤粒瓦斯放散模型在描述瓦斯解吸规律时，会导致瓦斯含量（压力）较大，理论计算值与实际测定值之间存在较大误差，煤层气储量和抽采评价不准确，突出预测和效果评价指标不超标的情况下煤与瓦斯突出事故等现象的出现。针对以上问题，国内学者以 Fick 扩散定律或分形理论为基础，构建了动态扩散系数模型。

刘中民（1995）以常系数的扩散过程为基础，推导出时变扩散系数 $D(t)$ 的公式，但对于与浓度相关的扩散过程，若利用简化的扩散方程的结果（Ruthven，1984）求取扩散系数，所得到的只是初始时刻或趋于平衡的结果，不能反映扩散的全过程的特点。

张志刚（2012）认为扩散系数随放散时间延长、煤粒内部瓦斯浓度降低而增大，建立了基于时变扩散系数的球向扩散模型，但扩散系数变化规律与 Nandi 和 Walker（1970）、Bielicki 等（1972）、杨其銮（1986a）等学者的实验结果矛盾，仍存争议。

$$D(t)=\begin{cases}D_0\mathrm{e}^{At} & 0<t<t_1\\ D_0(B-Et^{-m}) & t_1<t<\infty\end{cases} \tag{1-17}$$

式中，D_0 为初始时刻煤粒瓦斯扩散系数；A、B、E、m 分别为拟合系数；且有 $\mathrm{e}^{At_1}=B-Et_1^{-m}$。

刘彦伟（2011）在研究煤粒瓦斯放散规律中，按照杨其銮的经典模型的理论近似式计算不同平衡压力、不同变质程度、不同粒度、不同水分、不同温度的扩散系数，扩散系数在 0～5min、0～30min、0～60min、0～120min 等时间段内随着放散时间的延长逐渐衰减，其中不同变质程度下，0～5min 的扩散系数是 0～120min 的扩散系数的 2～3 倍。首先提出扩散系数为变扩散系数，并非如 Fick 扩散定律中定扩散系数，但未能提出具体的动态扩散系数模型。

康博（2014）研究认为定扩散系数并不能准确描述解吸的整个过程，扩散系数具有时变性。扩散系数随时间延长而减小，可以采用幂指函数 $D(t)=A/t$（A 为拟合常数）进行拟合。在对扩散过程进行研究时，分段求解不同时段（以每 10min 为一阶段，即 0～10min、10～20min、20～30min、30～40min、40～50min、50～60min）的扩散系数，以所研究时段的扩散系数作为时段中间时刻点的扩散系数。但此方法存在以下问题：选取的时间间隔过于平均，不能准确地表示各时刻点的扩散系数。通过煤粒瓦斯放散速度和累计放散量 Q_t 可知，瓦斯放散速度随着时间的延长而逐渐减小，特别是软煤在前 10min 的变化幅度较大，瓦斯累计放散量 Q_t 随放散时间的延长而增大，增幅逐渐减小。第 5min 的扩散系数并不能准确表示 0～10min 的平均扩散系数，随着放散时间的延长，放散时间即将结束时累计放散量可能变化不大。所拟合得到的幂指函数能较好地表示对应的数据，但是缺乏物理意义，拟合常数不能对应瓦斯初始扩散系数或者其他物理量。

岳高伟（2014）、袁军伟（2014）在瓦斯扩散时变特性研究中，针对定扩散系数瓦斯含量测定中存在的问题，基于聂百胜等（2001）经典模型解析解的基础，提出时变扩散系数的计算平均拟合式，见式（1-18）。

$$D(t)=D_0/(1+bt) \tag{1-18}$$

式中，D_0为初始扩散系数，cm^2/s；b为待定系数。

李志强等（2015a，2015b）在研究同压不同温吸附后恒温扩散、同初始吸附量吸附后恒温扩散下温度对扩散系数的影响规律时，发现经典扩散模型下计算得到的常扩散系数随温度呈无规则的波动，继而分析研究扩散系数随时间延长而不断衰减的特有现象，认为扩散系数随放散时间动态变化为负指数式。

$$D(t)=D_0e^{-\beta t} \tag{1-19}$$

式中，β为动扩散系数的衰减系数，s^{-1}。

动态扩散系数的负指数式$D(t)=D_0e^{-\beta t}$、幂数式$D(t)=D_0/(1+\beta t)$、$D(t)=A/t$仅适用于聂百胜等（2001）经典模型扩散系数的计算方法，对杨其銮（1986a）经典模型扩散系数的计算方法并不适用。

扩散问题的研究重点是孔的结构，而分形几何是研究自然界中不规则性和不均匀性的有力工具，Pfeifer 和 Avnir（1983）把分形的概念引入多孔材料中，从而可以定量描述多孔固体表面的复杂结构和能量不均匀性。Zheng 等（2012）通过假设孔为平行存在、没有交叉的现象运用分形理论，得出了有效扩散系数与孔的面积和迂曲分形维数有关。Shi 等（2010）考虑在两种运输机理的情况下，未涉及孔的连通性，用分形理论求出的扩散模型不能真实反映介质内部孔隙结构。张赛等（2013）通过理论分析研究认为，扩散系数随孔的迂曲分形维数的增加而单调下降，有效扩散系数随着孔面积分形维数的增加而增大，扩散系数随着孔直径比值的增加而增加。范新欣等（2010）通过实验数据处理，得出多孔介质油页岩的有效扩散系数D_e表达式，以上研究基本来源于化学工程，所建立的扩散系数的方程式也过于复杂，对煤中瓦斯扩散系数的变化未必适用，还待进一步研究。

而辛厚文和侯中怀（2000）利用分形理论研究非均相反应体系中复杂几何结构及其反应动力学过程时，认为扩散系数变化的实质是单位时间内粒子所传输的空间距离。

张东辉等（2004）利用布朗运动模型研究分形介质中的扩散过程中，认为分形结构中的扩散系数不是常数，而是随径向距离的增大呈指数下降：

$$D=D_0r^{\frac{2(d-d_f)}{d}}=D_0r^{-\theta} \tag{1-20}$$

式中，d为谱维数计算值；d_f为孔隙分形维数；r为距扩散中心的距离。

Jiang 和 Cheng（2013）、Jiang 等（2013）基于分形理论，建立了 FFD（afractal theory based fractional diffusion）模型，针对长焰煤、焦煤、无烟煤典型煤样分析认为，FFD 模型的嵌合度比均质煤粒扩散模型更高，相关性系数分别为 0.949、0.956、0.976。

1.2.7 瓦斯解吸规律的应用

煤体瓦斯解吸规律可以反映煤与瓦斯突出危险性及用于确定煤层的瓦斯含量。国内外学者对煤体瓦斯解吸规律进行了大量的研究工作，一方面根据瓦斯解吸规律计算瓦斯含量测定过程中的损失量；另一方面根据解吸规律寻求突出危险预测指标及其临界值。

瓦斯解吸规律主要应用于瓦斯含量损失量的估算和突出预测瓦斯解吸指标，国内外学者在这两个应用方面已经开展了大量的研究工作。

在瓦斯含量测定应用方面，Bertard 等（1970）首次进行井下水平孔获取钻屑测试含气量，测定 Langmuir 常数 a、b，并得出煤层气解吸早期其解吸量与时间的平方根呈正比；Kissell 等（1973）认为煤中瓦斯解吸过程可用扩散方程来描述，解吸过程的早期累计解吸瓦斯量与时间的平方根呈正比；据 Kissell 模型建立了被世界各国认可的煤层瓦斯含量测定的工业标准，即 USBM 解吸法。Smith 和 Williams（1981，1984c）提出了一种计算泥浆介质中取心过程煤的方法，并建立了 Smith-Williams 解吸法。Seidle 和 Metcalfe（1991）针对 USBM 解吸法和 Smith-Williams 解吸法推算取心过程煤样瓦斯含量损失量都只使用煤样在空气介质中很少的几个初始测点这一情形，建立了一种根据煤样在空气介质中全部解吸瓦斯量测点来计算煤样取心过程中瓦斯含量损失量的方法——曲线拟合法。

俞启香（1992）提出本煤层钻屑采集过程中试样的漏失瓦斯量按 $Q\text{-}e^{-at}$ 规律推算。于良臣（1981）①、包剑影（1996）提出邻近层穿层钻孔煤心采集过程试样瓦斯含量损失量按 $Q\text{-}\sqrt{t}$ 样规律推算。王兆丰（2001）、贾东旭等（2006）对空气、水和泥浆介质中煤的瓦斯解吸规律进行了较为深入的研究，提出了乌斯基诺夫公式是中国煤井下钻孔空气介质中取样过程煤样瓦斯含量损失量最合理可靠的推算公式，解决了地勘解吸法中瓦斯含量损失量计算中存在的问题。Diamond 和 Schatzel（1998）直接更改 USBM 解吸法，用于煤层瓦斯含量损失量的测定。

在煤粒瓦斯解吸规律研究基础上，国内外学者提出多种突出预测瓦斯解吸指标，对预测煤与瓦斯突出危险性起到重要的作用。Janas 等（1978）提出的预测突出指标 K_t，反映了钻屑瓦斯解吸速度随时间衰减的快慢程度，并认为煤样的瓦斯解吸量与解吸时间的关系可以用指数函数形式来表示，并把解吸衰减系数作为突出预测指标。法国的相关学者通过直接法测定煤层可解吸瓦斯含量的方法导出了 10g 煤粒在暴露后 35～70s 的瓦斯解吸量作为突出预测指标（陶玉梅，2004）。澳大利亚等其他国家直接把煤样解吸强度和解吸量作为突出预测指标（王日存和王佑安，1983）。

我国提出了 Δh_2、K_1 等不同的解吸指标，并被写入了《防治煤与瓦斯突出规定》。K_1 指标物理意义为煤样在仪器内暴露最初 1min 内的瓦斯解吸量；Δh_2 指标物理意义为煤样在特定容积的仪器内暴露初期 2min 内解吸瓦斯所形成的压力。这些指标都是通过测量煤样从煤体原始状态暴露卸压后，在最初一段时间内的解吸瓦斯量来反映煤体中实际的瓦斯含量大小，以及与煤的物理结构密切相关的解吸瓦斯速度快慢，进而评价工作面前方煤体存在的突出危险性（蔡成功和王魁军，1992）。煤炭科学研究总院抚顺分院 1979 年提出 Δh_2 指标，并相继研制了 MD-1 型、MD-2 型钻屑瓦斯解吸仪来预测工作面突出危险性；煤炭科学研究总院重庆分院于 1984 年提出 K_1 指标，并相继研制了 CMJ-1 型瓦斯解吸仪、ATY

① 于良臣．1981．地质勘探过程中应用解吸法直接测定煤层瓦斯含量的试验研究．煤炭科学研究总院抚顺分院（内部资料）。

型瓦斯突出预报仪及新一代主要用于测定钻屑瓦斯解吸指标的WTC型突出参数仪（蔡成功和王魁军，1992）。陶玉梅（2004）对钻屑瓦斯解吸指标Δh_2进行了实验室的考察。邵军（1994）对K_1指标进行了实验室的相似模拟研究，利用多元回归的方法分析了突出指标K_1与瓦斯压力等相关参数的关系，初步探讨了指标的突出危险临界值的变化规律。赵旭生和刘胜（2002）对工作面突出危险性预测中影响钻屑瓦斯解吸指标K_1测定误差的常见因素进行了分析研究，并提出了一些测定中减少误差的措施及注意事项。镡志伟等（2006）应用钻屑瓦斯解吸指标Δh_2进行了煤层瓦斯压力的测定；唐本东和邓全封（1987）用井下实测煤的瓦斯解吸强度确定煤层瓦斯压力和瓦斯含量。

1.2.8 存在问题

根据上述煤粒瓦斯解吸规律的研究现状，可知煤粒的瓦斯放散规律及其影响因素、瓦斯放散机理和动力学模型等方面均存在问题，具体问题总结梳理如下：

（1）本书列举的描述煤粒瓦斯放散规律的经验或半经验公式均有一定的局限性或缺陷，多数仅适用于煤粒的瓦斯放散初期，不能描述煤粒瓦斯放散的整个过程，对于遭受强烈破坏的构造煤，瓦斯放散初期偏差也较大，经验公式选用混乱。

（2）煤粒瓦斯放散规律的影响因素缺乏系统研究，特别是瓦斯放散动力学规律：破坏类型的影响规律仅停留在实验研究阶段，软硬煤粒瓦斯放散规律的差异性及原因没有查明；变质程度对瓦斯放散动力学的影响规律缺乏总结梳理；软硬煤粒瓦斯放散速度差值随粒度的变化规律还没有查明，且很少学者关注该问题；吸附平衡压力对瓦斯扩散系数的影响还存在争议；水分和环境温度对瓦斯放散规律的影响不清，很少有学者开展相关研究；孔隙结构是影响煤粒瓦斯放散规律的本质因素，还没有结合煤的孔隙结构研究瓦斯放散动力学规律的适用性成果报道。

（3）学术界关于煤的孔隙结构及裂隙发育特征已经开展了很多研究，但动力变质作用的影响程度仍有争议；很少有学者结合孔隙结构变化规律，分析破坏程度和变质程度对瓦斯扩散的影响规律。

（4）煤粒瓦斯放散机理和模式不清，是否有渗流过程参与及其对瓦斯放散规律的影响还没有查明；实际煤粒的放散动力学变化规律、放散模式及其影响因素不清。

（5）国内外建立的均质和双孔隙结构物理-数学模型存在以下问题：①均质模型不符合煤的多孔介质实际情况；②双孔隙模型建立的基础是线性吸附，没有充分考虑软硬煤在孔隙结构上的差异性，没有与瓦斯在煤粒内扩散模式结合，应用于瓦斯放散初期规律时偏差仍较大，不能解释软硬煤瓦斯放散规律的差异性。

（6）解吸规律应用方面：①构造煤瓦斯含量损失量的推算方法不尽合理，构造煤的损失量推算方法需进一步完善；②基于钻屑瓦斯解吸规律的突出危险性预测指标，在软分层的适应性需进一步考察。

（7）前人大量的实验研究多采用100g以下煤样，而大质量煤样更能可靠地反映煤体的瓦斯解吸规律。

第2章　华北板块构造软煤分布规律及构造控制作用

构造软煤是由国家“十五”科技攻关计划提出的概念，主要指《煤与瓦斯突出矿井鉴定规范》（AQ 1024—2006）中煤的破坏类型分类表中的Ⅲ～Ⅴ类，煤的坚固性系数f一般小于0.5的受构造破坏的煤体，即Ⅲ类煤（强烈破坏煤）、Ⅳ类煤（粉碎煤）、Ⅴ类煤（全粉煤）三类煤的统称。绝大多数煤与瓦斯突出发生在构造软煤发育区，构造软煤的分布规律对煤与瓦斯突出鉴定与预测、煤层气开发可行性有指导作用。

华北煤田石炭纪—二叠纪赋煤区与华北板块的范围基本一致，如图2-1所示，北起阴山—燕山一线，南至秦岭—大别山一线，西起贺兰山—六盘山一线，东至郯庐断裂带。东西长1300km，南北宽80～1000km，面积$102.2\times10^4\ km^2$，垂深2000m以浅煤炭资源13781.43×10^8t，占全国的24.7%，是我国主要产煤区，煤矿瓦斯灾害多为高瓦斯和煤与瓦斯突出矿井。

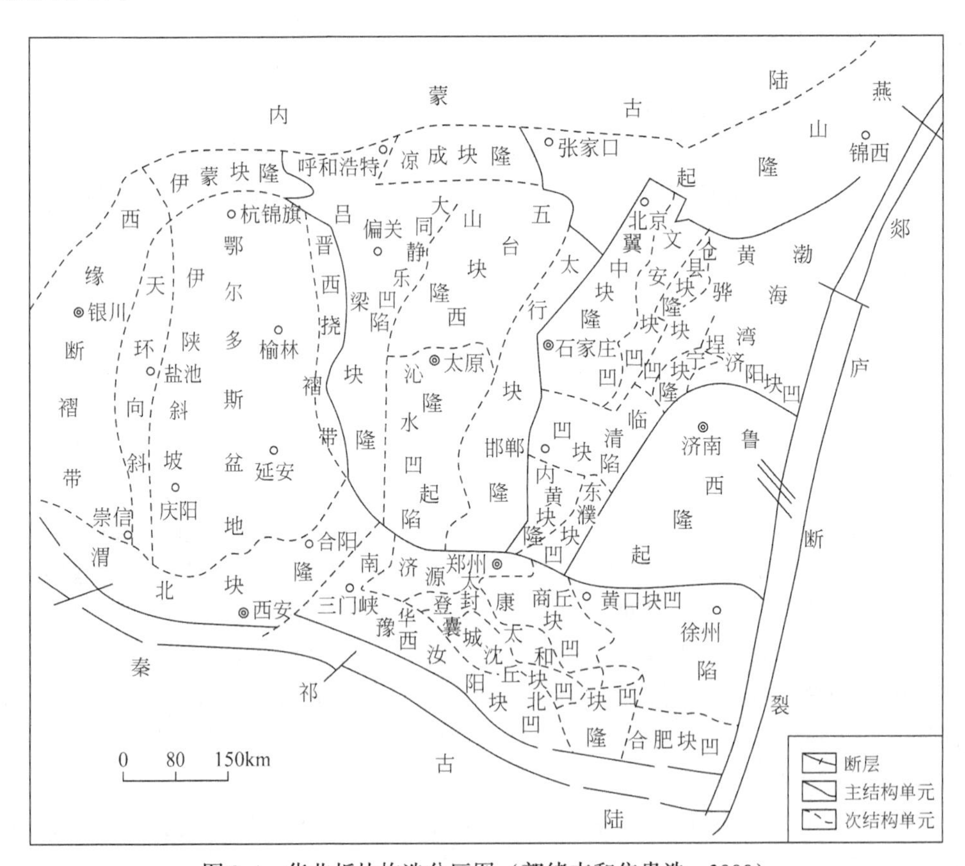

图2-1　华北板块构造分区图（郭绪杰和焦贵浩，2000）

2.1　构造煤区域分布规律及大地构造控制

华北板块是我国的主要含煤和产煤区域。本章围绕华北板块典型煤田，统计分析了板块内绝大部分矿区和矿井与构造煤有关的资料，其中，主要矿区38个，矿井344对，高突矿井67对。丰富的矿井实际采掘资料为构造煤分布规律的研究奠定了坚实的基础。

2.1.1　构造煤区域分布规律

构造煤的区域分布规律主要受构造控制，与构造分区相对应，呈EW向条带状展布，自北向南可分为3个带（图2-2）。

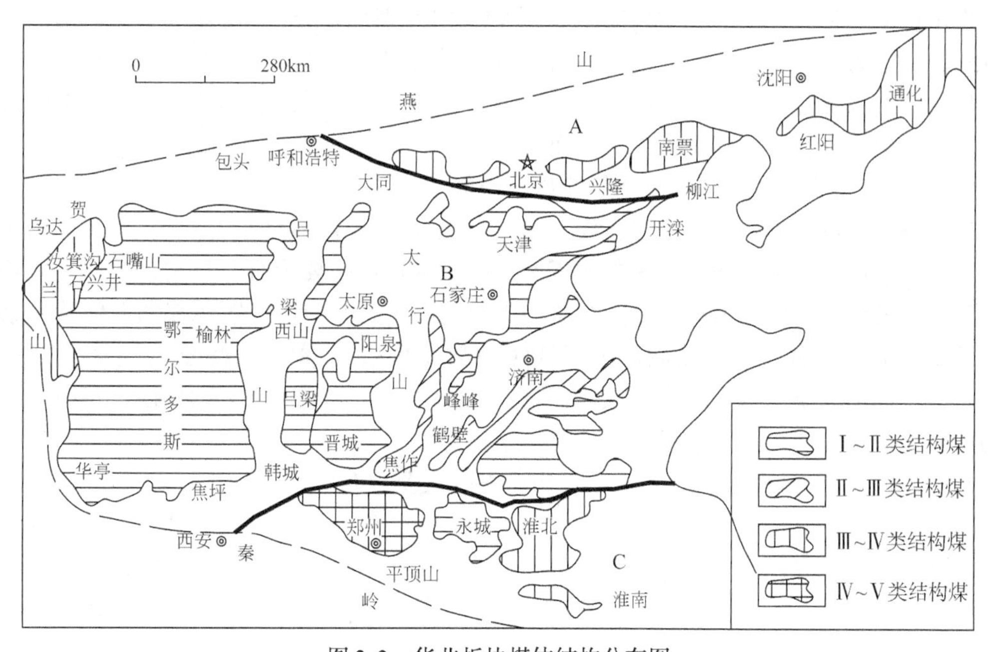

图2-2　华北板块煤体结构分布图

北带（A）：主要包括辽东、辽西、兴隆和京西各煤田，呈EW—NNE向展布，区内褶皱、断裂均较发育，断裂主要表现为逆冲断层或逆冲推覆构造，切割褶皱，含煤地层主要赋存在向斜内或逆冲推覆构造的下盘，构造煤类型主要为Ⅲ～Ⅳ类煤，碎裂煤和原生结构煤较少。

中带（B）：主要包括鄂尔多斯盆地、山西隆起、渤海湾凹陷和鲁西隆起区各煤田，煤体结构类型首先以原生结构煤为主（Ⅰ～Ⅱ类），尤其是西部鄂尔多斯盆地内，主要是原生结构煤，如贺兰山煤田、东胜煤田、准格尔煤田、神府煤田、灵武煤田、华陇煤田和河东煤田。其次是Ⅱ～Ⅲ类构造煤，主要分布在山西隆起东缘—太行山东麓和鲁西隆起西缘。再次是Ⅲ～Ⅳ类构造煤，主要分布在鄂尔多斯西缘断褶带，局部也有Ⅳ～Ⅴ类构造煤，如晋城3煤层底部有少量糜棱煤。

南带（C）：主要包括豫西、平顶山、永城、淮南和淮北各煤田，构造煤类型首先为Ⅲ～Ⅳ，其次是Ⅳ～Ⅴ类构造煤，主要分布在豫西煤田，再次是Ⅰ～Ⅱ类原生结构煤，主要分布在永城煤田。

2.1.2　构造煤区域分布的大地构造控制

晚古生代含煤地层形成后，华北板块的构造演化在板块南、北缘是相同的，都是在SN向构造应力作用下形成的强烈挤压带，但板块东缘郯庐断裂带为一个压剪性构造带，板块西缘则表现为EW向相对较弱的挤压构造带。受构造应力由板块边缘向板块内部传递中应力损失的影响，板块内部整体上构造应力作用较弱，构造发育程度也不如板块边缘。

华北板块中带二级构造单元边界均以深大断裂相分，属于伸展构造系。各构造单元内应力作用也不尽相同，其中，渤海湾断陷区和鲁西隆起区以拉张应力作用为主，山西隆起区以压扭作用为主，鄂尔多斯盆地受东西边界断裂控制，区域构造应力作用微弱。

华北板块各构造单元由于所处构造环境条件、构造带力学性质的差异，对构造煤的控制也具有不同特点，主要表现为三个方面。

1）挤压构造带是华北板块主要构造煤分布区

根据华北板块区域构造的研究，板块南缘、北缘和西缘是挤压构造带，构造类型主要表现为大型推覆构造和褶皱，在这些挤压构造区，构造煤主要为Ⅲ～Ⅳ类，是板块内构造煤类型分布最多的区域。另外，构造煤类型也与构造的强度有关，鄂尔多斯西缘构造挤压强度较弱，构造煤的类型也偏低；豫西特殊的滑动构造使本区$二_1$煤层构造煤类型达到Ⅳ～Ⅴ类，成为板块内构造煤类型最高的区域；永城煤田以区域SN—NNE向压扭性正断层为主，构造煤不发育，煤层仍然保持原生结构煤的特点等。

2）伸展构造带的盆地和隆起边缘是构造煤的次要分布区

伸展构造在华北板块主要分布在中带板内构造区，区域构造主要表现为大型的隆起和凹陷盆地，在隆起和凹陷的边缘，构造类型以SN—NNE—NE向正断层为特征，构造煤类型主要为Ⅱ～Ⅲ类，主要分布在山西隆起东缘—太行山东麓和鲁西隆起西缘，构造煤呈条带状，其展布方向与构造的展布方向一致。

3）伸展构造带的盆地和隆起内部主要是原生结构煤分布区

伸展构造带的盆地和隆起内部一般受到的构造应力作用较弱，煤层变形较小，煤层主要保持原生结构煤的特点（Ⅰ～Ⅱ类），包括鄂尔多斯盆地、大同-宁武盆地、沁水盆地、渤海湾盆地和鲁西隆起内部等。

从以上构造煤分布与构造带的关系可得以下结论。

（1）构造煤主要分布在板块的边缘，板块内发育较弱，具有分级控制的特点，其主要是板块边缘和板块内部构造应力作用的强度差异所致。对于华北板块来说，构造煤主要分布在南北边缘和西部边缘，板块内构造煤发育相对较弱；对于山西隆起次级板块来说，构造煤主要形成在西部边缘，板块内沁水盆地、大同-宁武盆地构造煤发育较弱；对于沁水盆地再次一级板块来说，构造煤主要形成在盆地边缘，盆地内构造煤发育较弱。

（2）构造煤的分布受构造应力的性质、大小和方向控制。挤压构造应力作用下形成的挤压构造带，煤岩层变形强烈，构造煤发育；拉张构造应力作用下形成的伸展构造带，煤岩层变形较弱，构造煤不发育。强烈的构造应力作用，有利于构造煤的发育，如果构造应力作用较弱，则构造煤不发育。靠近构造应力作用方向的区域构造煤相对较为发育，构造应力通过板块边缘向板块内部传递造成应力损失，因此，板块内部构造煤的发育程度总是不如板块边缘。

2.2 构造煤层域分布规律及含煤建造控制

华北板块各构造区、构造分区构造煤层域分布规律研究表明，构造煤的发育受煤岩层岩性、厚度和组合的控制，其中，最重要的控制因素是煤层厚度。在晚古生代含煤地层中，几乎所有构造煤最为发育的煤层都是厚煤层，因此，可以说，厚煤层也是构造煤最为发育的煤层。由于厚煤层的层位自北而南逐渐抬升，构造煤的层位也具有相应的变化特点（表2-1）。

表2-1 华北煤田构造煤层域分布表

分带	矿区	下二叠统		上石炭统	
		煤层	构造煤	煤层	构造煤
南带	平顶山煤田	己组	中部发育	庚20	不发育
	荥巩煤田	$二_1$	全层发育	$一_1$	不发育
	登封煤田	$二_1$	全层发育	$一_7$	不发育
中带	焦作煤田	$二_1$	顶层、底层发育	$一_5$	不发育
	阳泉煤田	3号	发育	15号	局部发育
	晋城煤田	3号	局部发育	15号	不发育
	韩城矿区	3号	不发育	11号	发育
	峰峰煤田	$二_1$	发育	一煤	不发育
	开滦煤田	9号	局部发育	12号	比较发育
北带	红阳煤田	7号	局部发育	12号	比较发育
	京西煤田	小白煤	发育	大白煤	发育

2.2.1 构造煤层域分布规律

（1）北带：辽东、辽西太原组下部煤层厚度比较大，向南到兴隆、京西太原组上部和山西组煤层厚度较大，因此，辽东、辽西构造煤主要发育在太原组下部煤层中，而兴隆、京西构造煤主要发育在太原组上部和山西组煤层中。例如，红阳煤田太原组下部12号、13号厚煤层构造煤最发育，山西组3号、7号薄煤层发育较弱。

（2）中带：太原组和山西组均有可采厚煤层，厚煤层中构造煤的发育程度明显大于薄煤层。例如，开滦矿区主采煤层为太原组16号煤和山西组9号、10号煤，其中太原组16号煤层厚度最大，构造煤相对也较发育。石炭井矿区可采煤层$二_1$、$二_2$煤煤厚分别为

4.2m、13.3m，其中二$_2$煤构造煤比较发育。沁水盆地主采煤层为山西组3号煤和太原组15号煤，3号煤厚0~7.5m，南厚北薄，15号煤厚0~8m，北厚南薄，盆地内北部15号煤构造煤比较发育，盆地南部3号煤构造煤比较发育。太行山东麓、豫西构造分区的二$_1$煤最厚，一般厚5~8m，构造煤也主要形成在该煤层中，而太原组薄煤层仍然保持原生结构煤特点，山西组其他薄煤层构造煤发育程度也比较弱。

（3）南带：主采煤层位于山西组和上、下石盒子组。豫西构造分区和永成矿区山西组煤层较厚，构造煤主要发育在该煤层中；徐宿地区推覆构造分区、平顶山矿区和淮南矿区的上、下石盒子组煤层较厚，构造煤相应也较发育。

2.2.2　构造煤层域分布的含煤建造控制

含煤地层形成后，在印支运动、燕山运动和喜马拉雅运动作用下，煤层变形不仅受含煤地层本身的影响，也与含煤地层上部和下部地层有关。

含煤建造是构造煤形成的物质基础，其对构造煤层域的控制可分三个层次。

1）地层结构对构造煤的控制

在华北板块地层结构中，板块内部含煤岩系基底主要为厚600~800m的奥陶系灰岩（板块边缘为寒武系灰岩），再向下为厚度约100m的震旦系石英砂岩和厚度巨大的古老的结晶基底，总体上由巨厚的硬岩层组成；含煤岩系地层厚350~1200m，主要岩性为灰岩、砂岩、粉砂岩、砂质泥岩、泥岩和煤层等，其中软弱岩层所占的比例较大；含煤岩系上覆地层厚1500~2500m，主要岩性与含煤地层相似，但地层中软弱岩层所占的比例较小。

从地层的宏观结构来看，华北板块地层在剖面上呈现明显的“两硬夹一软”的三层结构特征。其中含煤岩系基底岩层厚度最大，岩性最硬，其次是含煤岩系上覆地层，含煤地层最软，而且厚度很薄，仅相当于含煤岩系上覆地层的1/3左右。因此，可以认为含煤地层是夹于巨厚的强硬岩层中间的软弱薄岩层。

中、新生代构造运动在华北板块南北缘主要体现了水平构造应力场的作用，板块内部还受差异升降运动引起的垂向构造应力场的复合作用。含煤地层作为地壳表层结构中的软弱岩层，有利于应力集中，并在不同性质构造应力场作用下形成的构造中产生更大的变形。

在水平构造应力场作用下，如图2-3所示，含煤地层作为层理最为发育的软弱岩层，不仅有利于褶皱的发育，而且有利于低角度推覆构造和滑覆构造的形成，而在水平和垂向构造应力场中形成的切层断层，由于含煤地层岩性较软，断层两盘有利于牵引褶皱的发育。因此，含煤地层不仅有利于所有构造类型的形成，且有利于区域上或局部层滑构造的发育，为构造煤的形成创造了良好的物质条件。

2）含煤地层结构对构造煤的控制

华北板块含煤地层主要包括太原组、山西组和上石盒子组、下石盒子组4个组，总体上从北向南含煤地层层位逐渐抬高。太原组作为含煤地层主要分布在板块的北缘和中带广大地区，含煤性自北向南逐渐减弱，在板块南缘可以不作为含煤地层看待；山西组含煤地层主要分布在板块中带，板块北带和南带可以作为次要含煤地层；上、下石盒子组含煤地

图2-3　层域分布规律的地层结构控制作用原理图

层主要分布在板块南带，在板块的北带和中带可以不作为含煤地层看待。

太原组含多层灰岩，岩性较硬，因此，在构造应力作用下，各种构造类型更容易形成在其他含煤地层中，只有在太原组含煤层较厚时，才有利于构造及构造煤的发育。

主要含煤地层在不同构造分区只有2～3组，其他地层可作为非含煤地层，因此，在剖面上仍然为“两硬夹一软”的地层结构，对构造煤的形成是有利的。

从含煤地层区域分布来看，含煤地层的宏观结构特征在板块北带、中带、南带仍然有一定的差别。

北带：太原组虽然含煤性好，含煤层数多，但含有灰岩硬岩层，因此，地层整体上仍表现一定的强度，山西组虽然是次要含煤地层，但不含有灰岩硬岩层，从而使地层整体上的相对韧性增强。太原组和山西组地层总厚度约200m，与上覆地层和下伏地层相比，含煤地层厚度较薄，剖面上仍然是硬-软-硬的三层结构，有利于含煤地层的变形和构造煤的形成。

中带：与板块北缘相似，含煤地层由太原组和山西组组成，地层总厚度大约也是200m，但太原组含煤性明显较差，而且含有多层灰岩硬岩层，相对来说，山西组含煤性好，软岩层较多。因此，板块中带实际上形成了剖面上以山西组为中心的硬-软-硬的三层结构，煤层变形及构造煤的形成主要在山西组含煤地层中，太原组构造煤不发育，所以，突出主要发生在$二_1$煤中。

南带：含煤地层主要为上、下石盒子组，在地层结构中是以上、下石盒子组为中心的硬-软-硬的三层结构，煤层变形及构造煤也主要形成在该含煤地层中。例如，淮南煤田主要含煤岩系石盒子组中部含有8号、11-2号和13-1号等厚煤层，下部山西组含1号、3号薄煤层，上部上石盒子组上部含16-1号、17-1号等薄煤层，在煤系剖面上各煤层由上至下表现为原生结构煤-构造煤-原生结构煤的组合；在单一煤层剖面上往往表现为碎裂煤-碎粒煤-糜棱煤-碎粒煤-碎裂煤的组合，形成硬夹软的多层结构等。

3）煤岩层岩性、厚度及组合对构造煤的控制

虽然构造煤主要形成在软弱的含煤地层中，但在剖面上含煤地层中都含有多个煤层，各个煤层本身的特点又对构造煤的形成的层域分布具有一定的控制作用。其中，煤厚对构造煤的层域控制作用最强，此外，还有煤层结构、煤岩成分及变质程度、煤中瓦斯等。

第一，含煤地层中，相邻煤层综合厚度大、泥岩厚度较大的层位，构造煤相对比较发育，如徐宿地区推覆构造分区临涣矿区，山西组和下石河子组相邻的7号、8号煤厚度分别为2.43m和2.0m，宏观上构成了纵向上厚煤带，10号煤层厚3.0m，单独构成一个厚煤

带，前者远大于后者，从而在 7 号、8 号煤层中形成了较为发育的构造煤，10 号煤层发育相对较弱。

第二，厚煤层进一步控制了构造煤的具体层位。根据研究，构造煤主要是在顺层滑动作用下形成的，而煤层的滑动量与其厚度呈正比，厚度大的煤层有利于构造煤的发育。由表 2-2 可知，淮南煤田谢二矿 13-1 号煤层厚度大于 11-2 号煤层，前者构造煤厚度比例占 74%，后者占 62%。华北板块北缘厚煤层层位由北向南逐渐提高，北部太原组下部煤层 12 号煤厚度比较大，向南到京西太原组上部 5 号煤和山西组煤层 2 号煤、3 号煤厚度较大，构造煤均形成在这些厚煤层中。海勃湾矿区主采煤层为 16 号煤和 9 号煤、10 号煤等，其中太原组 16 号煤层厚度最大，构造煤相对较发育。石炭井矿区可采煤层有二$_1$、二$_2$煤，煤厚分别为 4.2m、13.3m，其中二$_2$煤构造煤比较发育。太行山东麓、豫西构造分区的二$_1$煤最厚，构造煤也主要形成在该煤层中，而太原组薄煤层仍然保持原生结构煤特点，山西组其他薄煤层构造煤发育程度也比较差。

表 2-2 华北板块典型煤田（矿区）的煤岩层岩性、厚度及组合表

分带	矿区	石盒子组		山西组		太原组	
		煤层	煤厚/m	煤层	煤厚/m	煤层	煤厚/m
南带	淮南煤田	C_{13}	1.41 ~ 9.57	A_1	0 ~ 5.65	零星分布	
	平顶山煤田	戊$_{9-10}$	0.20 ~ 7.00	己$_{16-17}$	0 ~ 10.22	庚 20	0 ~ 3.22
	荥巩煤田	不可采		二$_1$	0 ~ 23.80	一$_1$	0.48 ~ 5.00
中带	焦作煤田	不可采		二$_1$	5.00 ~ 6.00	一$_5$	1.02 ~ 1.50
	晋城煤田	不可采		3 号	5.68 ~ 7.20	15 号	0 ~ 1.50
	韩城煤田	不可采		5 号	0 ~ 6.40	8 号	0 ~ 17.00
	峰峰矿区	不可采		2 号	0 ~ 6.6	3 号	0.30 ~ 1.22
	开滦煤田	不可采		9 号	3.50 ~ 10.30	12 号	2.50 ~ 6.00
北带	红阳煤田	不可采		7 号	0 ~ 2.30	12 号	0 ~ 5.20
	京西煤田	不可采		2 号	0 ~ 26.6	5 号	0 ~ 32.60

第三，煤质和煤层结构控制了构造煤在厚煤层中的分层。煤层中稳定的夹矸破坏了煤层力学性质的完整性，使煤层局部成为几个独立的分层，当构造应力作用时，各个分层由于厚度和煤岩成分的差异，形成不同特点的构造煤。例如，石嘴山矿区一矿主采的山西组底部二$_3$煤，煤层结构复杂，含有 4 层稳定的夹矸，煤体结构破坏程度从顶板到底板由弱到强，可分出三个大的分层；煤层的煤岩成分主要指其宏观煤岩成分，即丝炭、镜煤、亮煤、暗煤，此外，还有煤中水分、灰分等。煤中丝质组分比较高的分层有利于构造煤的发育，壳质组和矿物质含量高的分层相对较弱；丝炭、镜煤、亮煤比暗煤裂隙发育，易于破碎。灰分大的煤层强度较大，不利于构造煤发育，而含水分多则有利于构造煤的发育等。

此外，构造煤的形成还和煤层瓦斯、变质程度、温度、压力、应力性质、时间等因素有关，在研究某一个因素作用时，总是假设其他因素是在相同或相似条件下进行的，这些问题有待进一步研究。

从根本上来说，煤层中有构造煤形成是因为煤层相对于地层中的所有岩层来说都属于软弱岩层，这是煤层的基本力学属性，其另一个特点是煤层中含有瓦斯，这也是其他岩层都不具有的一个基本属性。煤层作为含煤地层中的单一软弱岩层，其厚度越大，对含煤地层中构造应力集中的影响程度也越大，即有利于应力集中，同时，厚煤层中的应力集中又对薄煤层起到一定的屏蔽作用，因此，厚煤层中构造煤比较发育。

第3章　软硬煤孔裂隙结构的差异特征

煤具有孔隙、裂隙双重结构特征，含有纳米级到毫米级孔裂隙。煤的孔裂隙结构特征是煤粒瓦斯扩散的决定性因素，对瓦斯扩散系数有显著影响。煤的变质程度和破坏程度对瓦斯扩散的影响，也主要是通过改变煤的孔裂隙结构实现的。

煤孔隙、裂隙的研究内容包括孔的大小、形态、结构、类型、孔隙率、孔容、孔径分布、比表面积等。目前，多采用普通显微镜、扫描电镜、压汞法、低温液氮吸附法、透射电镜来研究煤中孔隙。压汞法可以测到孔径>5nm 时有关孔隙大小、孔隙分布、孔隙类型等孔隙结构信息。低温液氮吸附法可以测到最小达 0.3nm，最大达 150nm 的孔径。借助于扫描电镜或透射电镜可以从微观层次上观测到样品孔隙结构的特征。本章采用扫描电镜、压汞法、低温液氮吸附法、二氧化碳吸附法和小角 X 射线散射法来获得全尺度孔裂隙信息。

经研究证实，煤的孔隙系统中有孔隙直径最小的只有 5Å（即 10^{-10}m），与甲烷分子直径相当，最大的孔隙直径有数百万埃等各种不同数量级的孔隙。目前的孔隙划分依据很多，具有代表性的分类见表 3-1，这些分类方法均从不同角度赋予孔径结构以不同的分界线（霍多特，1966；Gan *et al.*，1972；郝琦，1987；吴俊等，1991；杨思敬等，1991；秦勇，1994；琚宜文等，2005c），如孔径与气体分子作用特征、孔隙在煤种的赋存特征、仪器工作范围、高煤阶煤的孔径结构特征和孔径突变点等。

表 3-1　煤孔径结构划分方案　　（单位：nm）

<table>
<tr><th>霍多特
(1966)</th><th>Dubinin
(1966)</th><th>严继民等
(1986)</th><th>Gan 等
(1972)</th><th>抚顺煤研所
(1985 年)*</th><th>杨思敬等
(1991)</th><th>吴俊等
(1991)</th><th>秦勇
(1994)</th><th>琚宜文等
(2005c)</th></tr>
<tr><td>可见孔
>100000</td><td>大孔
>20</td><td>大孔
>50</td><td>粗孔
>30</td><td>大孔
>100</td><td>大孔
>750</td><td>大孔
1000 ~ 1500</td><td>大孔
>450</td><td>超大孔
>20000</td></tr>
<tr><td>大孔
>1000</td><td rowspan="2">过渡孔
2 ~ 20</td><td rowspan="2">过渡孔
2 ~ 50</td><td rowspan="2">过渡孔
1. 2 ~ 30</td><td rowspan="2">过渡孔
8 ~ 100</td><td>中孔
50 ~ 750</td><td>中孔
100 ~ 1000</td><td>中孔
50 ~ 750</td><td>大孔
5000 ~ 20000</td></tr>
<tr><td>中孔
100 ~ 1000</td><td>过渡孔
10 ~ 50</td><td>过渡孔
10 ~ 100</td><td>过渡孔
15 ~ 50</td><td>中孔
100 ~ 5000</td></tr>
<tr><td>过渡孔
10 ~ 100</td><td rowspan="2">微孔
<2</td><td rowspan="2">微孔
<2</td><td rowspan="2">微孔
<1. 2</td><td rowspan="2">微孔
<8</td><td rowspan="2">微孔
<10</td><td rowspan="2">微孔
<10</td><td rowspan="2">微孔
<15</td><td>过渡孔
15 ~ 100</td></tr>
<tr><td>微孔
<10</td><td>微孔
<15</td></tr>
</table>

* 据蔡成功和王魁军，1992

本书主要研究孔隙结构与气体分子的作用特征，因此，采用国内煤炭工业界应用最为广泛的霍多特分类方法，具体分类与相互作用如下。

微孔：孔径小于10nm（10^{-8}m）的孔隙，这些孔隙主要构成瓦斯吸附容积，通常认为是不可压缩的。

小孔（过渡孔）：孔径为10～100nm（10^{-8}～10^{-7}m），这些孔隙构成瓦斯毛细凝结作用和扩散的空间。

中孔：孔径为100～1000nm（10^{-7}～10^{-6}m），这些孔隙构成瓦斯缓慢层流渗透的空间。

大孔：孔径为1000～100000nm（10^{-6}～10^{-4}m），这些孔隙构成剧烈层流渗透区域，是结构高度破坏煤的破碎面。

可见孔及裂隙：直径大于100000nm（10^{-4}m），这些孔隙构成层流和紊流的混合渗透的空间，是坚固和中等强度煤的破碎面。

3.1　煤样采集与制备

3.1.1　煤样的采集与制作

为实验考察不同变质程度的构造软硬煤在不同压力、不同温度和不同水分情况下的瓦斯放散规律，从而建立更加合理的构造煤的瓦斯放散规律数学模型。根据实验的需要，在不同矿区选取典型的软硬煤样品，严密封装后，送至实验室。样品见表3-2，煤样均采自华北板块，从变质程度看，包括气肥煤、贫瘦煤和无烟煤，基本代表了我国常见的煤种，每个变质程度的煤样均采软煤和硬煤各一份；从煤层透气性来说，包括透气性较好的晋城、永城矿区和透气性较差的淮南、鹤壁、安阳矿区。所采煤层基本都有突出危险性，晋城、永城矿区突出危险性较小，淮南、鹤壁和安阳矿区突出危险性严重。详细信息见表3-2。

表3-2　煤的解吸规律实验煤样信息

采样地点	煤层	变质程度	破坏类型	煤层突出情况
淮南丁集矿软分层	11-2	气、肥煤	Ⅳ	严重突出
淮南丁集矿硬分层	11-2	气、肥煤	Ⅱ	严重突出
鹤壁八矿软分层	$二_1$	贫、瘦煤	Ⅴ	严重突出
鹤壁四矿硬分层	$二_1$	贫、瘦煤	Ⅱ～Ⅲ	严重突出
永城车集煤矿软分层	$二_2$	贫煤	Ⅴ	突出
永城车集煤矿硬分层	$二_2$	贫煤	Ⅰ～Ⅱ	突出
永城车集煤矿软分层	$二_2$	贫煤	Ⅴ	突出
永城车集煤矿硬分层	$二_2$	贫煤	Ⅰ～Ⅱ	突出
安阳龙山煤矿软分层	$二_1$	无烟煤	Ⅲ～Ⅳ	严重突出
安阳龙山煤矿硬分层	$二_1$	无烟煤	Ⅰ～Ⅱ	严重突出

续表

采样地点	煤层	变质程度	破坏类型	煤层突出情况
晋城寺河软分层	3#	无烟煤	Ⅳ	突出
晋城寺河硬分层	3#	无烟煤	Ⅰ～Ⅱ	突出
平煤十三矿硬分层	己 16-17	1/3 焦煤	Ⅱ～Ⅲ	突出
平煤十三矿软分层	己 16-17	1/3 焦煤	Ⅲ～Ⅳ	突出
焦作九里山硬分层	$二_1$	无烟煤	Ⅰ～Ⅱ	突出
焦作九里山软分层	$二_1$	无烟煤	Ⅲ～Ⅳ	突出

3.1.2　实验煤样的制备

根据不同实验目的对煤样的选取有不同的要求，因此，将 5 个矿区采集的 6 组（12 个）煤样送到实验室后，立即制作成符合实验所需的样品，并放入磨口瓶中封装，以防氧化。

煤的瓦斯吸附常数测定煤样的制备：根据《煤的高压等温吸附试验方法 容量法》(GB/T 19560—2004)，将 1kg 新鲜煤样进行粉碎，筛选粒度在 0.17～0.25mm 的煤样装入磨口瓶中加签密封备用，每个实验样品质量不得小于 100g。

构造煤的工业分析与真相对密度测定煤样的制备：根据《煤的工业分析方法》（GB/T 212—2008）和《煤的真相对密度测定方法》（GB/T 217—2008），将 500g 煤样粉碎，筛选粒度小于 0.2mm 的颗粒装入磨口瓶中密封加签备用，每个实验样品质量不应少于 50g。

构造煤的坚固性系数测定煤样的制备：《根据煤的坚固性系数测定方法》（GB/T 23561.12—2010)，在新保留的煤层中采集 1000g 煤样，用小锤碎制成块度为 20～30mm 小块，然后用 20～30mm 的筛子筛选，称取制备好的煤样 50g 为一份，每 5 份为一组，共称取煤样 3 组。

构造煤的瓦斯解吸规律的煤样的制备：结合煤的甲烷吸附量测定方法，将采集的煤样制成 1～3mm 煤样颗粒，其制备过程如下。

（1）将采集的 10kg 煤样装入粉碎机中，把煤样粉碎到小于 6mm 的颗粒。

（2）由于本实验试样采用粒度为 1～3mm 煤样，利用 1～3mm 标准组合筛进行筛分。每种煤样筛选粒度为 1～3mm 的煤样 2kg，装入玻璃密封容器进行保存。

（3）水分对构造煤的瓦斯解吸规律影响极其复杂，为了避免水分对构造煤瓦斯解吸规律的影响，将粒度为 1～3mm 的实验煤样放入温度为 100℃ 马弗炉中进行烘干，烘干时间为 6h，最后将烘干的煤样进行密封保存。

3.1.3　煤样的基本参数测定结果

采用以上方法制样、测定了煤样基本参数，结果见表 3-3，实验测定了煤的坚固性系数、瓦斯放散初速度、工业分析、吸附常数、孔隙率、煤的视密度和真相对密度。软煤f值均明显小于硬煤、Δp值均大于硬煤，反映了软煤瓦斯放散初速度快；同一种煤的挥发分相差不大，软硬煤之间的挥发分互有大小，初步说明动力变质作用不明显；大部分煤样的吸附常数a值相近，软煤的b值相对较大，也反映了软煤瓦斯放散能力强于硬煤。

表3-3　实验煤样基本参数结果表

采样地点	f	Δp	工业分析/%			吸附常数		孔隙率/%	视密度/(m³/t)
			M_{ad}	A_{ad}	V_{daf}	a/(m³/t)	b/MPa⁻¹		
淮南丁集矿软分层	0.22	9.5	2.59	21.22	40.24	14.504	1.124	8.61	1.38
淮南丁集矿硬分层	0.79	3.5	2.00	14.66	37.52	20.152	0.273	7.69	1.32
鹤壁八矿软分层	0.10	21.0	1.25	7.68	14.09	25.361	1.622	2.90	1.34
鹤壁四矿硬分层	0.40	11.0	0.93	9.36	15.73	28.994	1.074	2.90	1.34
永城车集煤矿软分层	0.15	31.5	0.92	9.92	8.64	32.654	0.930	4.67	1.43
永城车集煤矿硬分层	0.85	7.0	0.89	10.08	10.00	36.117	0.668	4.73	1.41
永城车集煤矿软分层	0.17	23.0	0.93	5.67	12.50	33.835	0.952	3.42	1.41
永城车集煤矿硬分层	0.75	7.5	0.87	14.24	8.17	34.737	0.530	4.20	1.37
安阳龙山煤矿软分层	0.38	36.0	1.51	11.75	7.64	43.224	1.640	4.79	1.57
安阳龙山煤矿硬分层	1.16	25.5	1.26	10.81	7.32	43.988	1.295	4.85	1.59
晋城寺河软分层	0.11	29.0	1.54	7.18	6.16	37.786	2.017	4.61	1.45
晋城寺河硬分层	1.25	23.5	2.74	9.83	6.18	34.938	2.189	4.52	1.48
平煤十三矿软分层	0.17	13.6	1.06	11.54	16.92	26.683	0.649	3.49	1.40
平煤十三矿硬分层	0.51	12.9	0.65	13.35	19.15	25.199	0.560	3.45	1.38
焦作九里山软分层	0.14	20.5	5.16	4.59	6.38	45.604	1.065	4.94	1.54
焦作九里山硬分层	1.85	21.0	4.69	9.91	6.96	41.608	0.927	4.67	1.43

3.2　煤的大孔裂隙扫描电镜实验

通过观察煤的孔裂隙结构、大小、形态、分布、裂隙密度等特征，可以了解孔裂隙的类型、成因、充填状况、煤岩组分、成分、宽度、长度、裂隙壁距、密度等信息，分析构造煤与硬煤的微观孔裂隙性状的差异，查明软硬煤粒大孔隙对瓦斯放散能力影响差别。

本实验所采用的JSM-6390LV钨灯丝扫描电镜，如图3-1所示，是日本电子株式会社在2006年1月推出的新型数字化扫描电镜。它是在JSM-6360LV/JSM-6380LV的基础上，将电子光学系统进行技术革新，并保留了JSM-6380LV良好的操作界面和出色稳定的控制系统。主要特点为全数字化控制系统，高分辨率、高精度的变焦聚光镜系统、全对中样品台及高灵敏度半导体背散射探头；可用于各种材料的形貌组织观察、金属材料端口分析和失效分析。

实验样品取自淮南和鹤壁矿区采掘面的新鲜软硬煤样，首选1～2cm³干净清洁的小块，用酒精清洗煤样表面，之后镀金，以增强煤的导电性。

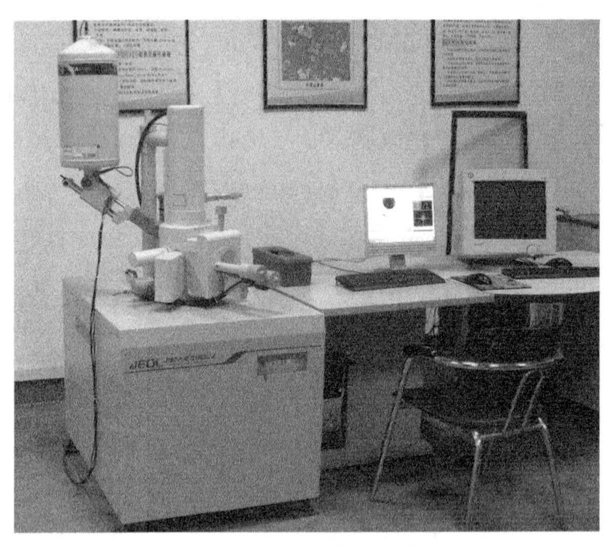

图 3-1　JSM-6390LV 钨灯丝扫描电镜

对 4 个煤样在不同倍率和观察面扫描图片 50 余张，受篇幅所限，仅列出部分扫描结果，如图 3-2 所示，淮南和鹤壁煤样中，硬煤结构致密平整［图 3-2（a）、（c）］，裂隙发育较少，且有规则；而软煤结构疏松［图 3-2（b）、（d）］，裂隙较为发育，且裂隙相互连接，互相衍生，显现出构造作用力留下的痕迹。

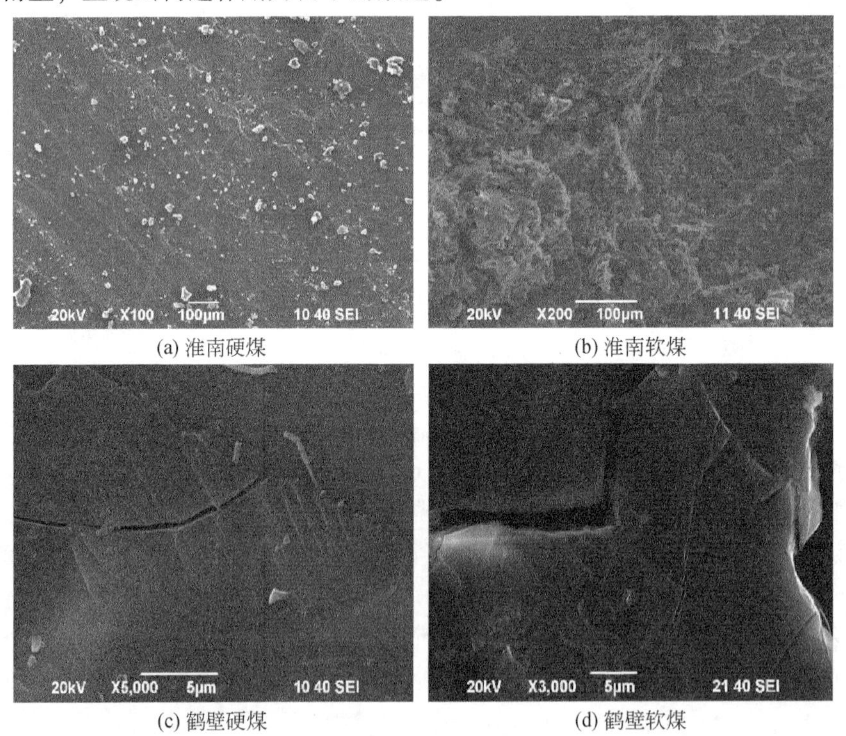

(a) 淮南硬煤　(b) 淮南软煤

(c) 鹤壁硬煤　(d) 鹤壁软煤

图 3-2　构造煤和原生结构煤在扫描电镜下显微构造对比

裂隙分布的量化研究，可用裂隙的长、宽、高和裂隙密度来表示，扫描电镜为二维图像，无法获得裂隙的高度，研究中统计了不同倍率镜下的裂隙长、宽及密度，裂隙密度用面密度来表征，即单位面积（一般为1cm^2）上裂隙的条数，统计结果见表3-4，在相近倍率情况下，软煤的面密度和裂隙宽度均高于硬煤，反映了软煤裂隙比较发育，即软煤中大孔比较发育，这也是软煤粒瓦斯放散快的主要原因之一；裂隙长度硬煤大于软煤，且结构更致密，应力敏感性相对较弱，因此，煤层中硬煤的透气性要好于软煤。另外，面密度有随放大倍率的增加而增大的趋势，反映了放大倍率增加，可观察到的裂隙条数增加，平均裂隙长度和裂隙宽度减小。

表3-4 扫描电镜显微裂隙统计表

样品	倍率	裂隙长度/μm	裂隙宽度/μm	裂隙密度/条
淮南硬煤	100	598.50	4.00	194.1859
淮南软煤	200	93.50	8.13	3894.081
鹤壁硬煤	5000	15.81	0.31	243381.2
鹤壁软煤	3000	22.87	2.04	873820.3

3.3 压汞法分析软硬煤孔隙结构特征

微米级孔径结构特征主要采用压汞法开展研究，主要研究部分微孔、过渡孔，全部中孔和大孔等扩散、渗流空间。其测定原理是：根据拉普拉斯公式，接触角大于90°的汞在没有压力条件下，不能进入煤的微孔隙中，而利用外加压力则可以克服汞的表面张力带来的阻力。当压入液体与固体的润湿角和表面张力一定时，压入液体的压力和孔径大小R间的函数关系符合拉普拉斯公式（谈幕华和黄蕴元，1985），即

$$R = -2\gamma\cos\theta/P \tag{3-1}$$

式中，R为孔隙半径，Å；γ为汞的表面张力，常取480×10^{-5}N/cm；θ为汞与被测煤样的接触角，取140°；P为汞的压入压力，MPa。

将压汞实验所测的压入孔隙内的体积增量ΔV、R和P等进一步处理，可得到压汞曲线和孔径分布曲线。

测试仪器为AUTOPORE9505型全自动压汞仪，如图3-3所示，该仪器由美国麦克仪器公司生产，最大工作压力3.3万磅（228MPa），孔径测量范围5～360000nm，进汞和退汞的体积精度小于0.1μL。

关于微米级孔径结构已有多位学者开展过研究，分析了变质程度和破坏程度的影响，但在构造应力是否影响微孔，动力变质作用是否明显等方面仍存争议，另外，以前实验结果对比表面积的变化规律关注较少，并且没有将孔径结构特征与煤粒的瓦斯放散动力学特性紧密联系。

为达到以上实验目的，本章针对部分典型瓦斯放散规律实验用煤样开展压汞实验，煤

图 3-3　AUTOPORE9505 型全自动压汞仪

样包括变质程度为气肥煤的淮南丁集煤矿 11–2 煤层、为贫煤的鹤壁八矿二$_1$煤层、为贫煤的永城车集二$_2$煤层和为无烟煤的安阳龙山二$_1$煤层 4 个煤层，以上矿井和煤层均有煤与瓦斯突出危险性，为对比软硬煤样孔隙结构的差异性，同一煤层均取软硬煤两个煤样，筛选粒度为 3 ~ 6mm 的煤样作为压汞实验煤样。

1）软硬煤样孔隙特征差异

实验结果如图 3-4 ~ 图 3-7 和表 3-5、表 3-6 所示，4 组煤样软煤相对于硬煤，不仅总孔容明显增加，而且孔容分布特征具有规律性变化，软煤的中孔和大孔孔容明显增加，过渡孔孔容也均有增加，而微孔孔容软硬之间互有大小，变化规律不明显。由表 3-7 可知，软硬煤之间的总比表面积差异规律不明显，但比表面积的分布有明显变化，软煤相对于硬煤，全部煤样的中孔和大孔比表面积增加，有 3 组煤样的过渡孔比表面积增加，且增幅均较大。

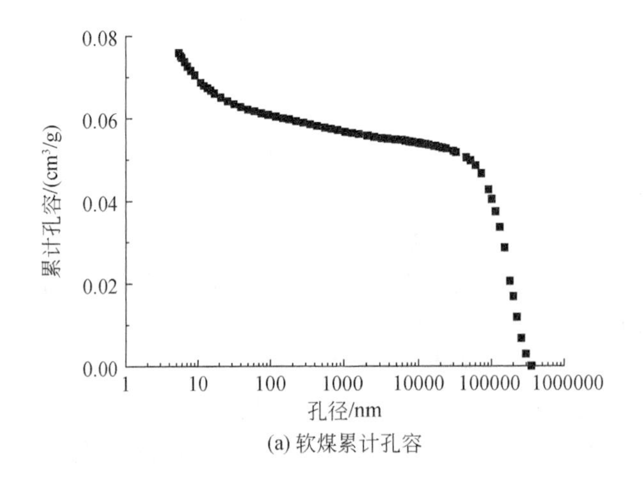

(a) 软煤累计孔容

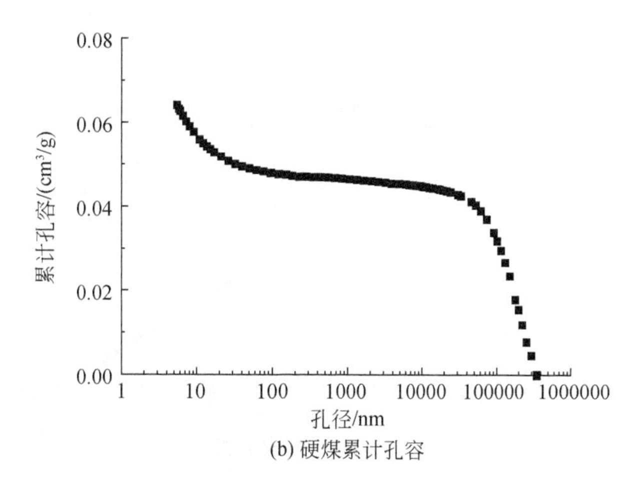

(b) 硬煤累计孔容

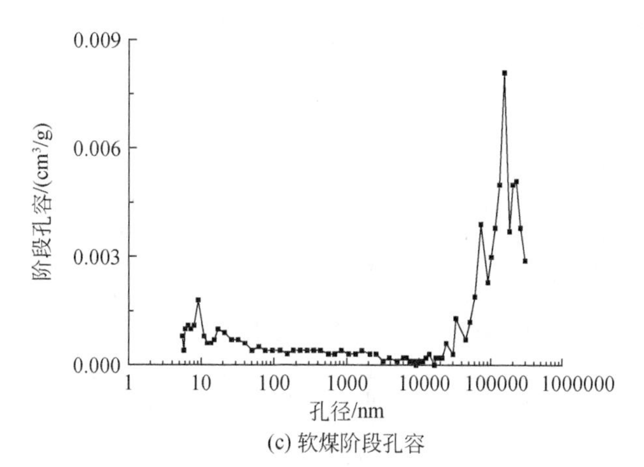

(c) 软煤阶段孔容

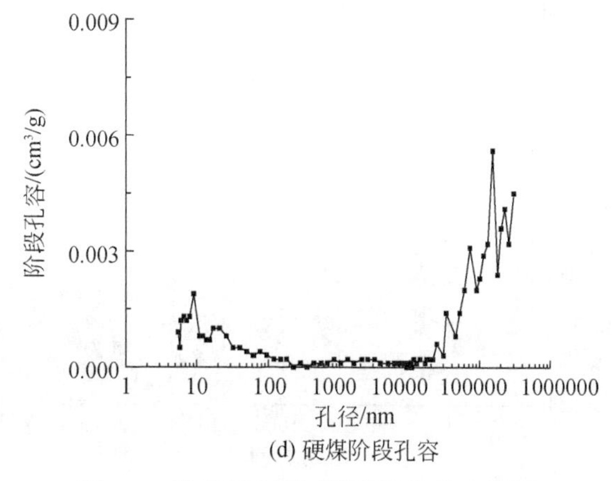

(d) 硬煤阶段孔容

图 3-4　淮南丁集煤矿煤样孔容分布特征

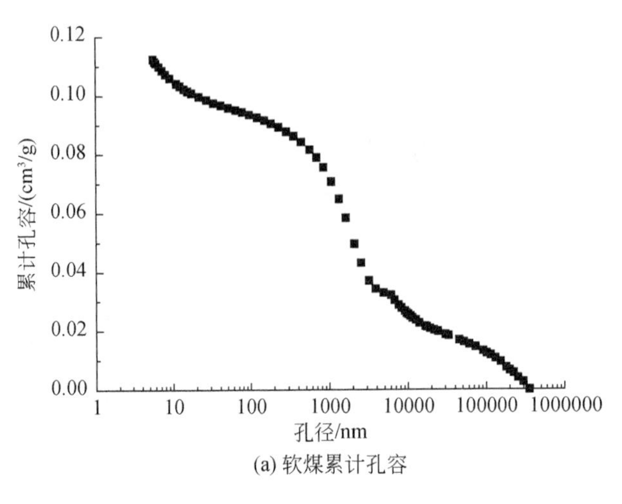

(a) 软煤累计孔容

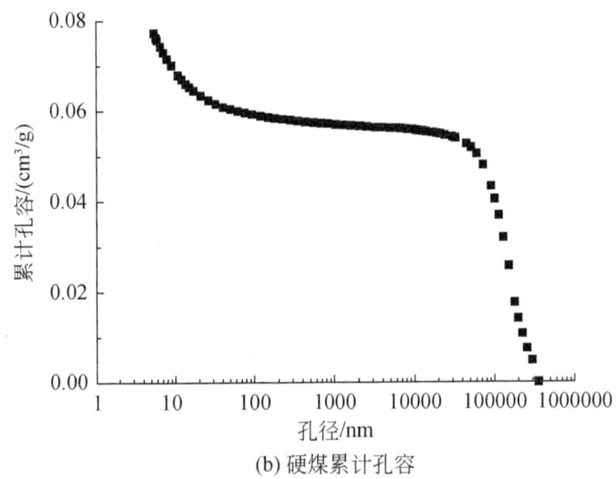

(b) 硬煤累计孔容

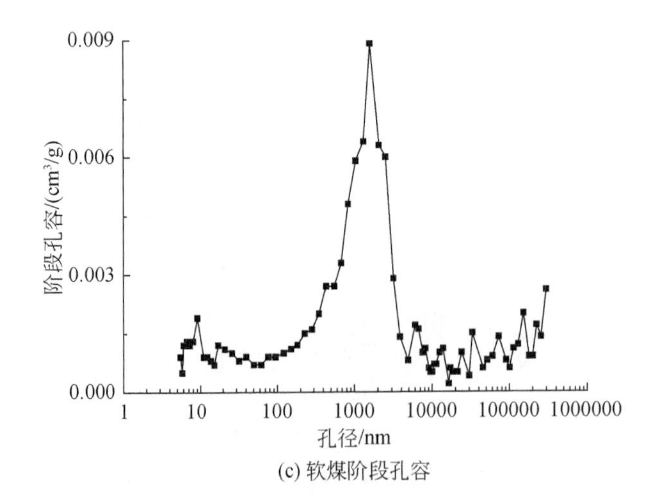

(c) 软煤阶段孔容

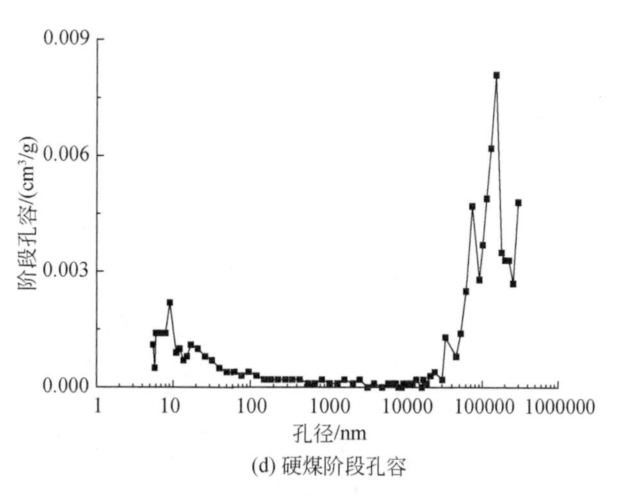

(d) 硬煤阶段孔容

图 3-5　鹤壁八矿煤样孔容分布特征

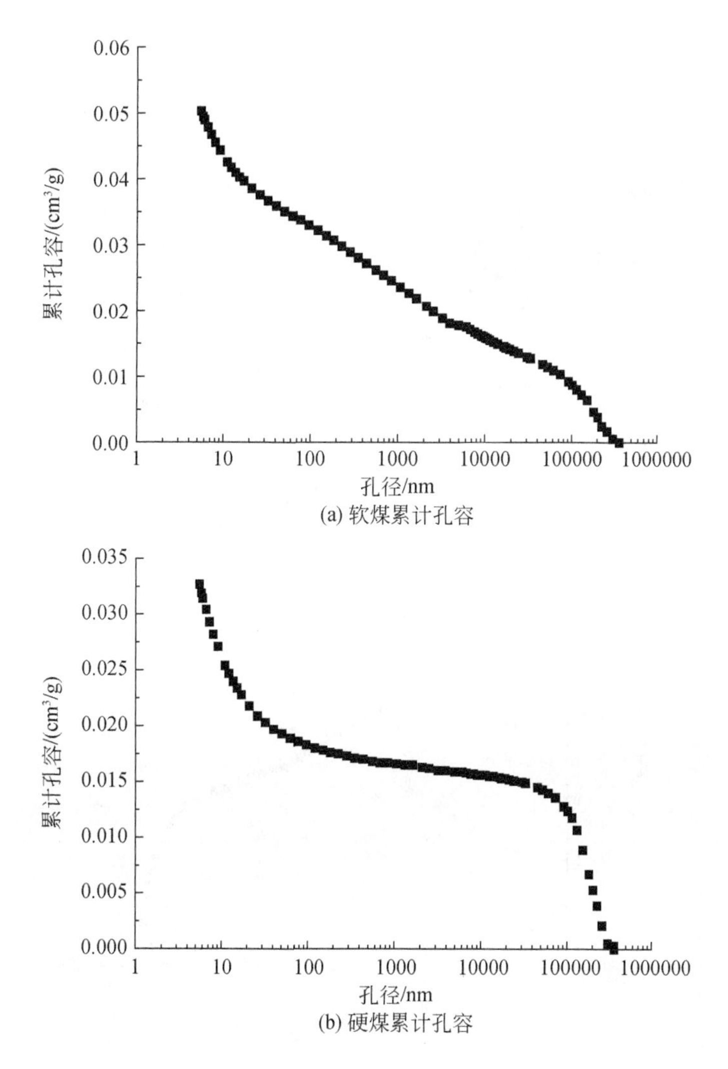

(b) 硬煤累计孔容

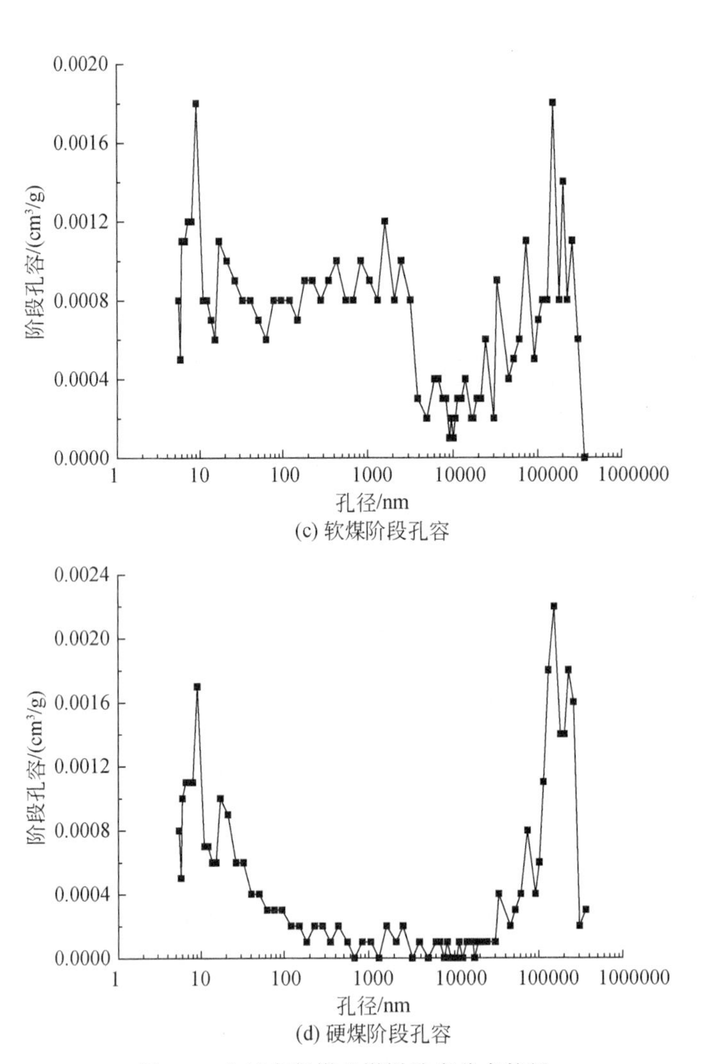

(c) 软煤阶段孔容

(d) 硬煤阶段孔容

图 3-6　永城车集煤矿煤样孔容分布特征

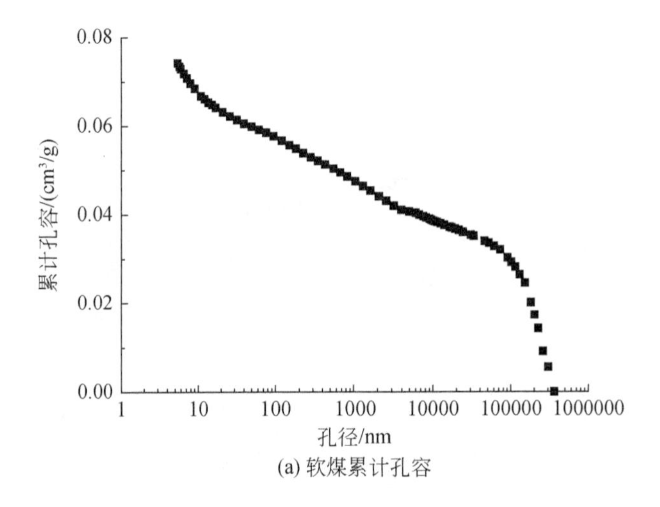

(a) 软煤累计孔容

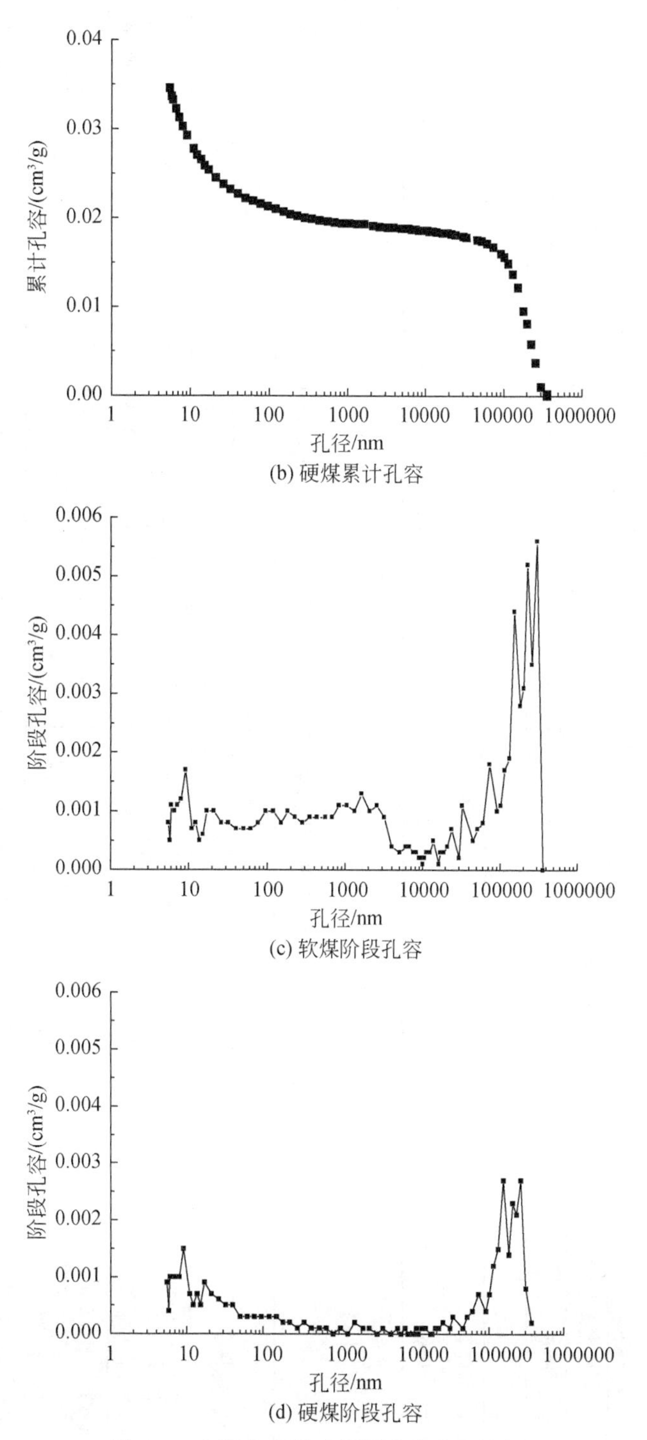

(b) 硬煤累计孔容

(c) 软煤阶段孔容

(d) 硬煤阶段孔容

图3-7　安阳龙山煤矿煤样孔容分布特征

表 3-5　压汞法煤孔隙结构的基本特征参数表（粒度 3～6mm）

煤样		f	V_{daf}/%	总孔容 /（cm^3/g）	总孔比表面积 /（m^2/g）	孔容中孔直径 /nm	比表面积中孔直径/nm	平均孔径 /nm	孔隙率/%	
									连通	基质
淮南	硬煤	0.79	37.52	0.0641	6.073	99772.2	7.9	42.2	48	7.6878
	软煤	0.22	40.24	0.0759	5.380	111403.6	8.1	56.4	55	9.2109
鹤壁	硬煤	0.40	15.73	0.0773	6.813	107157.2	7.9	45.4	44	8.8590
	软煤	0.10	14.09	0.1124	6.694	1724.4	8.3	67.2	87	13.6041
车集	硬煤	0.85	10.00	0.0327	5.352	2003.6	7.9	24.4	26	4.0793
	软煤	0.15	8.64	0.0503	5.988	723.7	8.2	33.6	39	6.1406
龙山	硬煤	1.16	7.32	0.0346	4.979	55184.5	7.8	27.8	27	4.5874
	软煤	0.38	7.64	0.0742	5.717	17033.9	8.2	51.9	59	9.1859

表 3-6　低温液氮吸附法煤孔隙结构的基本特征参数表（粒度 0.17～0.25mm）

煤样		f	V_{daf}/%	BJH 总孔容 /（cm^3/g）	各孔径段体积比/%			比表面积/（m^2/g）		各孔径段比表面积比/%		
					>100nm	10～100nm	<10nm	BET 法	BJH 法	>100nm	10～100nm	<10nm
淮南	硬煤	0.79	37.52	0.002041	31.60	48.46	19.94	0.7007	0.567	3.00	24.87	72.13
	软煤	0.22	40.24	0.004358	42.31	40.00	17.69	1.0654	1.044	4.89	26.44	68.68
鹤壁	硬煤	0.40	15.73	0.001785	44.31	51.54	4.15	0.5535	0.208	9.62	56.25	34.13
	软煤	0.10	14.09	0.008967	36.13	42.67	21.20	2.9098	2.581	4.30	23.83	71.87
车集	硬煤	0.85	10.00	0.000547	46.98	52.29	0.73	0.1233	0.043	13.95	81.40	4.65
	软煤	0.15	8.64	0.003671	46.28	42.36	11.36	1.1831	0.673	8.02	36.11	55.87
龙山	硬煤	1.16	7.32	0.005258	12.51	23.77	63.71	51.8247	5.684	0.30	3.20	96.50
	软煤	0.38	7.64	0.013994	24.30	22.61	53.10	73.3482	11.828	0.85	4.41	94.74

注：BJH 总孔容为采用 BJH（Barratt-Joyner-Halenda）法计算得到的孔容

表 3-7　压汞法煤的比表面积实验成果表

煤样		f	V_{daf}/%	孔比表面积/（m^2/g）				比表面积比/%					
				S_1	S_2	S_3	S_4	S_t	S_1/S_t	S_2/S_t	S_3/S_t	S_4/S_t	S_3+S_4/S_t
淮南	硬煤	0.79	37.52	4.490	1.559	0.020	0.004	6.073	73.93	25.67	0.33	0.07	0.40
	软煤	0.22	40.24	3.828	1.496	0.049	0.007	5.380	71.15	27.80	0.91	0.13	1.04
鹤壁	硬煤	0.40	15.73	5.050	1.731	0.028	0.004	6.813	74.12	25.41	0.41	0.06	0.47
	软煤	0.10	14.09	4.503	1.885	0.219	0.087	6.694	67.27	28.16	3.27	1.30	4.57
车集	硬煤	0.85	10.00	3.922	1.405	0.023	0.002	5.352	73.28	26.25	0.43	0.04	0.47
	软煤	0.15	8.64	4.167	1.694	0.113	0.014	5.988	69.59	28.29	1.89	0.23	2.12
龙山	硬煤	1.16	7.32	3.698	1.250	0.029	0.002	4.979	74.27	25.11	0.58	0.04	0.62
	软煤	0.38	7.64	3.987	1.590	0.123	0.017	5.717	69.74	27.81	2.15	0.30	2.45

注：S_1 为<10nm 级比表面积，S_2 为 10～100nm 级比表面积（不含 100nm），S_3 为 100～1000nm 级比表面积，S_4 为≥1000nm 级比表面积，S_t 为总比表面积

表 3-8　压汞法煤的孔容实验成果表

煤样		f	V_{daf}/%	孔容/（cm^3/g）					孔容比/%					孔隙率/%
				V_1	V_2	V_3	V_4	V_t	V_1/V_t	V_2/V_t	V_3/V_t	V_4/V_t	V_3+V_4/V_t	
淮南	硬煤	0.79	37.52	0.0083	0.0082	0.0012	0.0464	0.0641	12.95	12.79	1.87	72.39	74.26	7.6878
	软煤	0.22	40.24	0.0072	0.0083	0.0037	0.0567	0.0759	9.49	10.94	4.87	74.70	79.57	9.2109
鹤壁	硬煤	0.40	15.73	0.0094	0.0090	0.0019	0.0570	0.0773	12.16	11.64	2.46	73.74	76.20	8.8590
	软煤	0.10	14.09	0.0083	0.0115	0.0219	0.0707	0.1124	7.38	10.23	19.48	62.91	82.39	13.6041
车集	硬煤	0.85	10.00	0.0073	0.0074	0.0014	0.0166	0.0327	22.32	22.63	4.28	50.76	55.04	4.0793
	软煤	0.15	8.64	0.0077	0.0104	0.0086	0.0236	0.0503	15.31	20.68	17.10	46.92	64.02	6.1406
龙山	硬煤	1.16	7.32	0.0068	0.0068	0.0016	0.0194	0.0346	19.65	19.65	4.62	56.07	60.69	4.5874
	软煤	0.38	7.64	0.0074	0.0101	0.0092	0.0475	0.0742	9.97	13.61	12.40	64.02	76.42	9.1859

注：V_1 为<10nm 级孔容，V_2 为 10～100nm 级孔容（不含 100nm），V_3 为 100～1000nm 级孔容，V_4 为≥1000nm 级孔容，V_t 为总孔容

淮南丁集 11-2 煤层属气肥煤，软煤样的挥发分比硬煤样稍高，即硬煤的变质程度稍高，如图 3-4 和表 3-5 所示，软煤总孔容比硬煤增大 0.0118cm^3/g，占硬煤总孔容的 18.41%；从孔容分布特征来看，软煤相对于硬煤，微孔孔容减小，过渡孔孔容略有增加，中孔和大孔的孔容分别增大了 0.0025cm^3/g 和 0.0103cm^3/g，占硬煤样相应孔容的 208.33% 和 22.20%（表 3-8）；至于各孔径段孔容与总孔容的比值（即孔容比），软硬煤均以大孔为主，软煤相对于硬煤，微孔和过渡孔孔容比都减小了，中孔增幅最大，大孔也有明显提高，中孔与大孔的孔容比之和提高了 5.31%（表 3-8），因此，低变质程度软煤相对于硬煤在孔容方面的差异，主要是中孔和大孔的孔容大幅度增大，过渡孔略有增加，其中中孔增加最显著。

淮南丁集软硬煤的比表面积分布特征见表 3-7，软硬煤的比表面积，均是微孔比表面积占绝对优势，分别为 71.15% 和 73.93%，软煤相对于硬煤，大孔、中孔的比表面积增大，分别增加了 0.003cm^2/g 和 0.029cm^2/g，比表面积比分别提高了 0.58% 和 2.13%，过渡孔和微孔的比表面积均减小了。

鹤壁煤样属瘦煤，如图 3-5 和表 3-5 所示，鹤壁软煤相对于硬煤，总孔容增加了 0.0351cm^3/g，占硬煤总孔容的 45.41%；从孔容分布特征看，软硬煤样均是大孔孔容占绝对优势，分别为 62.91% 和 73.74%（表 3-8），但软煤相对于硬煤，过渡孔、中孔和大孔的孔容均有明显增加，增加量分别为 0.0025cm^3/g、0.02cm^3/g 和 0.0137cm^3/g，孔容比只有中孔有显著增加，增加了 17.02%（表 3-8）。

鹤壁软硬煤样比表面积见表 3-5，硬煤的比表面积略高于软煤，仅相差 0.119cm^2/g，占硬煤的总比表面积的 1.75%；由表 3-7 可知两类煤样均是微孔的比表面积占绝对优势，但软煤相对于硬煤孔隙比表面积分布特征差异较大，过渡孔、中孔和大孔分别增加了 0.154cm^2/g、0.191cm^2/g、0.083cm^2/g，相应的比表面积比分别提高了 2.75%、2.86%、1.24%。

因此，鹤壁煤样具有以下孔隙特征，孔隙率最大、孔容最大，软煤相对于硬煤，总孔容大幅度增加，其中大孔、中孔和过渡孔孔容均有增加，增加最明显的是中孔；总比表面积变化不大，大孔、中孔、过渡孔比表面积增加，相应比表面积比提高。

永城车集二$_2$煤层属无烟煤三号，孔容特征如图 3-6 和表 3-5 所示，软煤相对于硬煤总孔容增大了 0.0176cm^3/g，占硬煤总孔容的 53.82%；从孔容分布特征来看，微孔、过渡孔、中孔和大孔的孔容均增大，增大量分别为 0.0004cm^3/g、0.0030cm^3/g、0.0072cm^3/g 和 0.0070cm^3/g,微孔孔容的增加很有可能是软煤变质程度稍有提高造成的，孔容比只有中孔增加，增加了 12.82%（表 3-8）。

永城车集二$_2$煤层比表面积特征见表 3-5，软煤相对于硬煤，总比表面积增加了 0.636cm^2/g，占硬煤比表面积的11.88%；从比表面积的分布特征看，微孔、过渡孔、中孔和大孔分别增加了 0.245cm^2/g、0.289cm^2/g、0.090cm^2/g 和 0.012cm^2/g，过渡孔、中孔和大孔的比表面积比分别增加了 2.04%、1.46%、0.19%（表 3-7）。

安阳龙山煤样属无烟煤三号，孔容特征如图 3-7 和表 3-5 所示，软硬的变质程度非常接近，软煤相对于硬煤总孔容增加了 0.0396cm^3/g，占硬煤总孔容的 109.39%，即提高了 1 倍多；从孔容分布特征看，软煤相对于硬煤，微孔增加了 0.0002cm^3/g，过渡孔、中孔和大孔的孔容均有明显增加，分别增加了0.0033cm^3/g、0.0076cm^3/g和0.0281cm^3/g，孔容比只有中孔和大孔增加，合计增加了15.73%，其中，中孔增加了7.78%（表3-8）。

安阳龙山煤样比表面积特征见表3-5，软煤相对于硬煤，总比表面积增加了0.738cm^2/g；微孔、过渡孔、中孔和大孔的比表面积分别增加了0.289cm^2/g、0.340cm^2/g、0.094cm^2/g、0.015cm^2/g，过渡孔、中孔和大孔的比表面积比分别增加了2.70%、1.57%、0.26%（表3-7）。

2）软硬微米级孔隙结构差异对瓦斯放散规律的影响

综合以上分析，实验煤样的软煤相对于硬煤，总孔容增加了18.41%～214.45%，中孔孔容增加了200%～1053%，并有随变质程度和破坏程度的提高差值增大趋势，过渡孔和大孔也均有不同程度的提高。总孔容和中孔明显增加，相当于软煤的瓦斯放散通道和孔径增加，这正是软煤粒瓦斯放散速度快和扩散系数大的根本原因，但该结论仅适用煤粒不受地应力作用的条件下，原始煤体内结论相反。

软煤相对于硬煤，微米级累计比表面积变化特征不明显，比表面积与煤对瓦斯吸附量呈正比（钟玲文等，2002a），说明不同破坏程度煤的吸附瓦斯量变化不明显；过渡孔、中孔和大孔的比表面积均有不同程度的增加，说明软煤粒在这些孔径吸附的瓦斯量相对硬煤更大，而该部分瓦斯从煤粒中放散出来与微孔中瓦斯相比，路径短、扩散系数大，会更快放散出来，这正是煤粒瓦斯扩散系数随时间变化的主要原因之一，也是软煤粒内瓦斯扩散系数随时间变化幅度更大的原因。

根据压汞法测定结果，软煤相对于硬煤，微孔的孔容和比表面积，只有车集煤样和龙山煤样有增大，但两个矿区均有岩浆岩入侵，可能是岩浆岩的热变质作用所致；淮南煤样和鹤壁煤样微孔的孔容和比表面积均减小，有可能是部分微孔在构造应力作用下转变为过渡孔、中孔或大孔所致。综合以上分析，反映了构造应力对煤体的破坏对微孔的孔容和比表面积影响较小，与变质变形环境有关。

3）变质程度对孔隙结构的影响

关于变质程度对微米级孔隙结构的影响，已有多位学者开展过研究（吴俊，1994；张井等，1996；邹艳荣和杨起，1998；唐书恒等，2008），取得了压汞孔隙率与变质程度、比表面积与变质程度、孔径分布特征，典型成果分别如图3-6、图3-7所示。

本实验煤样的挥发分为7.32%～40.24%，根据中国煤的镜质组最大反射率与干燥无灰基挥发分和碳含量的关系，如图3-8所示，实验煤样的镜质组最大反射率R_{max}为0.78～3.20；如图3-6所示，总孔容在该区间内变化不大，值域为0.02～0.07cm^3/g，实测总孔容如图3-9所示，值域为0.0346～0.1124cm^3/g，硬煤值域为0.0346～0.0773cm^3/g，软煤值域为0.0503～0.1124cm^3/g，硬煤值域范围与图3-6基本一致，总孔容随变质程度的提高总体呈指数下降的规律；实验煤样的各类孔隙与挥发分的关系如图3-10所示，无论从值域或是变化规律，随着变质程度的提高，大孔、中孔及过渡孔的孔容基本上呈逐渐下降的趋势，仅在中变质烟煤（R_{max}=1.4左右）时有所升高，然后又趋下降；而微孔的变化在R_{max}为1.2左右时有一最小值，然后逐渐升高，在R_{max}为4.9时达到最高点，之后又呈下降趋势。

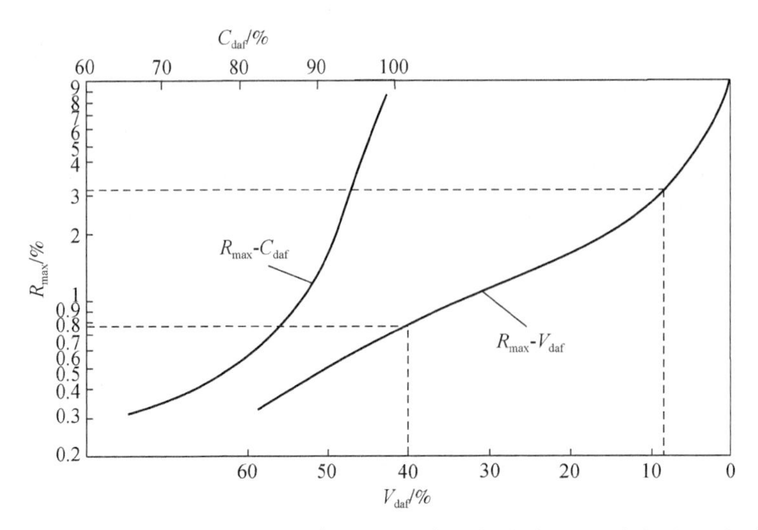

图 3-8　中国煤的镜质组最大反射率与干燥无灰基挥发分 V_{daf} 和碳含量 C_{daf} 的关系

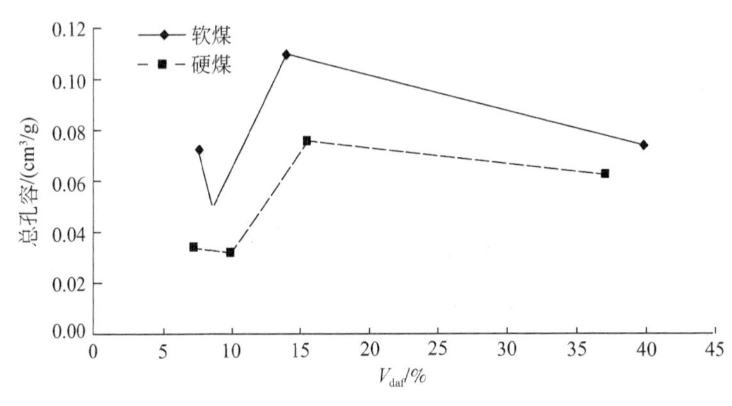

图 3-9　总孔容与挥发分关系实测数据

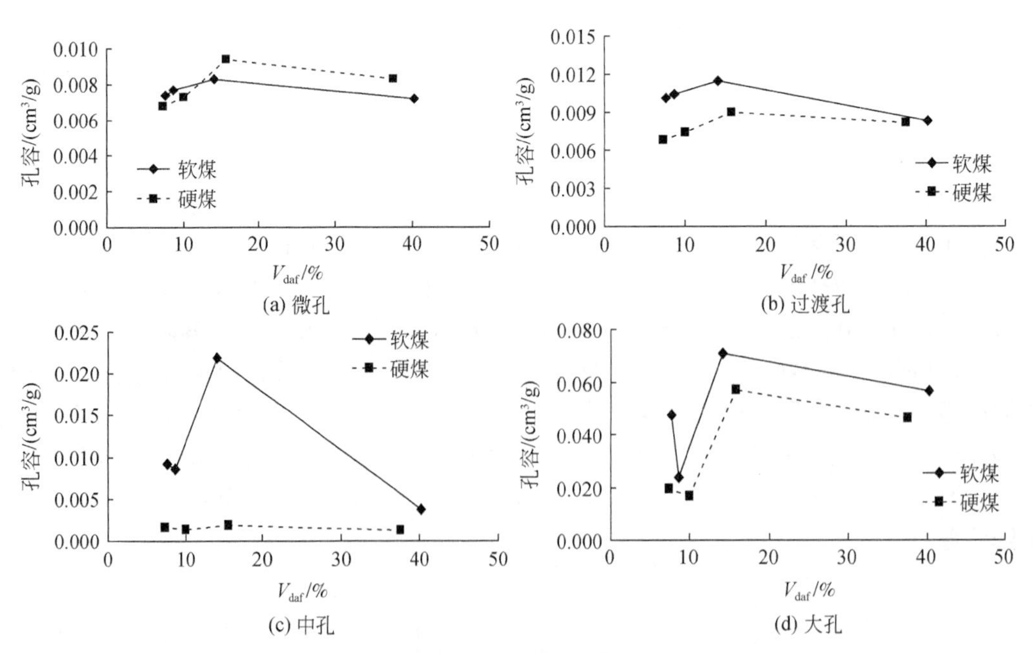

图 3-10　各类孔隙孔容与挥发分的关系

如图3-7所示，比表面积随变质程度的变化规律呈U形，在挥发分为25%左右出现最小值，实验煤样如图3-11所示，实测数据对应落在位于U形的两侧，值域为4.979～6.813m^2/g，变化规律与图3-7所示的规律基本一致，各类孔隙的比表面积均是在挥发分15%左右时达最大值，如图3-12所示，向两侧逐渐减小，与总比表面积的变化规律基本一致。

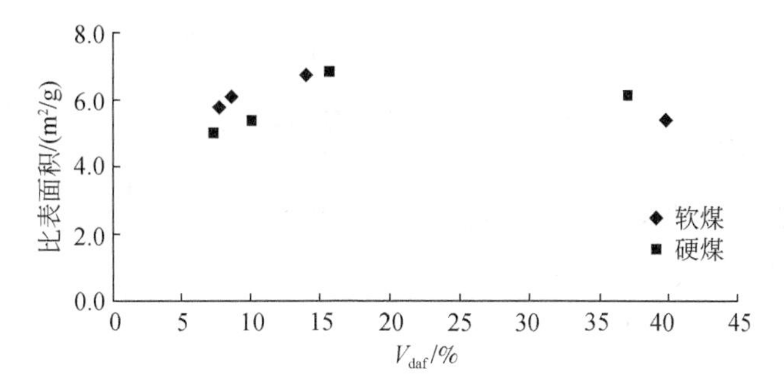

图3-11　实验煤样累计比表面积与挥发分的关系

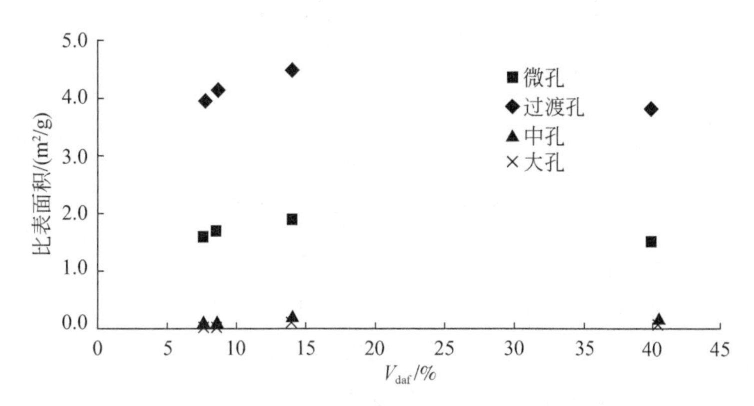

图3-12　各类孔隙比表面积与挥发分的关系

4）不同变质程度孔隙结构对瓦斯放散规律的影响

根据第3章实验研究，鹤壁贫瘦煤的瓦斯扩散系数最大（挥发分在15%左右达到最大值），晋城寺河无烟煤的瓦斯扩散系数次之，淮南丁集气肥煤的瓦斯扩散系数最小，与总孔容和各类孔隙孔容的变化规律一致，说明变质程度通过控制孔隙结构的变化影响煤粒的瓦斯扩散系数；但瓦斯放散初速度随变质程度的提高而增加，也反映了高变质程度的浓度差大，即吸附瓦斯量大。张晓东等（2005b）实验研究表明，无论干燥煤样还是平衡水煤样的瓦斯吸附能力，在R_{max}为0.78～3.20时，均随变质程度的提高而增大，如图3-13、图3-14所示。

综上所述，煤的变质程度对瓦斯放散速度的影响体现在两个方面：一是随变质程度的提高，煤大分子的极性增大，吸附瓦斯能力增强，提高了瓦斯放散的初始浓度差，增大了瓦斯放散初速度；二是改变了孔隙结构，进而影响煤粒的瓦斯扩散系数，总体扩散系数随变质程度的提高呈指数衰减趋势。

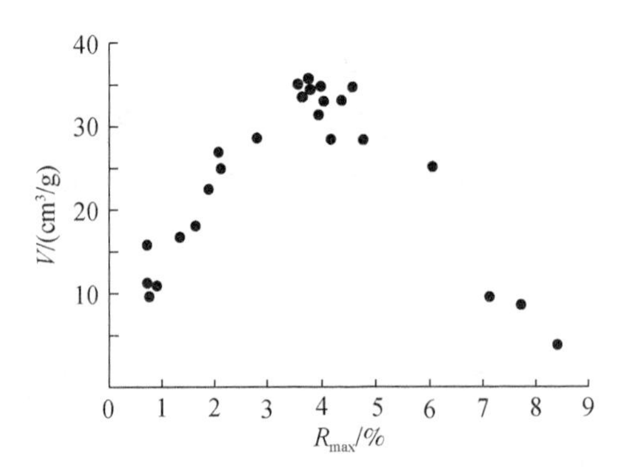

图 3-13　平衡水煤样吸附能力与镜质组最大反射率关系（张晓东等，2005b）

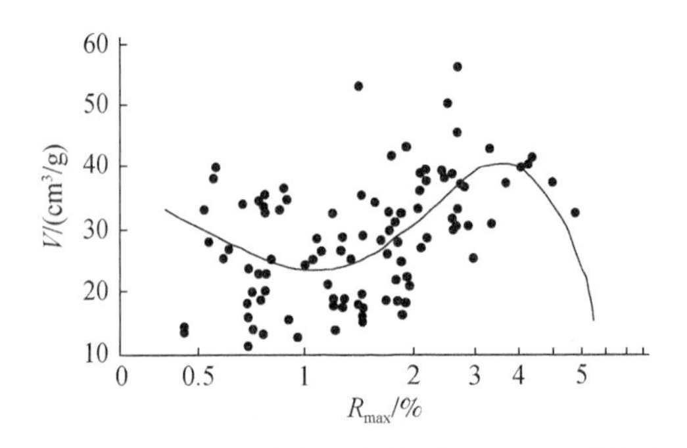

图 3-14　干燥煤样吸附能力与镜质组最大反射率关系

5）微孔隙的形态和连通性

煤粒中总孔隙空间由有效空间和孤立孔隙空间构成，前者为气、液体能进入的孔隙，后者则为全封闭性的“死孔”，采用压汞法只能测出有效孔隙的孔容，煤粒中的有效孔隙包括开放孔、半封闭孔和细颈瓶孔三种基本类型，如图 3-15 所示，可根据“孔隙滞后环”特征，对孔隙的连通性及其基本形态进行评价，开放孔具有压汞滞后环，封闭孔则因退汞压力和进汞压力相等，不具有滞后环，细瓶颈孔由于瓶体和瓶颈的退汞压力不相等，形成“突降”型滞后环退汞曲线。4 个煤矿的软硬煤压汞和退汞曲线与孔隙连通性，如图 3-16～图 3-19 所示，图中横坐标为进、退汞压力，单位为 psi（1psi=6894.76Pa），压力增大方向

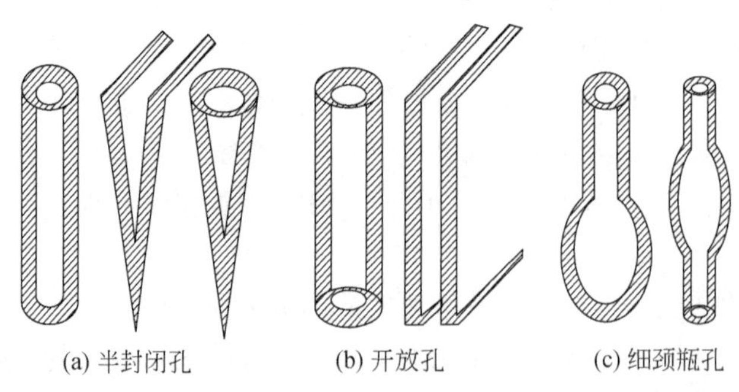

图 3-15　微米级孔隙形态类型

为孔径减小方向，压力小于 180psi 的区段对应于大孔，180～1800psi 压力段对应于中孔，1800～18000psi 压力段对应于过渡孔，大于 18000psi 区段对应于微孔，纵坐标为累计进、退汞量。

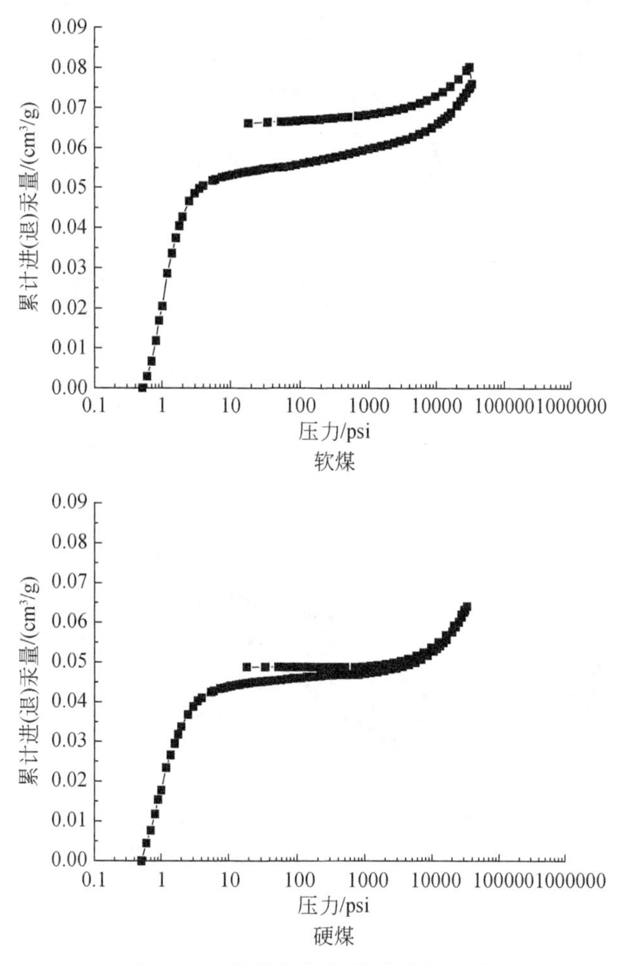

图 3-16　淮南丁集煤样压汞滞后环

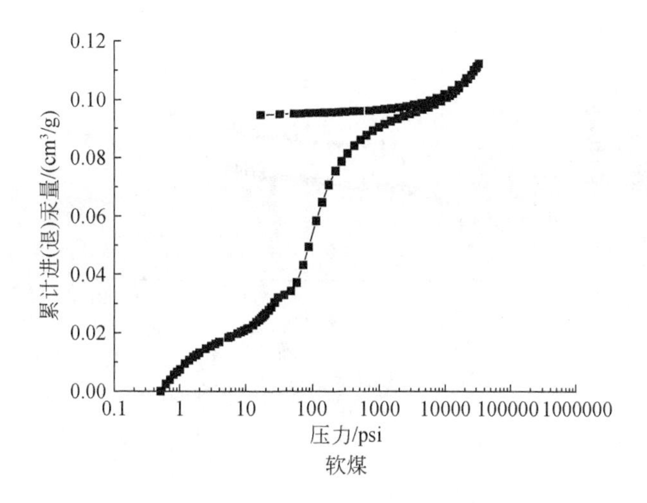

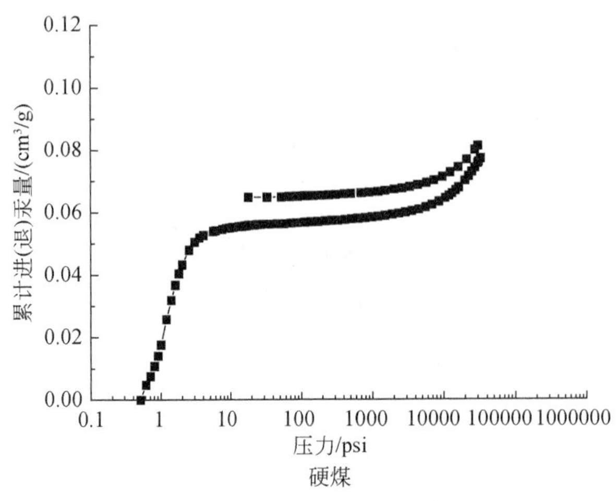

图 3-17　鹤壁八矿煤样压汞滞后环

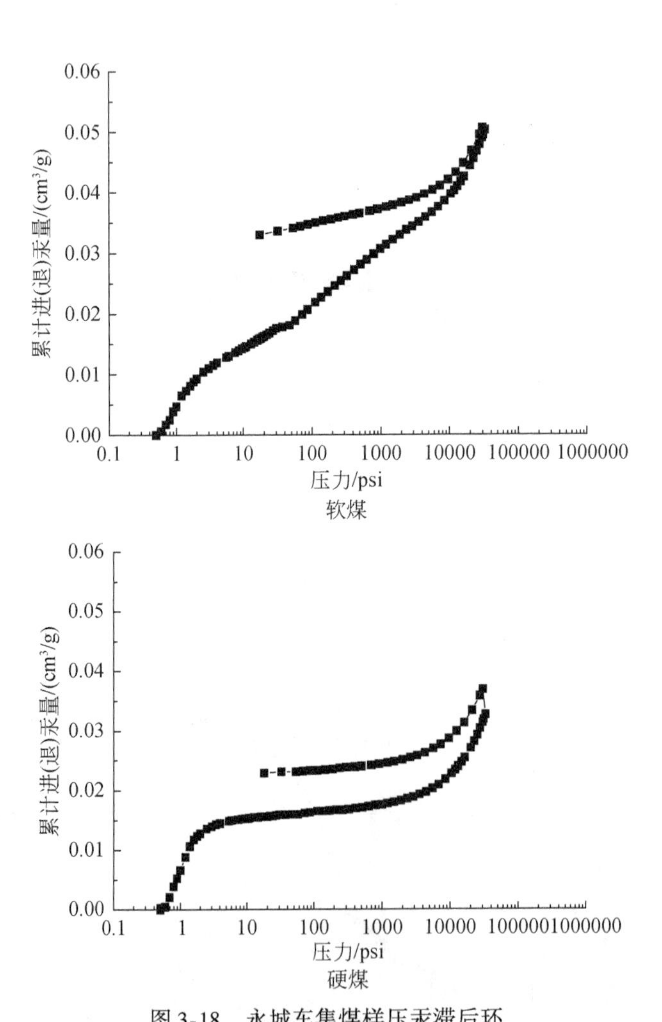

图 3-18　永城车集煤样压汞滞后环

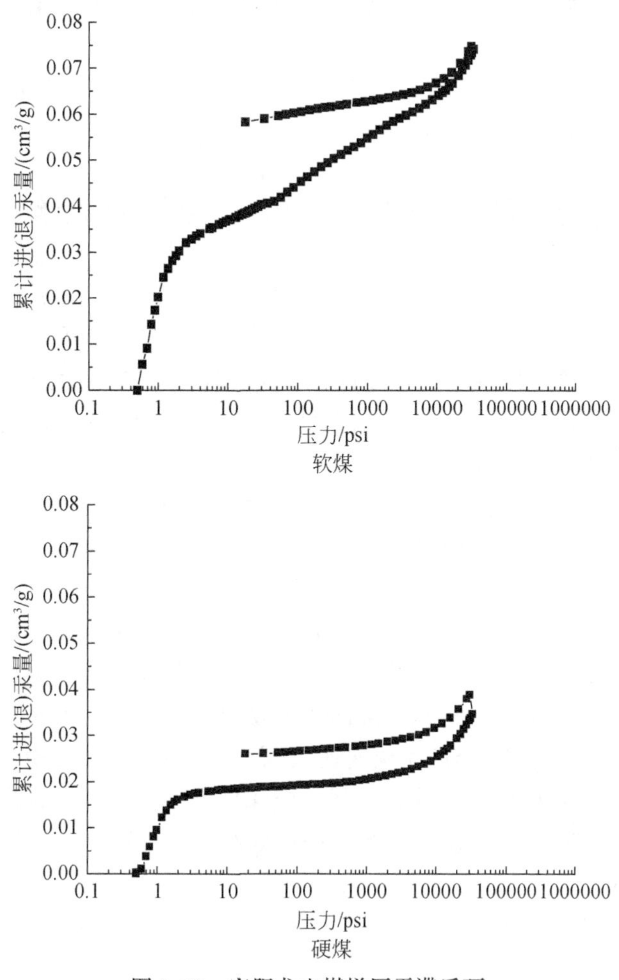

图3-19　安阳龙山煤样压汞滞后环

如图3-16所示，淮南丁集的软煤相对于硬煤，在不同压力下，进汞量与退汞量差值均更大，即压汞滞后环更明显，反映了淮南丁集的软煤明显比硬煤的连通性好，且从微孔到大孔的连通性均明显提高；鹤壁的软煤与硬煤相比，如图3-17所示，孔隙的连通性明显提高，由表3-8可知，连通率达到了87%，提高了43%，主要是中孔、大孔的连通性有明显的提高，微孔和过渡孔连通性降低；车集的软煤与硬煤相比，如图3-18所示，连通率有明显提高，主要是中孔、大孔的连通性有明显的提高，由表3-8可知，连通率提高了13%；龙山的软煤与硬煤相比，孔隙的连通性也有明显的改善，由表3-8可知，连通率由27%提高到了59%，如图3-19所示，主要是中孔、大孔的连通性有显著提高。

综上所述，不同变质程度软煤的孔隙连通性均比硬煤好，构造应力作用主要改良了中孔和大孔的连通性。煤粒的瓦斯放散性能与孔隙的形态和连通性密切相关，因为只有开放孔才发生扩散（近藤精一等，2005），这也是软煤瓦斯放散初期速度比硬煤快的主要原因之一。这与吴俊等（1991）的研究结果一致，突出煤多具有开放性的孔道分布特征，因为卸压后，有利于瓦斯的放散，并形成较大的瓦斯膨胀能，而卸压前软煤对应力比较敏感，孔隙在应力作用下易闭合。另外，该测定结果表明，软煤采用以卸压为主的防突措施更有效，如水力冲孔等，而硬煤需采用改善孔隙连通性的措施，如水力压裂等措施。

3.4 低温液氮吸附法分析软硬煤孔隙结构特征

吸附瓦斯主要储集于微孔中，微孔即纳米级孔隙（孔径<10nm），微孔的孔隙特征对瓦斯扩散的影响有两个方面，一是微孔孔隙表面积直接影响煤粒瓦斯放散的初始浓度及浓度差；二是微孔孔隙特征对煤粒整个瓦斯扩散过程的扩散系数的大小起决定性作用。采用压汞法对纳米级孔隙的比表面积、孔容和孔径分布特征测定不全，不能充分反映软硬煤吸附瓦斯量在孔隙结构内部的分布特征。

纳米级孔隙采用低温液氮吸附法，其测定原理是：当气体与固体接触时，部分气体被吸附在固体表面上，当气体分子足以克服吸附剂表面的自由位能时，即发生脱附，吸附速度与脱附速度相等时，即达到吸附平衡。当温度恒定时，吸附量是相对压力 p/p_0 的函数，吸附量可根据玻义尔–马略特定律计算，根据吸附量，可绘制吸附等温线，然后根据 BET（Brunauer-Emmer-Teller）理论模型计算出单层吸附量，从而计算出样品的表面积（钟玲文等，2002a）。根据 BJH（Barratt-Joyner-Halenda）法计算出孔容、孔径分布和孔比表面积。

测定仪器采用 ASAP 2020 全自动快速比表面积及介孔/微孔分析仪，如图 3-20 所示，由美国 Micromeritics 公司生产，可同时进行一个样品的分析和两个样品的预处理，技术参数如下：液氮温度为 77.36K；比表面分析从 0.0005 m^2/g（Kr 测量）至无上限；孔径分析范围为 0.35～500nm（氮气吸附），微孔区段的分辨率为 0.2 Å，孔体积最小检测 0.0001mL/g。该仪器可实现以下功能：单点、多点 BET 比表面积；Langmuir 比表面积；BJH 介孔、孔分

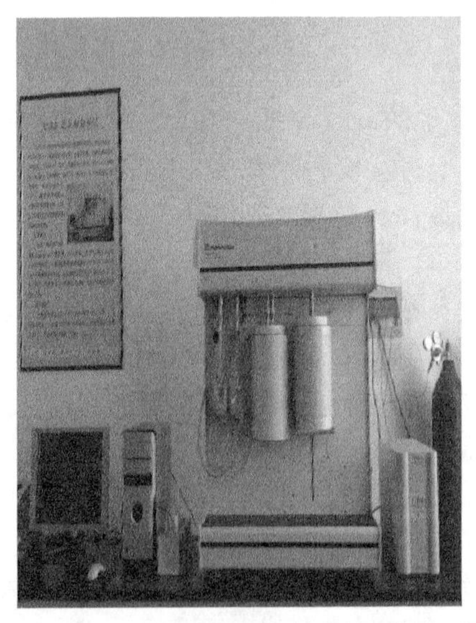

图 3-20　ASAP 2020 全自动快速比表面积及介孔/微孔分析仪

布、孔大小及总孔体积和面积；标准配置密度函数理论（DFT/NLDFT）DA，DR，HK，MP等微孔分析方法；吸附热及平均孔径，总孔体积；提供了测定H_2气体绝对压力的吸附等温线，增强了在燃料电池方面应用。

1）软硬煤孔隙特征差异性

煤样测试粒度为0.17～0.25mm，测定孔径范围为1.9～400nm，测定结果见表3-7，软煤的总孔容和总比表面积均比硬煤的大，总孔容均提高了1倍以上，总比表面积增加了0.3647 m^2/g以上，提高了0.5倍以上；如图3-21～图3-24所示，各孔径段的孔容除龙山煤样外，基本都是以中孔和过渡孔的比例为主，占75%以上，龙山煤样以微孔为主，反映了该煤样变质程度比较高，微孔极发育；各孔径段的比表面积以微孔和小孔为主，车集硬煤样没测到8.6nm以下的微孔，其余均测定到1.9nm，另外，龙山硬、软煤样微孔的表面积分别占到96.50%和94.74%，比其他煤样所占比例均高出20%以上，也表明龙山煤样微孔比较发育。

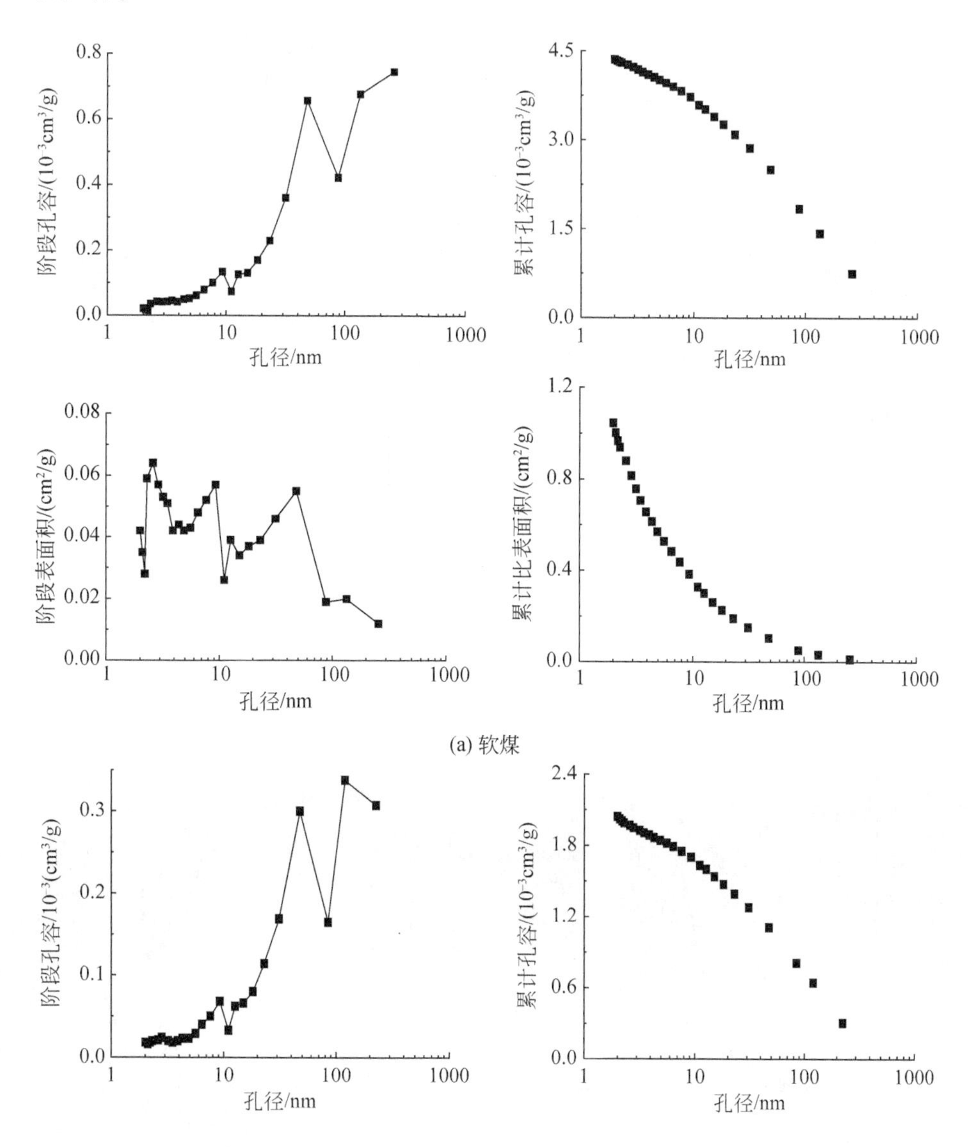

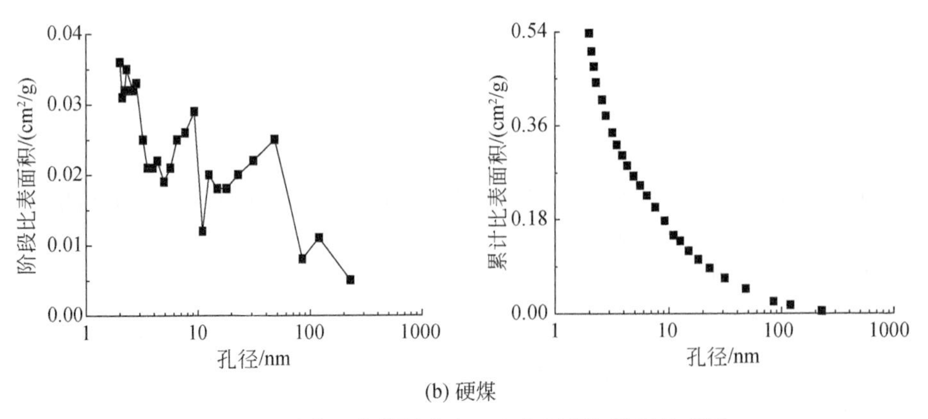

(b) 硬煤

图 3-21　淮南丁集煤样孔容、比表面积与孔径关系图

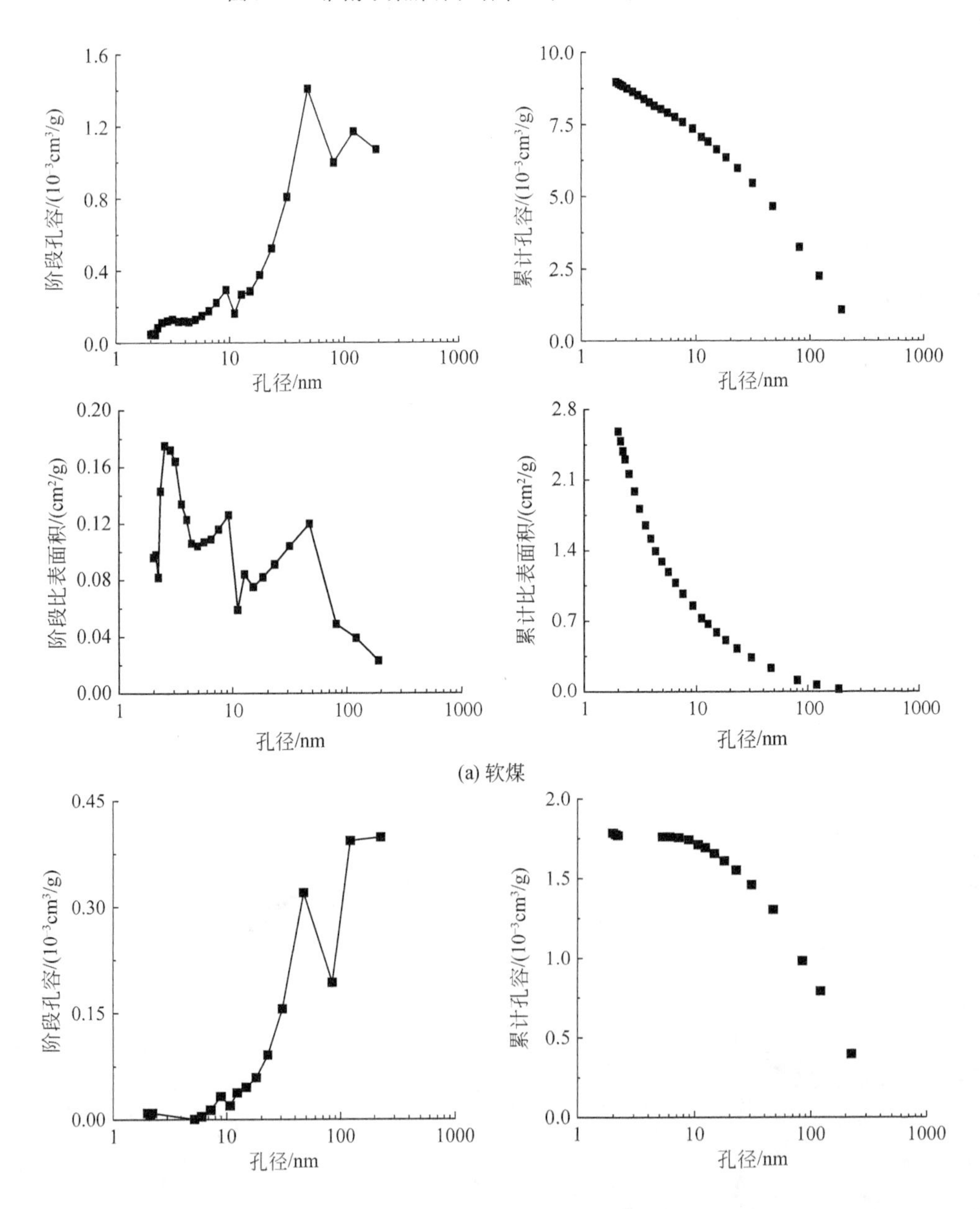

(a) 软煤

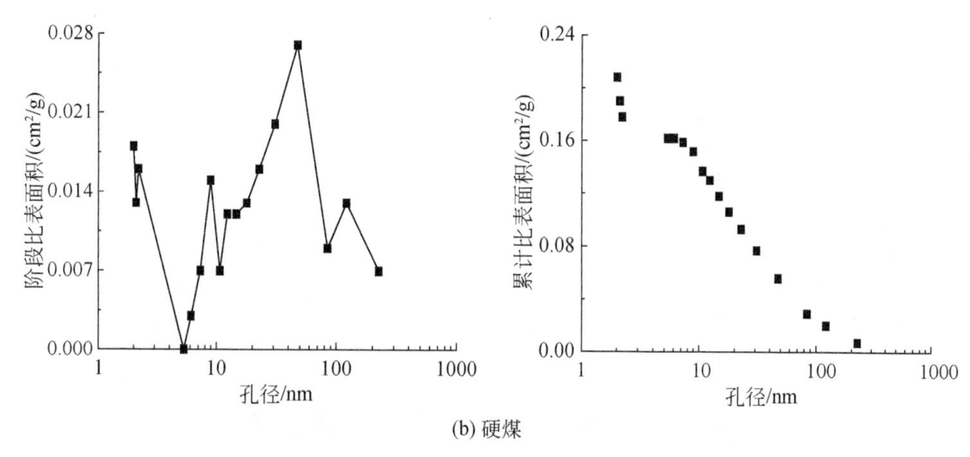

(b) 硬煤

图 3-22 鹤壁八矿煤样孔容、比表面积与孔径关系图

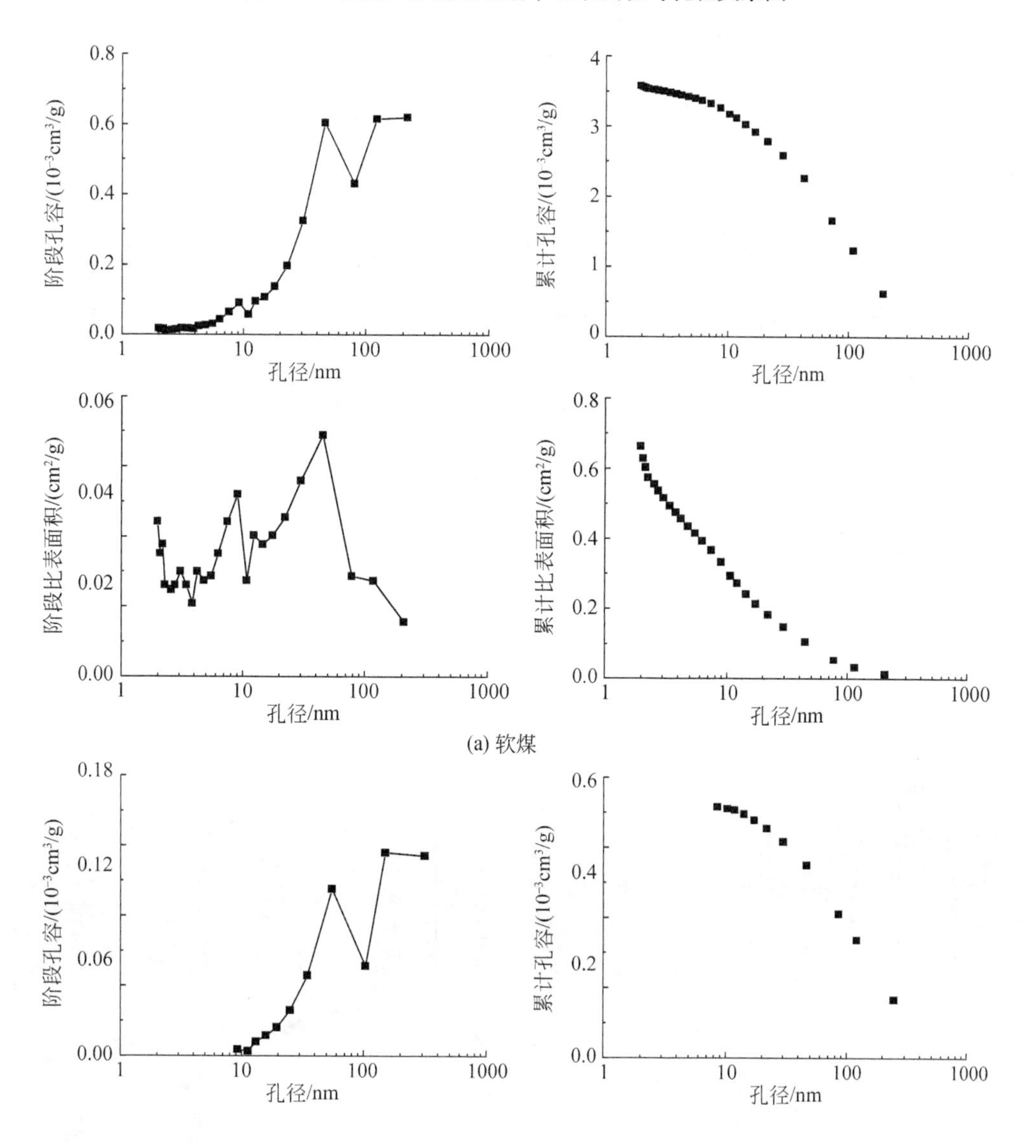

(a) 软煤

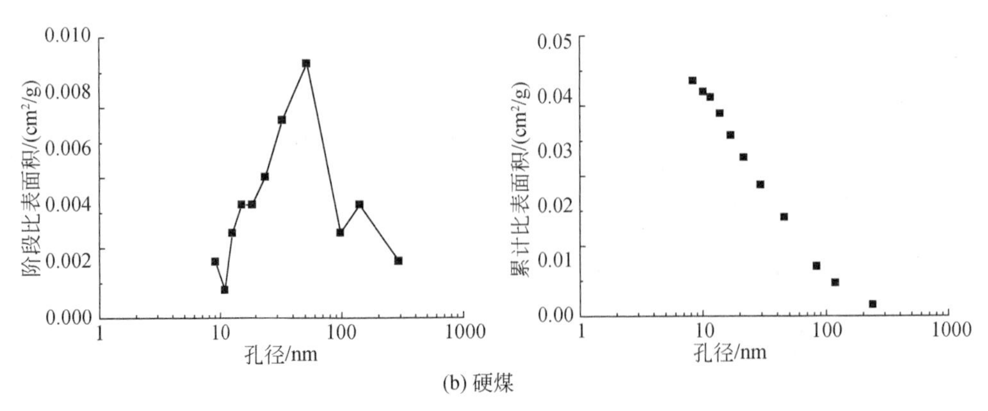

(b) 硬煤

图 3-23　永城车集煤样孔容、比表面积与孔径关系图

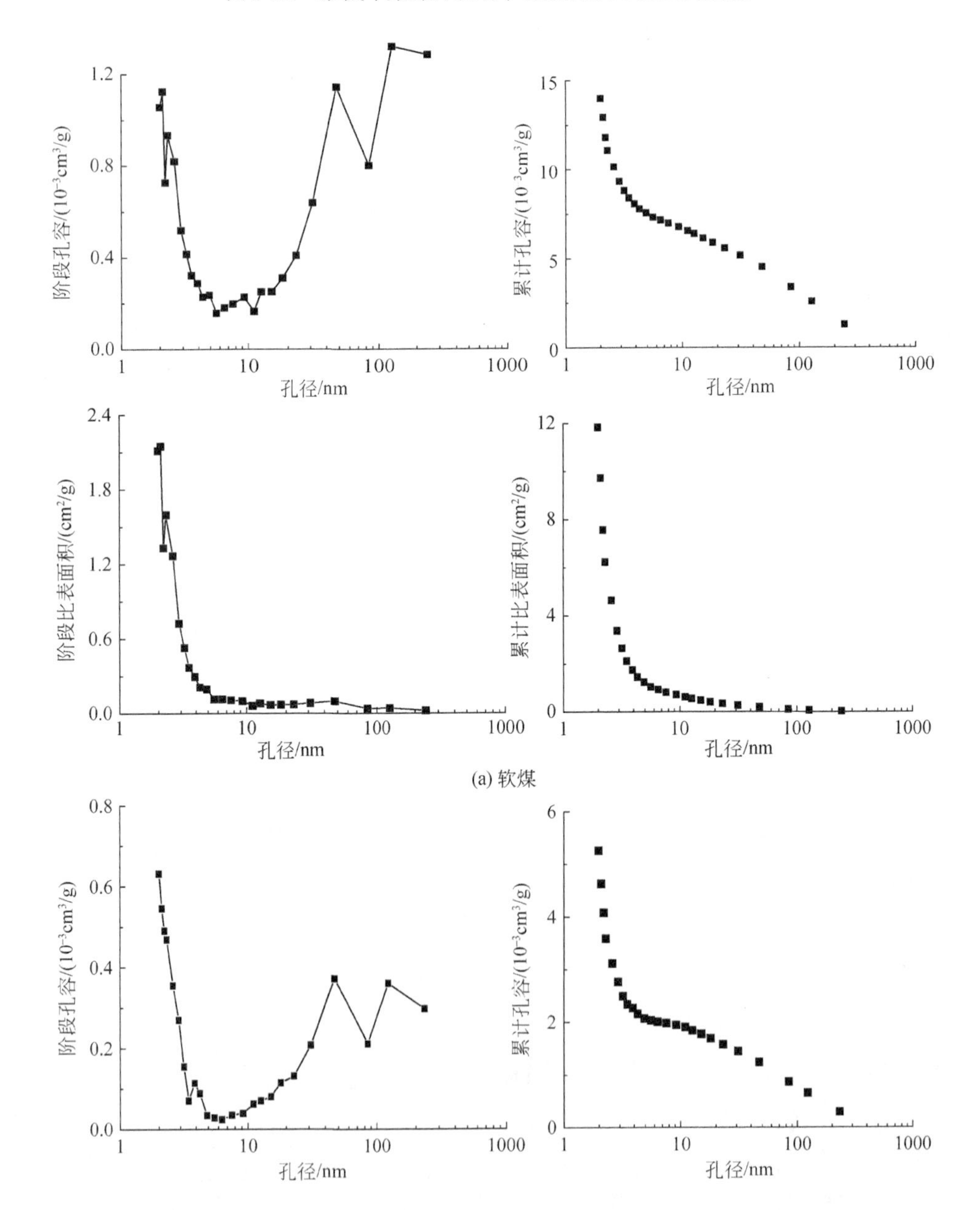

(a) 软煤

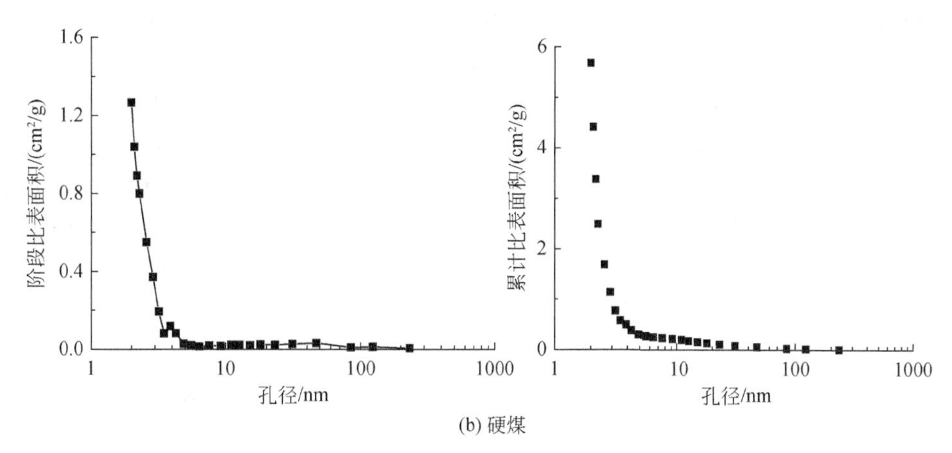

图 3-24　安阳龙山煤样孔容、比表面积与孔径关系图

2）纳米级孔隙的形态和连通性

采用压汞法仅能分析煤样微孔隙的形态和连通性，但不能深入纳米级孔隙中，由吸附和凝聚理论（Boer，1958；严继民等，1986；吴俊，1989）可知，当对具有毛细孔固体进行吸附-解吸实验，吸附分支和解吸分支会出现重叠和分离两种现象。吸附分支和解吸分支分开便会形成所谓的吸附回线，吸附回线为了解孔隙的形态和连通性开辟了一条新途径。煤为多孔性材料，因此可由低温液氮吸附-脱附曲线及结果了解煤的孔隙形态类型，以及对吸附起主要作用的孔径分布。Boer（1958）将孔隙物质的低温液氮吸附回线分为五类，并描述了各类型所对应的孔形状特征。严继民等（1986）引用了国际理论与应用化学联合会（IUPAC）在《关于表面积和孔隙度的气、固体系物理吸附数据特别报告》手册中一种新的分类，建议分为 H_1、H_2、H_3 和 H_4 四类，如图 3-25 所示，其中 H_1、H_4 代表两种极端情况，H_2、H_3 则是两极端的中间情况。陈萍和唐修义（2001）将煤的低温液氮吸附回线分为三类，并依据回线类型把煤中孔分为三类：第一类为开放性透气性孔，包括两端开口圆筒形孔和四边开放的平行板孔，这类孔能产生吸附回线；第二类为一端封闭的不透气性孔，包括一端封闭的圆筒形孔、平行板孔、锥形孔、楔形孔，这类孔不会产生回线；第三类为细颈瓶形（墨水瓶状）孔，这种孔虽然一端封闭，但却能产生吸附回线，且在这种孔引起的回线的解吸分支有急剧下降的拐点。降文萍等（2011）按照不同煤体结构煤所出现的不同吸附-脱附曲线形状，将煤的低温液氮吸附回线划分为三类。

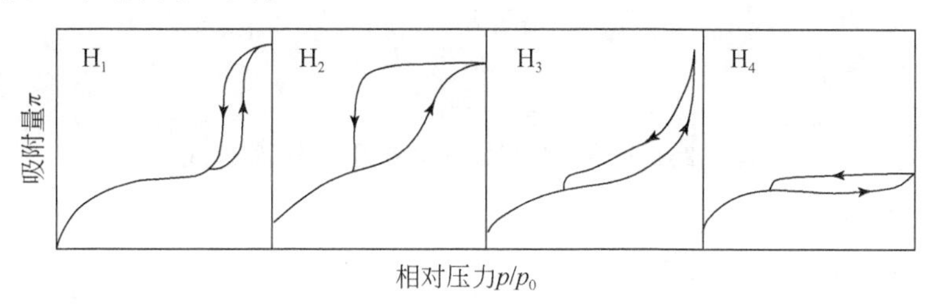

图 3-25　IUPAC 吸附回线分类

煤粒孔隙结构类型复杂，吸附回线所反映的孔结构是煤不同孔径结构的综合反映，与标准吸附回线有一定偏差，但通过吸附回线的形状可判断以哪种类型孔隙结构为主。另外，Harris 和 Avery（降文萍等，2011）发现，在多种吸附剂上氮吸附等温线滞后环闭合点均在相对压力为 0.42 ~ 0.50；根据 Kelvin 公式计算，相应的孔径为 3.4 ~ 4.0nm。本书发现煤的低温液氮吸附滞后环的闭合点与 Harris 和 Avery 的结果一致。根据 Kelvin 公式，相对压力为 0.8 时，对应孔径约为 10nm；相对压力为 0.5 时，对应孔径约为 4.0nm；相对压力为 0.4 时，对应孔径约为 3.3nm。本书根据 8 个吸附-脱附回线，如图 3-26 ~ 图 3-29 所示，归为 Z_1、Z_2 和 Z_3 三种类型。

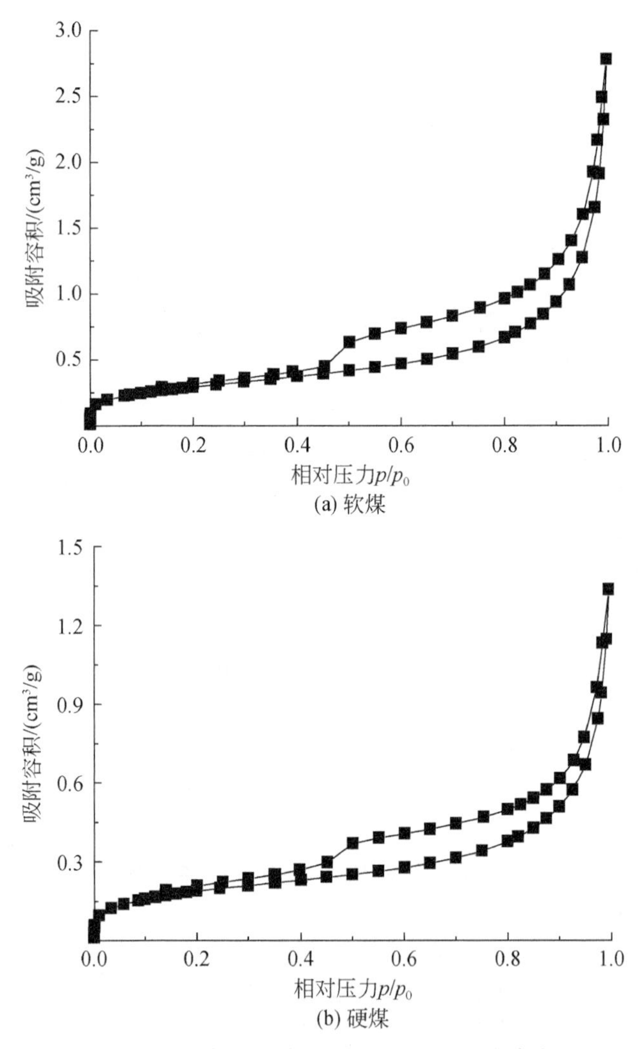

图 3-26　淮南丁集煤样低温液氮吸附回线曲线

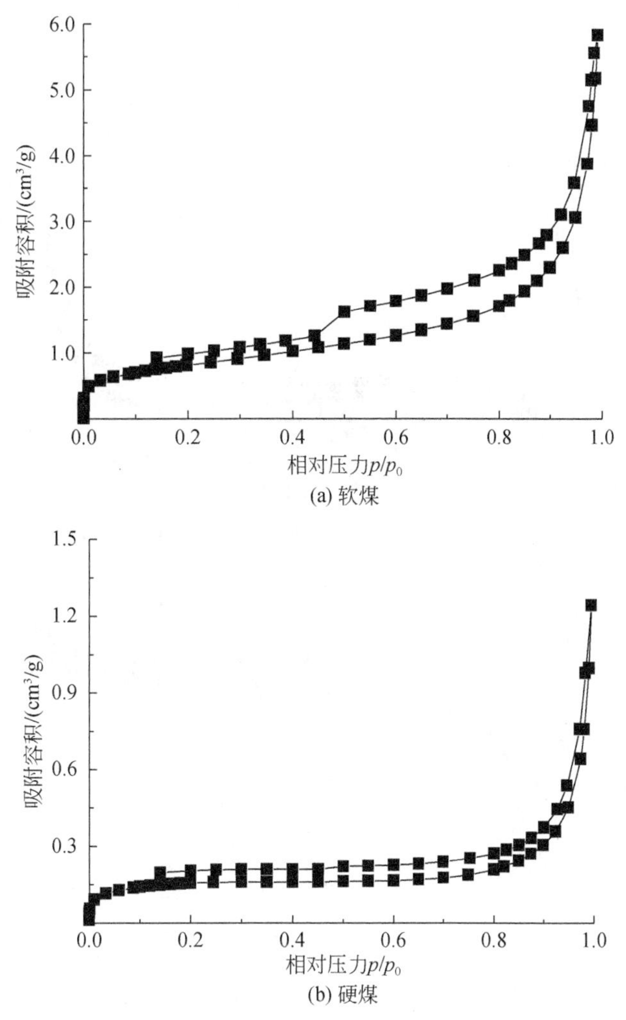

(a) 软煤

(b) 硬煤

图 3-27　鹤壁八矿煤样低温液氮吸附回线曲线

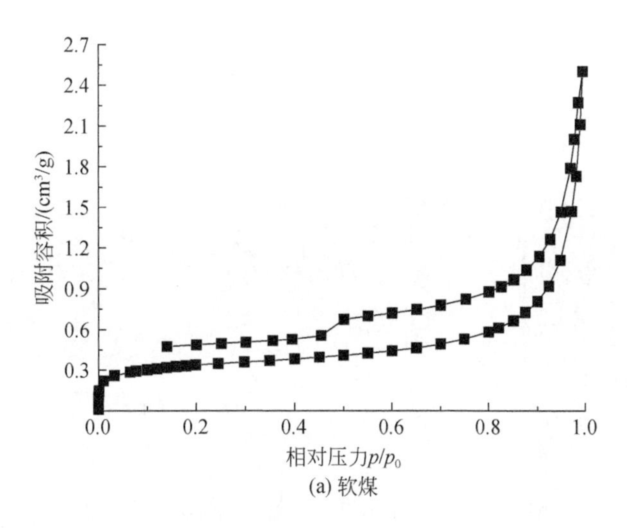

(a) 软煤

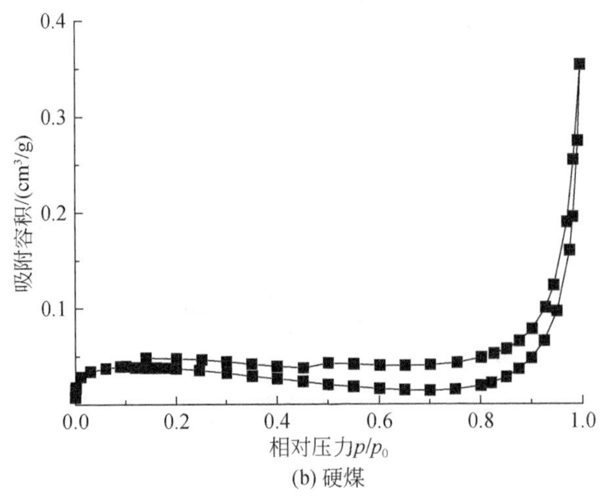

图 3-28　永城车集煤样低温液氮吸附回线曲线

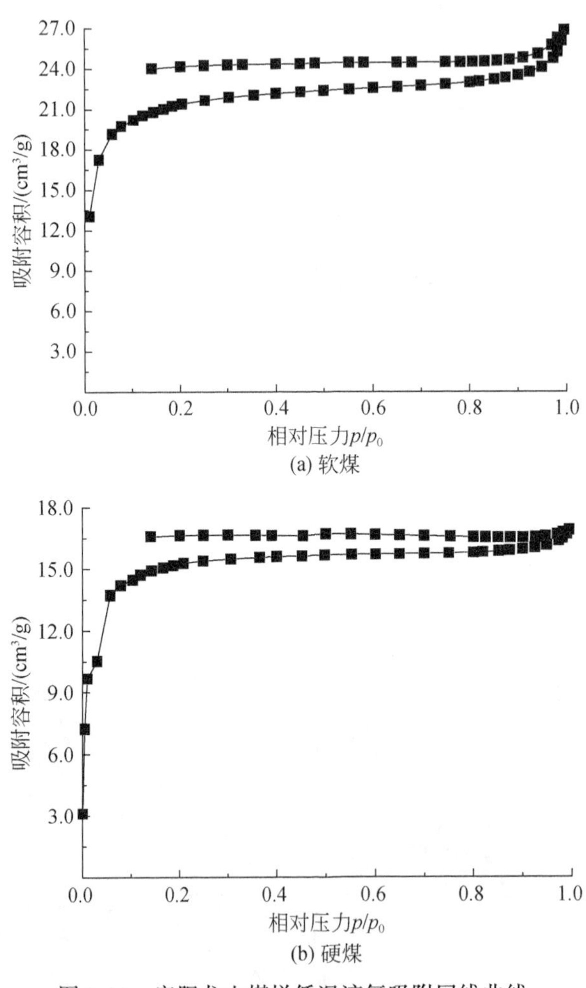

图 3-29　安阳龙山煤样低温液氮吸附回线曲线

Z_1型吸附回线，如图 3-27 所示，该类吸附回线很小，鹤壁八矿硬煤的吸附-脱附回线属于该类型，该类型回线反映孔隙系统主要是由一端封闭的不透气性孔构成。

Z_2型吸附回线的孔隙系统比较复杂，表现为在相对压力为 0.4 ~0.5 时出现明显拐点，相对压力大于 0.5 时对应孔径的吸附回线较大，相对压力小于 0.4 时对应孔径的吸附与脱附线重合或几乎重合，反映了 3.3nm 以下孔径为一端封闭的孔隙为主，而 4nm 以上孔径以开放孔隙为主，3.3 ~4.0nm 的孔径以墨水瓶形孔隙为主，如图 3-26 ~ 图 3-28 所示，永城车集、淮南丁集和鹤壁八矿软煤均具有这样的特征。

Z_3型吸附回线中微孔吸附量占绝对优势，所有孔径上均存在吸附回线，脱附分支线上没有拐点，如图 3-29 所示，安阳龙山煤样具有这样的特点，反映了所有孔径的孔隙均以开放型为主，当然孔隙中必然存在一端封闭孔隙，因为该类孔隙对吸附回线没有贡献。

对比软硬煤的纳米级孔隙结构可看出，不同变质程度的软煤吸附回线均比硬煤吸附回线显著，即软煤中开放性孔隙比例增大，连通性较好，反映了受构造应力破坏，不仅增加了煤的孔隙率，降低了煤的强度，而且将原来封闭孔隙和半封闭孔隙沟通，成为开放性孔隙，如图 3-26、图 3-27 所示，软煤过渡孔、中孔孔隙的连通性得到明显改善，而孔径小于 4.0nm 的微孔的连通性只有部分煤样得到改善，如图 3-28 所示。综上可知，煤粒在不受应力影响的条件下，软煤的孔隙比硬煤的孔隙连通性好，这也是软煤瓦斯放散速度快的重要原因之一。

3.5　二氧化碳吸附法测量煤样孔隙结构

受低温液氮吸附法活化扩散效应及测量误差的影响，最小测量孔径下限为 2nm，因此用二氧化碳吸附法测量低温液氮吸附法无法测量的、更加微小的孔的结构信息是非常适合和必要的。本次二氧化碳吸附实验使用的仪器型号为 V- sorb2008TP，实验温度为 273.15K，实验前煤样在 150℃真空加热 4 小时，测量的孔径范围为 0.5 ~2nm。

3.5.1　二氧化碳吸附法原理

与低温液氮吸附法原理相同，二氧化碳吸附法也是利用理论模型计算吸附在煤中二氧化碳分子的量来换算成相对应孔的信息。在 298.15K 温度下，二氧化碳的饱和蒸汽压（6432kPa）太高，无法达到更高 p/p_0压力点，只能在相对压力 0.035 以下进行，此时发生的是微孔充填，不是单分子层或者多分子层吸附，所以二氧化碳吸附数据所得到的低压区的吸附只能采用微孔填充理论，即 DR、DA 方程计算微孔比表面积及体积。

DR 等温吸附线方程：

该微孔气体吸附理论由 Dubinin 等（1960）提出，主要依据微孔充填率 θ，定义是在单一吸附质体系吸附势作用下，吸附剂被吸附质充填所占有的体积分数是吸附体积 V 与极限吸附体积 V_0的比值。

$$\theta = \frac{V}{V_0} = \exp\left[-k\left(\frac{A}{B}\right)^n\right] \tag{3-2}$$

$$A = RT\ln\frac{P_0}{P} \tag{3-3}$$

式中，V_0为微孔总孔容，cm^3/g；V为相对压力下已充填的孔容，cm^3/g；A为固体表面的吸附势；B为特性吸附自由能；k为特征常数；R为气体常数；T为吸附平衡时温度，℃；P为平衡压力；P_0为饱和蒸汽压。

式（3-2）称为DA微孔吸附方程，而DR方程是DA方程中$n=2$的特例，即

$$\theta = \frac{V}{V_0} = \exp\left[-k\left(\frac{A}{B}\right)^2\right] \tag{3-4}$$

3.5.2　二氧化碳吸附法可靠性分析

本次二氧化碳吸附实验测量的孔径范围为0.8～1.5nm，不具有明显的扩散限制，且0℃下二氧化碳的饱和蒸汽压力为3.485MPa，分压最大可达到0.052，因此采用二氧化碳吸附实验测量孔径小于2nm孔隙的实验数据是可靠的。

3.5.3　二氧化碳吸附法数据分析

1）软硬煤微孔孔容差异

如图3-30所示，随着相对压力的增大，软硬煤吸附量差距也在增大，相对压力最大时，软煤吸附量大于硬煤。平顶山软硬煤吸附量分别为10.61549cm^3/g和10.0562cm^3/g，软煤吸附量是硬煤的105.56%。九里山软硬煤吸附量分别为24.62442cm^3/g和21.8687cm^3/g，软煤吸附量是硬煤的112.61%。

如图3-31所示，平顶山软煤的累计孔容稍大于硬煤，软硬煤累计孔容分别为0.0192cm^3/g和0.0182cm^3/g，软煤累计孔容比硬煤大0.001cm^3/g，占硬煤累计孔容的5.49%。从累计孔容分布图中可以看出，在二氧化碳测量的孔径范围内，软煤累计孔容始终大于硬煤，而且随着孔径的增大，软硬煤累计孔容的差距也在增大。从阶段孔容分布图中可以看到，除了个别阶段孔径的孔容小于硬煤外，整体来说，软煤的阶段孔容均大于硬煤，孔径越小，两者差距越大，随着孔径的增大，软硬煤阶段孔容差距逐渐减小。

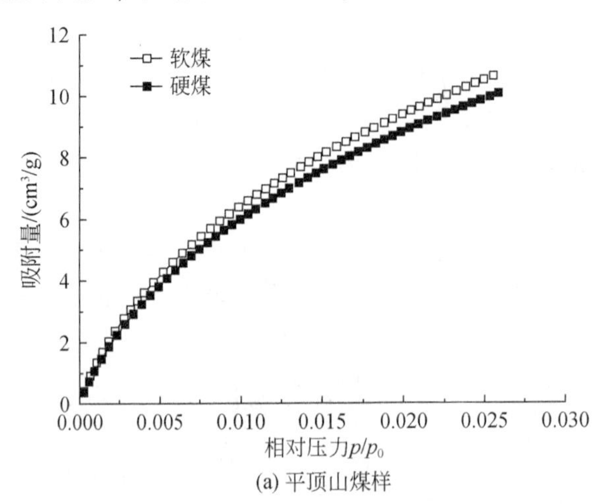

(a) 平顶山煤样

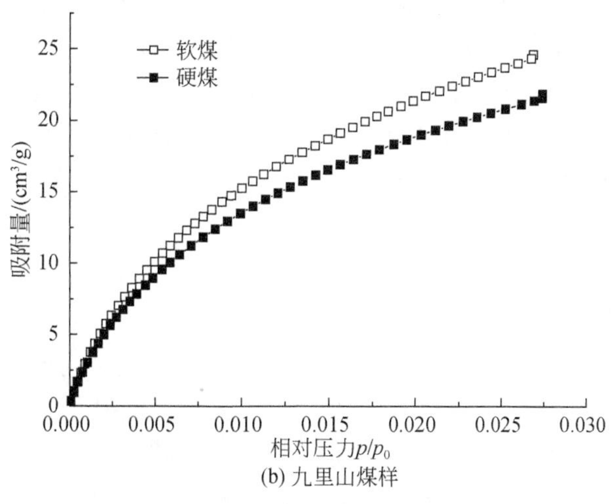

(b) 九里山煤样

图3-30　软硬煤吸附量

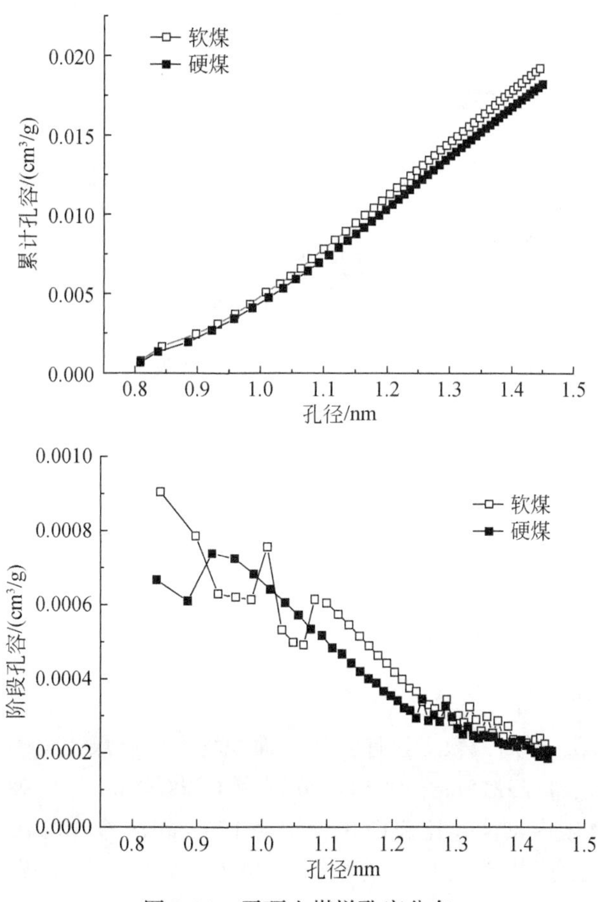

图3-31　平顶山煤样孔容分布

如图 3-32 所示，九里山软煤的累计孔容稍大于硬煤，软硬煤累计孔容分别为 0.0456cm³/g 和 0.0395cm³/g，软煤累计孔容比硬煤大 0.0051cm³/g，占硬煤累计孔容的 12.91%。从累计孔容分布图中可以看出，在二氧化碳测量的孔径范围内，软煤累计孔容始终大于硬煤，而且随着孔径的增大，软硬煤累计孔容的差距也在增大。从阶段孔容分布图中可以看到，在各个阶段孔径上，除了个别孔径的孔隙，软煤的阶段孔容总是大于硬煤，但两者的差距随着孔径的增大不断减小。

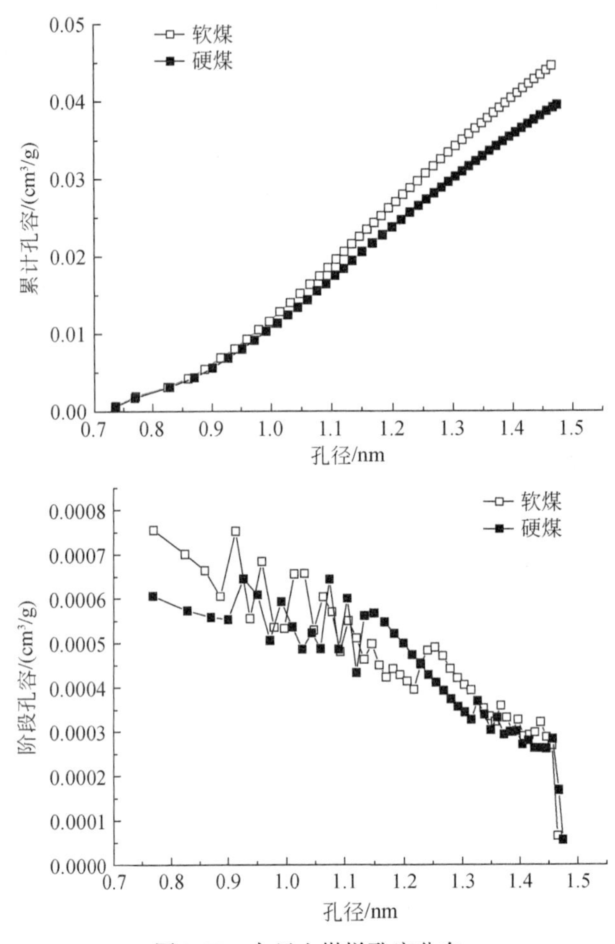

图 3-32　九里山煤样孔容分布

2）软硬煤微孔比表面积差异

由表 3-9 和图 3-33 可知，软煤累计孔比表面积均大于硬煤，其中平顶山软硬煤中值孔径分别为 1.24213nm、1.23215nm，九里山分别为 1.20031nm、1.09810nm。DA 方程计算结果显示，平顶山软硬煤累计孔比表面积分别为 159.514m²/g 和 146.132m²/g，软煤比硬煤大 13.382m²/g，占硬煤累计孔比表面积的 9.16%。九里山软硬煤累计孔比表面积分别为 326.532m²/g 和 280.422m²/g，软煤比硬煤大 46.11m²/g，占硬煤累计孔比表面积的 16.44%。

表 3-9　比表面积测定结果

煤样名称		中值孔径/nm	DA 微孔面积/(m^2/g)
平顶山	软煤	1.24213	159.514868
	硬煤	1.23215	146.132161
九里山	软煤	1.20031	326.532351
	硬煤	1.09810	280.422390

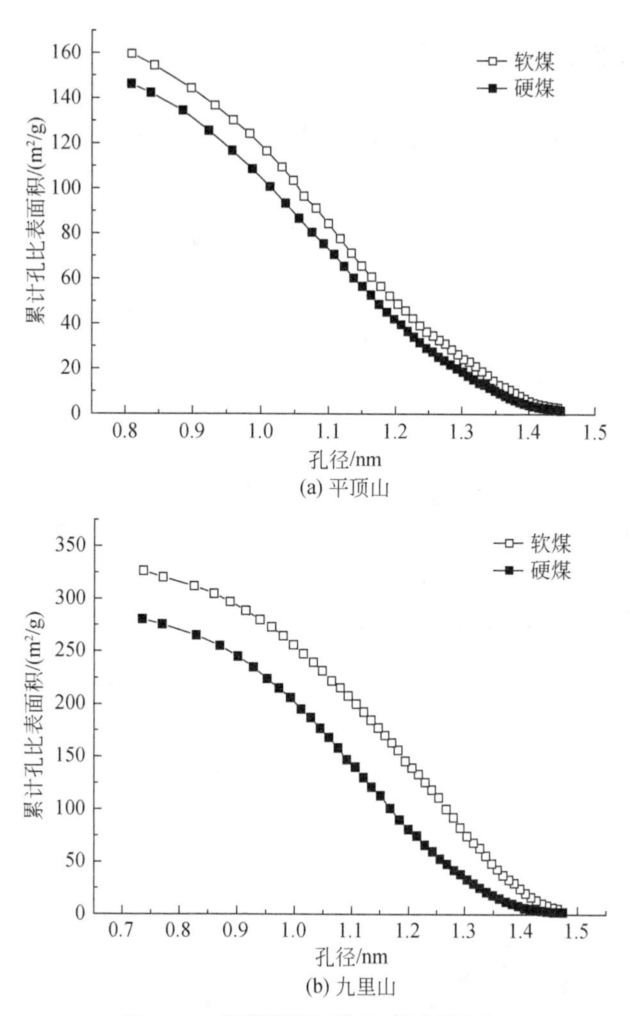

图 3-33　软硬煤累计孔比表面积分布

3.6　小角 X 射线散射法测量煤样孔隙结构

就研究方法而言，压汞法、低温液氮吸附法和二氧化碳吸附法都是比较成熟而得到广泛使用的方法，但是以上三种方法只能测量煤中开放孔的信息，无法测量封闭孔的孔隙结构，而小角 X 射线散射（SAXS）法弥补了这一不足。孔隙是产生小角 X 射线散射的主体，在利用小角 X 射线散射法检测多孔材料时，X 射线可以穿透样品进而得到其中全部开放孔和封闭孔的结构信息，因此 SAXS 法在测量煤孔隙结构时具有显著的优势（Radlinski *et al.*，2004）。

本次小角 X 射线散射实验使用的仪器型号为 NanoSTAR 型小角 X 射线散射仪，仪器最大功率为 30W，电压为 50kV，电流为 0. 6mA，线光束 X 射线波长为 0. 154nm，测试时间为 600s，可测孔径范围为 2 ~ 100nm。

3. 6. 1 小角 X 射线散射法原理

在散射角趋近于 0°时，X 射线被单电子散射后，散射强度与散射角无关，即 Guinier 一般式：

$$I(q) = K\int_0^{\infty} D(r)V(r)\Phi^2(qr)\mathrm{d}r \tag{3-5}$$

式中，$I(q)$ 为散射强度；q 为散射矢量；K 为常数；$D(r)$ 为粒度分布函数；$V(r)$ 为单个粒子（尺寸为 r）的体积；$\Phi(qr)$ 为散射函数。

散射矢量 q 可由式（3-6）计算：

$$q = \frac{4\pi\sin 2\theta}{\lambda} \tag{3-6}$$

式中，2θ 为散射角，(°)；λ 为射线波长，nm。

当散射矢量 q 远大于 0 时，散射矢量 q 和散射强度 $I(q)$ 遵循 Porod 定律：

$$\lim_{q\to\infty}[q^4 I(q)] = K \tag{3-7}$$

式中，K 为 Porod 常数，孔隙比表面积可表示为

$$S_{\mathrm{SAXS}} = \frac{\pi\varphi \lim_{q\to\infty}[q^4 I(q)]}{\rho(He)\int_0^{\infty} q^2 I(q)\mathrm{d}q} \tag{3-8}$$

式中，S_{SAXS}为孔隙总比表面积，m^2/g；φ 为煤样孔隙率；$\rho(He)$ 为煤样真密度，g/cm^3。

孔容分布可由式（3-9）计算：

$$I(q) = c_{\mathrm{V}}\int_0^{\infty} D_{\mathrm{V}}(R)\cdot R^3\cdot P_0(q,R)\mathrm{d}R \tag{3-9}$$

式中，$I(q)$ 为散射强度；c_{V}为孔容，cm^3/g；R 为孔半径，nm；$D_{\mathrm{V}}(R)$ 为孔径对应的孔容；P_0为大气压；q 为散射矢量。

3. 6. 2 小角 X 射线散射实验数据分析

一般认为，小角 X 射线上散射数据包含三个区域：Guinier 区、Porod 区和分形区。以 q^2 为横轴、$\ln[q^4 I(q)]$ 为纵轴做 Porod 曲线，可以判断出体系是否符合 Porod 定律，如图 3-34 所示。如果体系符合 Porod 定律，那么 $\ln[q^4 I(q)]$ 在高 q^2 区域会趋向于常数，但实际情况往往会偏离（正偏离或负偏离）Porod 定律，如图 3-35 所示，正偏离的原因比较复杂，通常是由于粒子内电子密度的起伏。负偏离则在一般情况下是由于颗粒相边界的

模糊。

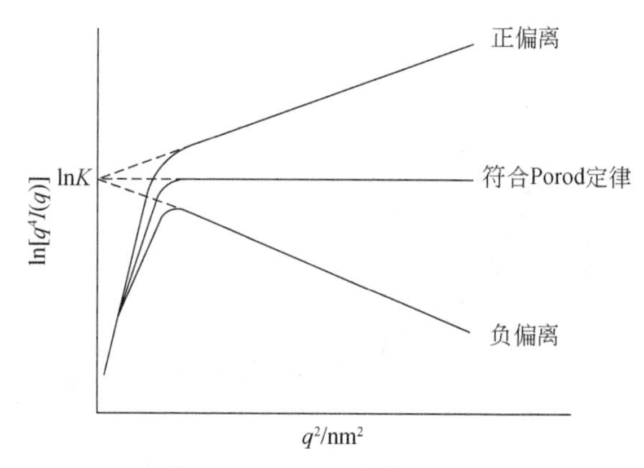

图3-34　Porod定律示意图

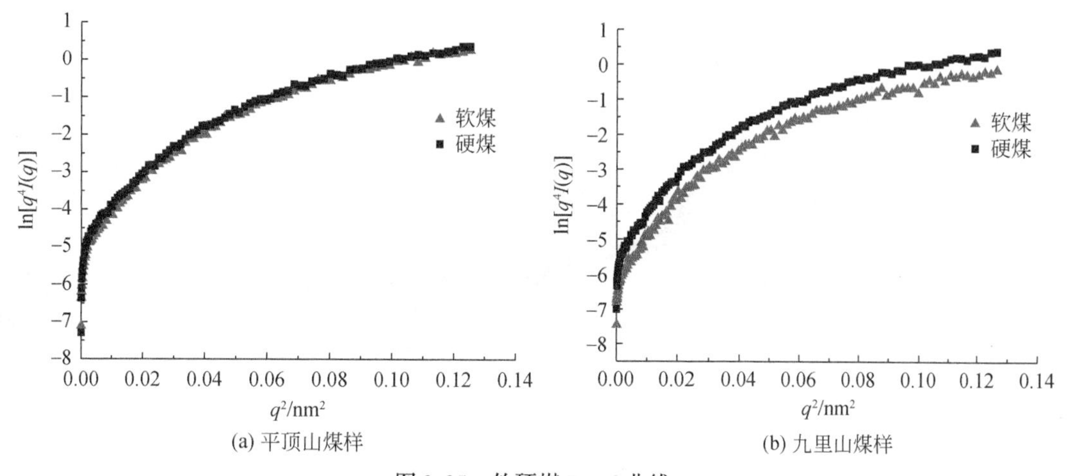

图3-35　软硬煤Porod曲线

如图3-35所示，两组软硬煤Porod曲线在高散射矢量区均呈正斜率的直线，即产生了正偏离，其中平顶山软硬煤Porod曲线基本重合，九里山软硬煤Porod曲线随着散射矢量的增强逐渐分离，其中硬煤的Porod曲线在软煤的上方。对于正偏离Porod定律的情况，根据模糊数据方法进行偏离校正（李志宏等，2000），图3-36为Porod曲线正偏离校正后对应的Guinier曲线。

对样品数据进行正偏离校正后，如图3-37所示，散射矢量与孔径呈正相关，而散射强度$I(q)$与孔隙发育程度呈正相关，也就是说，散射矢量越小，孔径越小，散射强度越大，孔隙越发育。

根据式（3-9）可计算软硬煤阶段孔容分布，如图3-37所示，总体来看，在可测范围内，软硬煤孔容均呈波浪式分布，且软煤各阶段孔容均大于硬煤。具体来说，孔径越小，软硬煤孔容差距越大，这一现象在九里山软硬煤样品上反映得更为明显，依九里山软硬煤为例，孔径为5～10nm时两者差距明显，随着孔径的增大，两者差距越来越小，甚至出现在部分孔径阶段范围内，硬煤孔容大于软煤的现象。

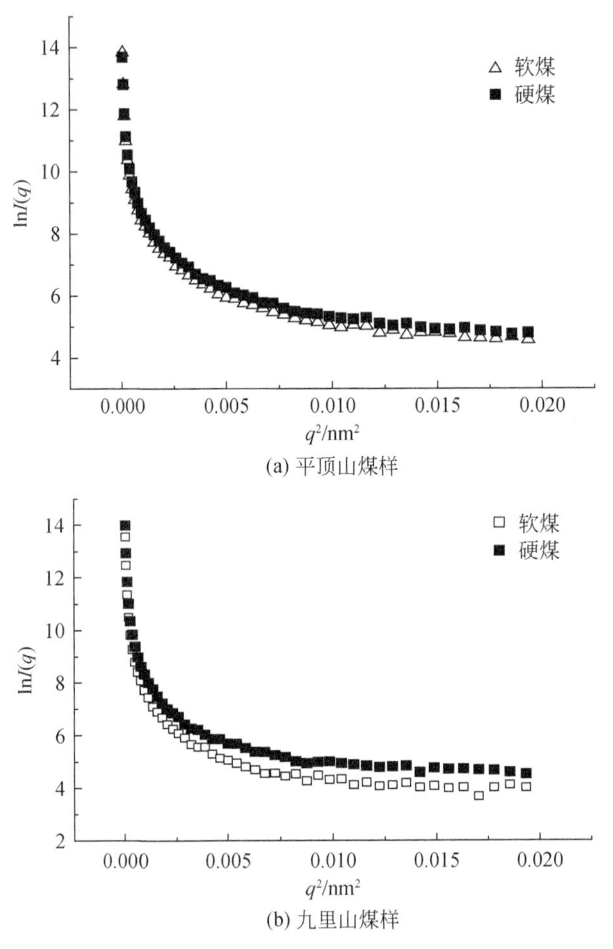

(a) 平顶山煤样

(b) 九里山煤样

图 3-36　软硬煤 Guinier 曲线

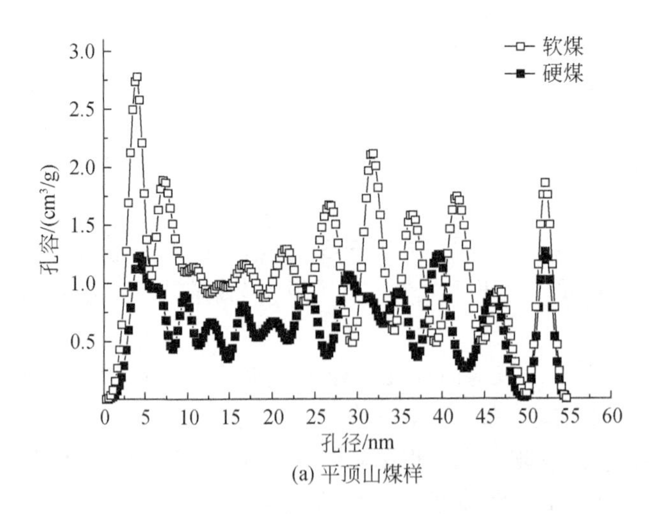

(a) 平顶山煤样

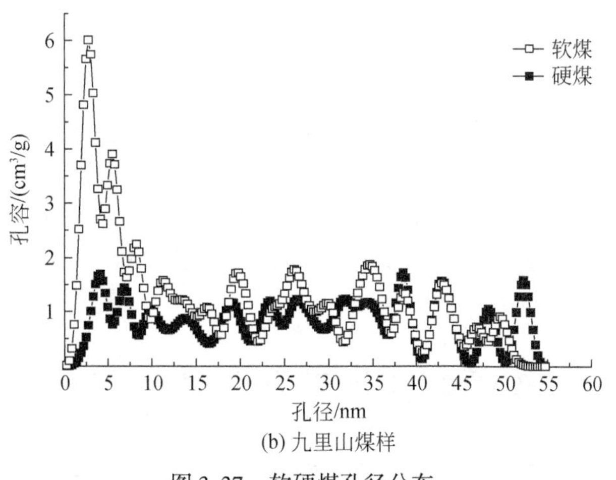

(b) 九里山煤样

图 3-37　软硬煤孔径分布

根据式（3-8）可计算小角 X 射线散射的孔比表面积数据，由于小角 X 射线散射法测得的比表面积包括开放孔和封闭孔，结合低温液氮吸附法和二氧化碳吸附法测得的比表面积数据，可得到封闭孔的信息。测试数据及计算结果见表 3-10。

表 3-10　比表面积测定结果

煤样名称		低温液氮吸附法微孔面积/(m^2/g)	小角 X 射线散射法微孔面积/(m^2/g)	封闭孔微孔面积/(m^2/g)
平顶山	软煤	1. 8545	17. 9865	16. 1320
	硬煤	1. 5265	17. 5442	16. 0177
九里山	软煤	4. 0087	22. 4827	18. 4740
	硬煤	1. 0753	22. 9515	21. 8762

从表 3-10 可以看出，孔径在 2 ~ 100nm 时，用低温液氮吸附法测量微孔面积，结果显示软煤微孔面积要大于硬煤，但是用小角 X 射线散射法测量微孔面积，结果显示软硬煤微孔面积基本相同，这是因为低温液氮吸附法测量的只是开放孔，而小角 X 射线散射法测量的是全部的孔隙，包括开放孔和封闭孔，而硬煤中的封闭孔数量更多，从而用小角 X 射线散射法测量软硬煤孔面积的结果相同。小角 X 射线散射法测量的结果减去低温液氮吸附法测量的结果可得封闭孔的面积，可以从表中看到，平顶山软硬煤和九里山软硬煤封闭孔面积分别占总孔面积的 89. 69%、91. 30% 和 82. 16%、95. 31%，硬煤封闭孔面积占总孔面积的比重要大于硬煤，而软硬煤在总孔面积上是相同的，那么可以得出以下结论：在地质构造过程中，硬煤受地应力作用转变成软煤，且在硬煤到软煤的变化过程中，占总孔面积绝大部分的封闭孔由于受到地应力等外力的作用，逐渐转变成开放孔，在总孔面积基本不变的情况下，开放孔总孔面积增大，封闭孔总孔面积减小。

3.6.3 小角 X 射线散射结果可靠性分析

由上述实验数据可知，小角 X 射线散射法测得的微孔面积远远大于低温液氮吸附法测得的微孔面积，这是由于低温液氮吸附法只能测定煤中开放孔的孔表面积，而小角 X 射线散射法测量的是全孔（封闭孔和开放孔）的孔表面积。从结果来看，软硬煤全孔面积基本相同，封闭孔提供的表面积占总孔面积的绝大部分。从孔径百分比来看，孔径越小，所占的体积百分比越大。

3.7 软硬煤全尺度孔隙结构差异特征

孔隙结构测定方法很多，但任何一种实验方法由于其实验原理或实验条件的局限，只适应于测量某一阶段的孔径范围，无法通过某种单一方法探测煤全部孔隙结构信息。在以往的孔隙结构测定实验中，许多学者仅依靠一种实验方法测量煤中的孔隙结构，往往用压汞、低温液氮吸附、二氧化碳吸附实验中的某一种数据进行分析，测定结果数据缺乏融合，对煤的孔隙结构特征认识不全面，没有全面掌握软硬煤的全孔差异特征。因此结合不同实验方法分段测量孔隙结构特征，融合不同阶段孔径的数据分析全尺度孔隙结构差异显得十分必要，而且通过对比，结合不同实验测得的数据，可以得到更加全面、丰富的孔隙结构信息。

3.7.1 不同实验方法可测的合理孔径范围取值

当压力大于 10MPa（孔径约为 100nm）时的进汞量应归因于煤体的压缩，因此用压汞法测量孔径小于 100nm 的孔隙是不可靠的。低温液氮吸附法不存在压缩问题，更适合用于测量孔径小于 100nm 的孔隙，但受活化扩散效应及测量误差的影响，低温液氮吸附法不易于测量孔径小于 2nm 的孔隙，所以低温液氮吸附法测量的孔径范围大于 2nm。二氧化碳吸附法成为更适合测量孔径小于 2nm 的方法，由于不具有明显的扩散限制，且具有比氮气分子更微小的分子直径，二氧化碳具有更快速的扩散速度，而且 273K 温度下二氧化碳具有较高的饱和压力（3.4853MPa），在较低的压力下采集数据更加容易，同时微孔的充填主要在低压下完成。因此压汞法、低温液氮吸附法和二氧化碳吸附法分别适合测量>100nm、2～100nm 和<2nm 的孔隙结构信息。

3.7.2 软硬煤全尺度孔隙孔容分析

结合压汞法、低温液氮吸附法和二氧化碳吸附法分别适合测量>100nm、2～100nm 和<2nm 的孔隙结构信息，根据国际理论与应用化学联合会（IUPAC）的分类标准，按照微孔（<2nm）、中孔（2～50nm）、大孔（>50nm）分析软硬煤全尺度孔隙结构差异性。

平顶山煤样全孔孔容分布如图 3-38 所示，从累计孔容分布来看，随着孔径的减小，软硬煤累计孔容均增大，软煤在全孔范围内均大于硬煤，孔径在小于2nm以后软硬煤累计孔容均迅速增大。从阶段孔容分布来看，微孔范围内软硬煤阶段孔容基本相同，中孔范围内软煤稍大于硬煤，大孔范围内软煤阶段孔容明显大于硬煤，说明平顶山软硬煤阶段孔容差距主要在大孔范围内。

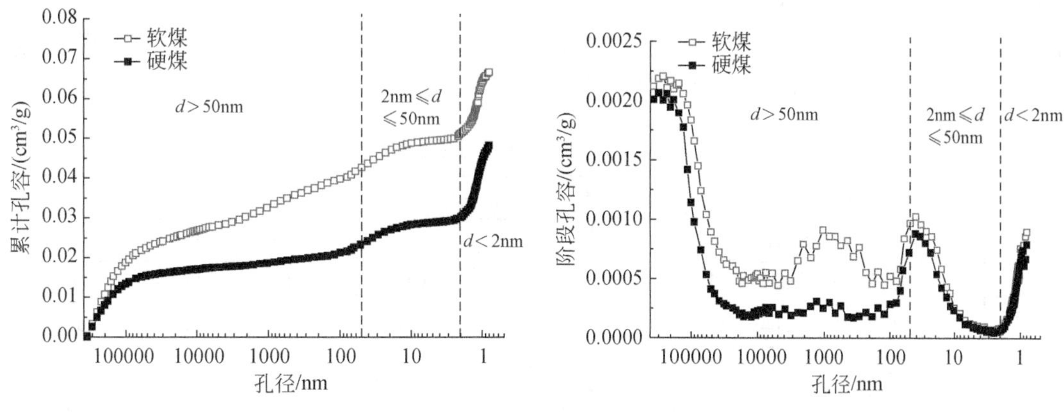

图3-38 平顶山煤孔容分布

九里山煤样全孔孔容分布如图3-39所示，从累计孔容分布来看，大孔范围内，硬煤累计孔容先大于软煤，随着孔径的减小，软煤累计孔容迅速增大，而硬煤累计孔容则基本变化不大，造成软煤累计孔容超过硬煤，中孔范围内，随着孔径的减小，软煤累计孔容增加幅度大于硬煤，导致孔径为2nm时，软硬煤累计孔容差距进一步增大，微孔范围内，软硬煤累计孔容均迅速增大。从阶段孔容分布来看，大孔范围内，硬煤的阶段孔容先明显大于软煤，随着孔径的减小，硬煤阶段孔容迅速降低，最后被软煤阶段孔容超越，中孔范围内，软煤阶段孔容大于硬煤，微孔范围内，软硬煤阶段孔容基本相同。

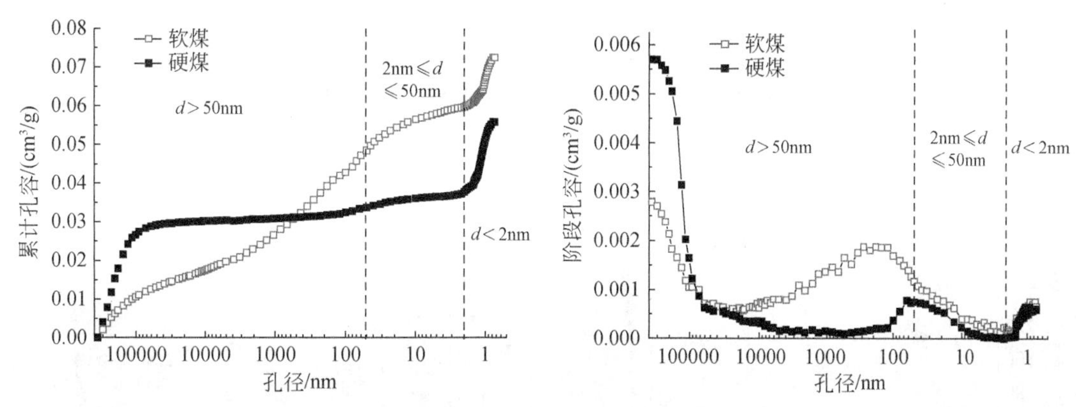

图3-39 九里山煤孔容分布

实验测得的软硬煤孔容数据见表3-11，软煤总孔容均大于硬煤，平顶山软硬煤总孔容分别为0.0661cm³/g和0.0483cm³/g，软煤比硬煤大了0.0178cm³/g，占硬煤累计孔体积的36.85%。平顶山软煤微孔（<2nm）、中孔（2~50nm）和大孔（>50nm）孔容分别为0.0123cm³/g、0.0097cm³/g、0.0441cm³/g和硬煤分别为0.0102cm³/g、0.0069cm³/g、

0.0312cm³/g，分别占软硬煤总孔容的18.61%、14.67%、66.72%（软煤）和21.12%、14.29%、64.59%（硬煤）。九里山软硬煤累计孔体积分别为0.0733cm³/g和0.0558cm³/g，软煤比硬煤大了0.0175cm³/g，占硬煤累计孔体积的31.36%。九里山软煤微孔（<2nm）、中孔（2~50nm）和大孔（>50nm）孔容分别为0.0145cm³/g、0.0103cm³/g、0.0485cm³/g和硬煤分别为0.0121cm³/g、0.0052cm³/g、0.0386cm³/g，分别占软硬煤总孔容的19.78%、14.05%、66.17%（软煤）和21.68%、9.32%、69.18%（硬煤）。阶段孔容及其所占总孔容的比重均为大孔最大，微孔次之，中孔最小。

表3-11　软硬煤全孔孔容分布

煤样		总孔容 V_t /(cm³/g)	阶段孔容/(cm³/g)			阶段孔容比/%		
			V_1	V_2	V_3	V_1/V_t	V_2/V_t	V_3/V_t
平顶山	软煤	0.0661	0.0123	0.0097	0.0441	18.61	14.67	66.72
	硬煤	0.0483	0.0102	0.0069	0.0312	21.12	14.29	64.59
九里山	软煤	0.0733	0.0145	0.0103	0.0485	19.78	14.05	66.17
	硬煤	0.0558	0.0121	0.0052	0.0386	21.68	9.32	69.18

注：V_1为<2nm孔径孔容，V_2为2~50nm孔径孔容，V_3为>50nm孔径孔容，V_t为总孔容

由以上数据可以得到，软硬煤阶段孔容的差异主要在大孔和中孔范围内，两者总孔容差距迅速增大的孔径范围也是在大孔和中孔范围内，由此可以得出，软煤和硬煤相比，孔径分布的主要区别在中孔及大孔的变化，表明软煤由于受到地应力的作用，煤体中原有的孔隙结构被改变，可见孔及部分大孔被破坏、压缩为直径更小的孔隙，可见孔及裂隙减少，中孔和大孔增多。

3.7.3　软硬煤全尺度孔隙比表面积分析

平顶山和九里山软硬煤累计孔比表面积如图3-40所示，大孔范围内，软硬煤累计孔比表面积均很小，两者差距不大，中孔范围内，软煤累计孔比表面积稍大于硬煤，但总体来看，软硬煤在中孔范围内还是很小，在微孔范围内，软硬煤累计孔比表面积均迅速增大，但软煤增速大于硬煤，导致最终软煤的累计孔比表面积大于硬煤。

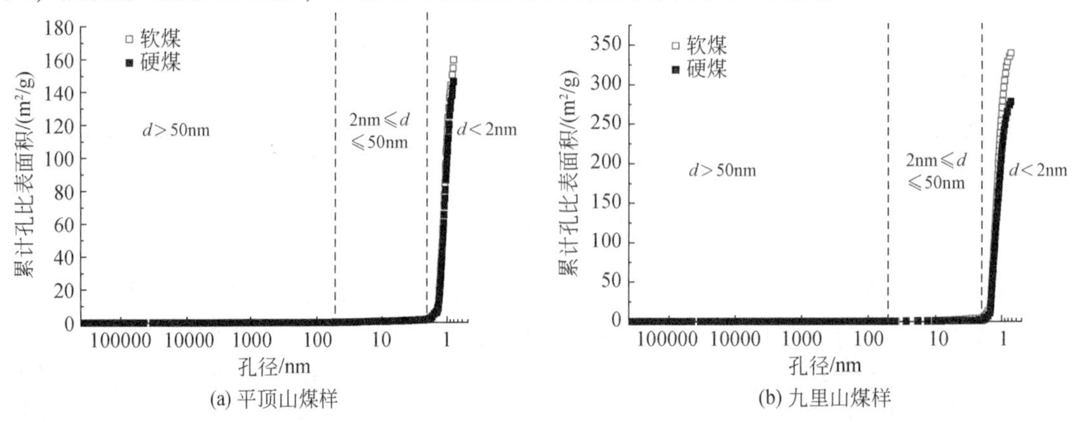

(a) 平顶山煤样　(b) 九里山煤样

图3-40　软硬煤孔比表面积分布

实验测得的软硬煤孔比表面积分布见表3-12，总体而言软煤孔比表面积大于硬煤。平顶山软硬煤总孔比表面积分别为159.4437m²/g和146.1748m²/g，软煤比硬煤大了13.2689m²/g，占硬煤总孔比表面积的9.07%。其中软煤微孔、中孔和大孔孔比表面积分别为156.2399m²/g、2.8606m²/g和0.3432m²/g，分别占软煤总孔比表面积的97.99%、1.79%和0.22%。硬煤微孔、中孔和大孔孔比表面积分别为144.7748m²/g、1.2538m²/g和0.1465m²/g，分别占硬煤总孔比表面积的99.04%、0.86%和0.10%；九里山软硬煤总孔比表面积分别为324.8601m²/g和281.3776m²/g，软煤比硬煤大了43.4825m²/g，占硬煤总孔比表面积的15.45%。其中软煤微孔、中孔和大孔孔比表面积分别为320.6114m²/g、3.7561m²/g和0.4926m²/g，分别占软煤总孔比表面积的98.69%、1.16%和0.15%。硬煤微孔、中孔和大孔孔比表面积分别为280.2753m²/g、0.9816m²/g和0.1207m²/g，分别占硬煤总孔比表面积的99.61%、0.35%和0.04%。

表3-12 软硬煤总孔比表面积分布

煤样		总孔比表面积S_t/(m²/g)	阶段孔比表面积/(m²/g)			阶段孔比表面积比/%		
			S_1	S_2	S_3	S_1/S_t	S_2/S_t	S_3/S_t
平顶山	软煤	159.4437	156.2399	2.8606	0.3432	97.99	1.79	0.22
	硬煤	146.1748	144.7745	1.2538	0.1465	99.04	0.86	0.10
九里山	软煤	324.8601	320.6114	3.7561	0.4926	98.69	1.16	0.15
	硬煤	281.3776	280.2753	0.9816	0.1207	99.61	0.35	0.04

注：S_1为<2nm孔径孔比表面积，S_2为2～50nm孔径孔比表面积，S_3为>50nm孔径孔比表面积，S_t为总孔比表面积

综上可知，软煤不仅在总孔比表面积上大于硬煤，且在微孔、中孔、大孔范围内的孔比表面积均大于硬煤。软硬煤中微孔孔比表面积占总孔比表面积比例最大，可达97.99%以上，中孔次之，大孔孔比表面积占总孔比表面比例最小，软硬煤在孔比表面积上的差距主要表现在微孔范围内，说明软煤相对于硬煤，微孔更为发育。

3.7.4 软硬煤全尺度孔隙结构影响瓦斯放散规律的机理分析

通过瓦斯放散实验，得到软硬煤主要差异有三点：一是软煤解吸量大于硬煤；二是软煤解吸速度大于硬煤；三是软煤瓦斯扩散系数大于硬煤。这三点主要差异可以用孔隙分布的不同来解释，即软煤总孔面积大于硬煤，能够吸附更多瓦斯，由于吸附-解吸的可逆性，软煤的解吸量大于硬煤；软煤的中孔和大孔孔容远大于硬煤，且孔隙连通度大于硬煤，因此，在瓦斯解吸过程中，软煤的瓦斯解吸速度和扩散系数大于硬煤。

软硬煤的主要差异性可以从两个方面分析，即软硬煤阶段孔体积和总孔面积，通过煤全尺度孔隙数据分析可知，软煤相对于硬煤，中孔和大孔孔体积明显增大，其中，中孔孔体积较为明显，软煤总孔面积大于硬煤，其中小于2nm孔径的微孔孔面积，软煤远远大于硬煤。各阶段孔径的孔隙在瓦斯吸附、解吸和放散过程中起着不同的作用：煤中孔隙提供的表面是瓦斯储存在煤中的主要场所，而微孔和小孔提供了煤中绝大多数的孔

面积，因此微孔和小孔的孔面积大小是影响瓦斯吸附能力强弱的主要因素，同时决定了瓦斯的解吸量大小。瓦斯放散时，储存在微孔及小孔中的瓦斯需先扩散到中孔，再扩散到大孔，最后通过可见孔及裂隙扩散到煤体外部，因此中孔和大孔是瓦斯从煤中扩散出去的主要通道和路径，且中孔和大孔的孔径大于甲烷分子的自由程，瓦斯在中孔和大孔中扩散得会更加迅速，同时，孔隙连通度代表各孔隙之间相互连通的程度，孔隙连通度越大说明孔隙之间连接得越充分，瓦斯放散出去的通道越宽阔。软煤相对于硬煤，总孔面积增大，可以解释软煤瓦斯吸附能力比硬煤大，因此瓦斯解吸量比硬煤大。软煤中孔和大孔孔体积，以及孔隙连通度的增大，可以解释软煤瓦斯扩散速度及扩散系数比硬煤大。

3.8　软硬煤孔隙结构分形特征

3.8.1　分形的定义

分形理论是由 Mandelbrot（1967）于 20 世纪 70 年代创立，他最初为分形下过两个定义：①满足其分维数（D_f）大于拓扑维数（D_t）的集合 A，称为分形集。②部分与整体以某种形式相似的形，称为分形。

3.8.2　基于压汞实验的分形维数计算

不同的分形构造方法适用于不同的孔隙结构模型，煤中的孔隙分布杂乱无章，利用 Manger 海绵的构造思想（郑瑛等，2001）可以很好地描述煤的孔隙结构。

假设立方体的边长为 R，将 R 等分成 m 份，得到 m^3 个小立方体，小立方体的边长 $r=R/m$，按照一定规则去掉其中 $r=R/m$ 个小立方体，则剩余的小立方体的个数为 N_i。按照此方法迭代下去，经过 i 次构造，小立方体的边长 $r=R/m^i$，剩余的小立方体的个数 N_i 为

$$N_i=\left(\frac{R}{r_i}\right)^{D_S}=\frac{C}{r_i^{D_S}}=Cr_i^{-D_S} \tag{3-10}$$

式中，D_S 为面积分形维数，孔隙比表面积可表示为

$$S_i=N_i 4\pi r_i^2=4\pi C r_i^{2-D_S} \tag{3-11}$$

式（3-11）两边对 r 求导可得

$$\frac{\mathrm{d}S_i}{\mathrm{d}r}\infty r_i^{1-D_S} \tag{3-12}$$

由 Washburn 方程 $p=kr^{-1}$ 可知，给定压力下的进汞量 V_p 就是尺寸大于 r 的孔隙的总体积，两边求导可得

$$\frac{\mathrm{d}V_p}{\mathrm{d}r}=-\frac{p}{r}\frac{\mathrm{d}V_p}{\mathrm{d}p} \tag{3-13}$$

将式（3-12）代入式（3-13）中得

$$\frac{\mathrm{d}S_{\mathrm{p}}}{\mathrm{d}p} \infty r_{\mathrm{p}}^{2-D_{\mathrm{S}}} \tag{3-14}$$

式中，S_{p} 为给定压力下的孔隙比表面积，两边取对数得

$$\lg \frac{\mathrm{d}S_{\mathrm{p}}}{\mathrm{d}p} \infty (2 - D_{\mathrm{S}})\lg r \infty (D_{\mathrm{S}} - 2)\lg p \tag{3-15}$$

即面积分形维数 D_{S} 可表示为

$$D_{\mathrm{S}} = \frac{\lg\left(\frac{\mathrm{d}S_{\mathrm{p}}}{\mathrm{d}p}\right)}{\lg p} + 2 \tag{3-16}$$

只要 $\mathrm{d}S_{\mathrm{p}}/\mathrm{d}p$ 与 p 存在线性关系，孔隙面积分布就符合分形特征，即可求得分形维数 $D_{\mathrm{S}}=2+K$，其中 K 为直线的斜率。

由压汞实验数据做 $\mathrm{d}S_{\mathrm{p}}/\mathrm{d}p$ 与 p 的对数曲线图，用直线拟合曲线的变化规律，如图 3-41 所示，从图中可以看出，根据孔径的变化，可以将 $\mathrm{d}S_{\mathrm{p}}/\mathrm{d}p$ 与 p 的双对数曲线按照孔径 $d>50\mathrm{nm}$ 和 $d<50\mathrm{nm}$ 分为两个部分，对应的分形维数可以分为 D_1 和 D_2，平顶山软煤分形维数分别为 $D_1=2.0141$、$D_2=2.5243$，拟合曲线的相关系数分别为 0.5649、0.9669。平顶山硬煤分形维数分别为 $D_1=2.0388$、$D_2=2.7541$，拟合曲线的相关系数分别为 0.5886、0.9901。九里山软煤分形维数分别为 $D_1=2.0056$、$D_2=2.3300$，拟合曲线的相关系数分别为 0.5480、0.9356。九里山硬煤分形维数分别为 $D_1=2.1385$、$D_2=2.9345$，拟合曲线的相关系数分别为 0.6691、0.9993。

由以上数据可以看出，同一种煤样，大孔范围内的分形维数小于中孔范围内的分形维数，在同一阶段孔径范围内，硬煤的分形维数大于软煤。在同一种煤样中，分形维数越高，孔隙含量越多，孔表面越不规则，孔隙结构非均质性越强，分形维数随着孔径的减小而增大表明了随着孔径的减小，孔隙含量越来越多，这也是随着探测孔径范围的减小，总孔体积和总孔面积急剧增大的主要原因。硬煤在相同孔径范围内的分形维数大于软煤，说明硬煤相对于软煤，孔隙含量分布更加不均匀。

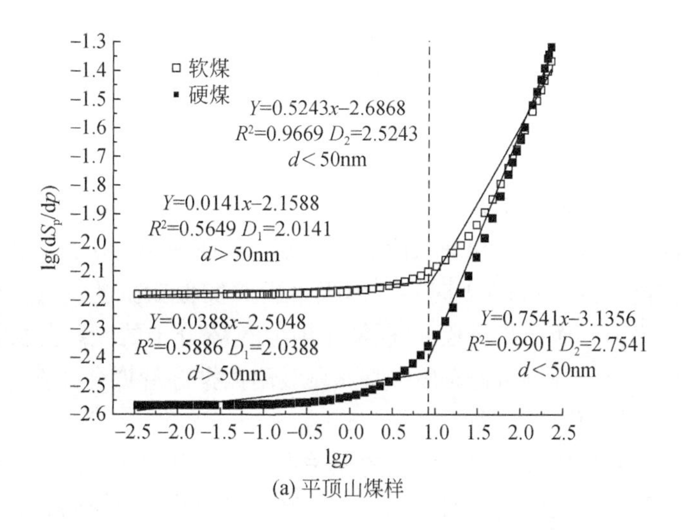

(a) 平顶山煤样

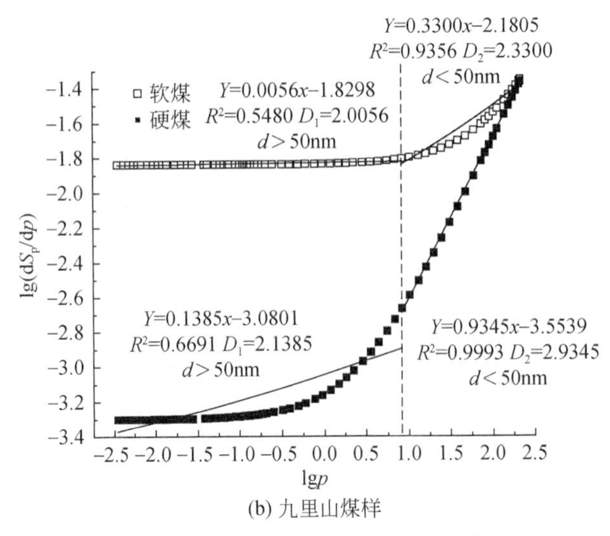

(b) 九里山煤样

图 3-41　软硬煤压汞数据拟合曲线

另外，分形维数大小也可以反映煤的吸附能力，分形维数增高，吸附能力增强。中孔的分形维数大于大孔，说明相对于大孔，中孔对瓦斯的吸附能力更强。这从侧面说明了中孔相对于大孔含量更多。

3.8.3　基于低温液氮吸附实验的分形维数计算

采用 Pfeifer 等（2008）提出的理论模型（FHH）分形维数计算方法处理低温液氮吸附数据，FHH 模型可表示为

$$\ln V = K\left[\ln\left(\ln \frac{p_0}{p}\right)\right] + C \tag{3-17}$$

式中，V 为平衡压力下的气体吸附量，cm^3/g；K 为拟合直线的斜率；p_0为气体的饱和蒸汽压，取 0.11117MPa；p 为气体吸附平衡时的压力，MPa；C 为常数。

在计算分形维数时，有两种计算方法：$D=K+3$ 和 $D=3K+3$，为了使计算结果更符合实际 $2\leqslant D\leqslant 3$，本书采用 $D=K+3$ 计算分形维数。

低温液氮吸附曲线在相对压力较小（$p/p_0<0.1$）时，吸附曲线和解吸曲线重合，而在相对压力较大（$p/p_0>0.1$）时，出现吸附滞后现象，说明在不同压力阶段煤对气体的吸附作用机制不同：在低压段 $p/p_0<0.1$ 时，气体吸附主要发生在微孔，气体分子和煤样间的作用力主要是范德华力，而在高压段 $p/p_0>0.1$ 时，气体分子的吸附主要依靠毛细凝聚作用。在计算分形维数时，分别对低压段和高压段吸附数据进行拟合计算，得到 2 个分形维数 D_1 和 D_2，拟合计算如图 3-42 所示。

在吸附的低压段和高压段，拟合曲线的相关系数均大于 0.9，由此可以得出在低温液氮吸附实验测量的孔径范围内（2～100nm），孔隙分布均符合分形特征，但分形维数在低压和高压段均存在差异，其中平顶山软煤的分形维数 $D_1=2.5182$，$D_2=2.1399$，平顶山硬

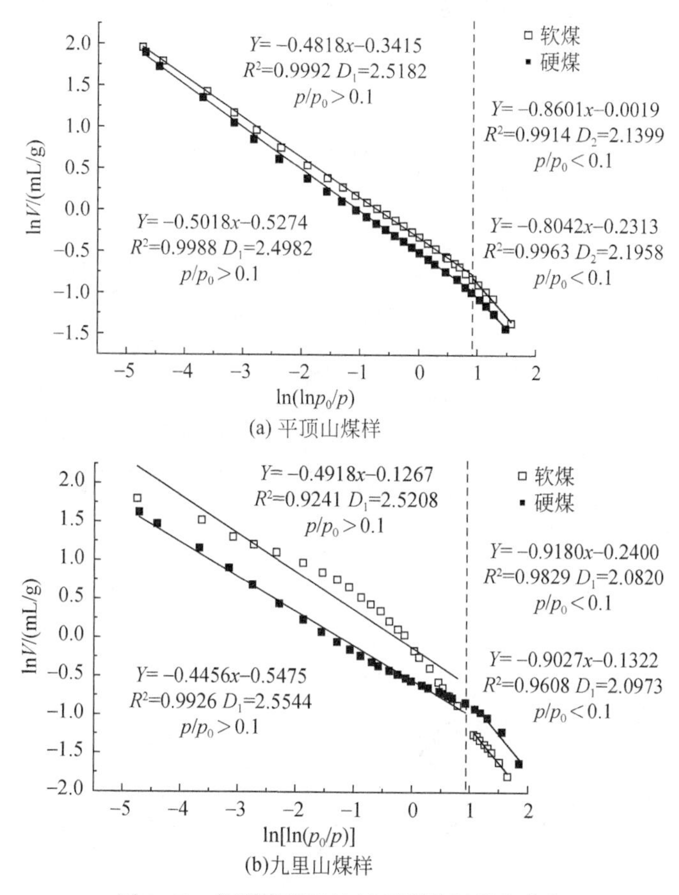

图 3-42　软硬煤低温液氮吸附数据拟合曲线

煤的分形维数 D_1 = 2. 4982，D_2 = 2. 1958。九里山软煤的分形维数 D_1 = 2. 5208，D_2 = 2. 0820，九里山硬煤分形维数 D_1 = 2. 5544，D_2 = 2. 0973，低压段的分形维数大于高压段的分形维数。分形维数越大，孔表面越粗糙，微孔含量越多，过渡孔含量越少，也可以说，低温液氮吸附法计算的分形维数表征了煤孔径分布的特性，即分形维数反映了孔容按孔径大小变化的分布特征，低压段的分形维数总是大于高压段的分形维数，同样说明了随着孔径的减小，孔隙含量迅速提升的现象。而硬煤在相同压力范围内的分形维数大于软煤，表明硬煤相对于软煤，孔隙分布更加不均匀。

3. 8. 4　基于小角 X 射线散射实验的分形维数计算

煤孔隙结构的小角 X 射线散射表面符合分形特征已得到证实（Radlinski *et al.*，2004），小角 X 射线散射实验中散射强度 I（q）和散射矢量 q 有如下关系（Nakagawa *et al.*，2000）：

$$I(q) = q^{\alpha} \tag{3-18}$$

式中，α 为与分形维数相关的一个参数，且 $0<\alpha<4$，当 $3<\alpha<4$ 时说明存在表面分形，此时

$D=6+\alpha$。根据小角 X 射线实验数据做 $\ln q - \ln I(q)$ 曲线图，且用直线拟合其变化规律，如图 3-43 所示。

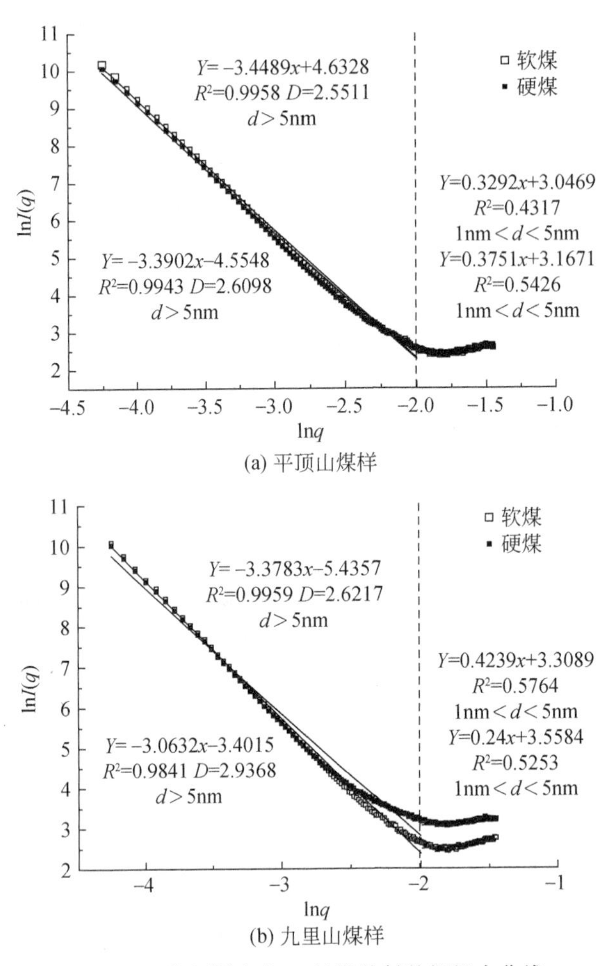

(a) 平顶山煤样

(b) 九里山煤样

图 3-43　软硬煤小角 X 射线散射数据拟合曲线

从图 3-43 中可以看到，在高散射矢量区，即测量的孔径范围为 1 ~ 5nm 时，拟合曲线的相关系数为 0.5 左右，且分形维数大于 3，说明在此孔径范围内孔隙分布不符合分形特征。孔径为 5 ~ 100nm 时，拟合曲线的相关系数均大于 0.98，且分形维数在 2 ~ 3，说明在此孔径范围内孔隙存在分形特征，从计算结果来看，软煤的分形维数小于硬煤，平顶山软煤的分形维数为 2.5511，小于硬煤的分形维数 2.6098，九里山软煤的分形维数为 2.6217，小于硬煤的分形维数 2.9368。分形维数越大，表面越粗糙，孔径在 5 ~ 10nm 时，硬煤分形维数大于软煤，说明此孔径范围内的孔隙在硬煤中的分布更加不均匀。

3.9　本 章 小 结

本章主要研究了煤全尺度孔隙结构测定手段的优势、缺陷和软硬煤全孔径差异特征。

选取典型煤的瓦斯放散规律实验煤样，采用扫描电镜法、压汞法、低温液氮吸附法和二氧化碳吸附法、小角X射线散射法等测试方法，通过融合以上测试数据，分析了软硬煤在全孔径范围内的孔隙结构差异，结合分形理论，注重研究了破坏程度和变质程度对煤孔裂隙结构特征参数的影响规律，查明了破坏程度和变质程度通过控制孔裂隙结构对煤粒瓦斯放散规律的影响机理。具体结论如下。

（1）软煤相对于硬煤，总孔容增加了18.41%～214.45%，中孔孔容增加了2～10.53倍，具有随破坏程度的提高而差值增大的趋势，过渡孔和大孔也均有不同程度的提高，提高了煤粒瓦斯放散的通道和孔径，是软煤瓦斯扩散系数和扩散速度相对较大的根本原因。该结论仅适用于采出煤样，即不受地应力作用的煤样，但在原始煤体内，由于构造煤对应力比较敏感，变形量大，软煤的透气性反而很低，瓦斯运移速度小。

（2）软煤相对于硬煤，孔隙的累计比表面积变化规律有一定程度的增加，增加量在50%以下，但比表面积的分布发生了规律性变化，即过渡孔、中孔和大孔的比表面积所占比例均有不同程度的增加，反映了煤粒内瓦斯分布特征的变化。

（3）煤的变质程度通过控制煤的吸附能力和孔隙结构，对瓦斯放散规律和机理产生影响。

（4）孔隙形态和连通性分析表明，在不受地应力作用下，软煤的孔隙连通性或开放性均比硬煤好，构造应力破坏作用主要改良了煤粒内中孔和大孔的连通性。但在原始煤体内，受地应力作用，软煤的透气性比硬煤小得多。

（5）扫描电镜结果表明，在相近倍率情况下，软煤的面密度和裂隙宽度均高于硬煤，即裂隙更发育；硬煤结构更致密，反映了应力敏感性相对较弱，裂隙长度大于软煤，在受力作用下，硬煤透气性要好于软煤。

（6）采用扫描电镜法、压汞法、低温液氮吸附法和二氧化碳吸附法、小角X射线散射法等测试方法，可掌握煤全尺度孔裂隙的孔容与比表面积特征，通过融合压汞法、低温液氮吸附法和二氧化碳吸附法测试数据，可实现0.4nm以上孔隙特征量化分析。小角X射线散射法可用于考察封闭孔隙发育情况，准确量化仍需进一步的研究。

第4章　煤分子结构特征

煤是一种多孔性固体，多孔性固体通常分为高分散性固体和发达孔隙系统固体，一般认为，破坏强烈的软煤属于前者，硬煤属于后者。煤的结构包括两方面：一方面是煤的化学结构即煤的分子结构，指煤的有机质分子结构中，原子相互连接的次序和方式，主要影响煤大分子对甲烷分子的作用力，即影响吸附能力，受变质作用控制，对扩散行为的影响主要是通过改变吸附瓦斯浓度影响瓦斯放散速度；另一方面是煤的物理结构即微观结构，指有机质分子之间的相互关系和作用方式包括分子间的堆垛结构和孔隙结构，既是瓦斯的储集空间，也是瓦斯的解吸、扩散和渗流等运移通道，受变质程度和破坏程度控制。

煤是由分子量不同、分子结构相似但又不完全相同的一组相似化合物的混合物组成的，煤的结构十分复杂，一般认为它具有高分子聚合物的结构，但又不同于一般的聚合物，它没有统一的聚合单体。构成煤的大分子聚合物的“相似化合物”被称为基本结构单元，煤的大分子是由多个结构相似的“基本结构单元”通过桥键连接而成，煤分子可以认为基本结构单元数为200～400，相对分子质量在数千。而基本结构单元可分为规则部分和不规则部分，前者是基本结构单元的核心部分，主要由缩合芳香环，也有少量氢化芳香环、脂环和杂环组成；后者是在基本结构单元的外围连接有三个碳以下烷基侧链和各种官能团，主要是含氧官能团、含硫官能团、含氮官能团等，通常它们的数量会随着煤化程度的增加而减小。煤大分子的原子基团和各种官能团中有许多是有极性的，对煤大分子间的作用及其对水的吸收都有重要影响。

不同煤阶的分子结构具有不同的特征，呈现出与甲烷分子不同的作用力特征，低煤化度煤的芳香环缩合度较少，桥键、侧键和官能团较多，低分子化合物较多，其结构无方向性，即极性较弱，而甲烷分子为空间对称的正四面体结构非极性分子，不存在永久偶极距，二者的德拜诱导力比较弱，因此，低煤化度煤对甲烷吸附能力较弱；随着煤阶的提高，芳香环相对增多、增大，脂环和官能团侧链相应减少，薄弱的交联键后形成一些悬键，悬键带电而使煤的大分子极性增强，在极性分子永久偶极距的电场作用下，从而使非极性甲烷分子形成诱导偶极距，在德拜诱导力作用下，煤分子对甲烷分子的吸附能力随着煤化作用的提高而增强，到无烟煤时则主要由芳香环组成，对甲烷分子的作用力也达到最强。

对于高煤阶的分子结构可用翁成敏和潘志贵（1981）提出的煤晶核结构表示，如图4-1所示，每一个煤晶核由若干层碳原子网（芳香环层）平行堆砌而成，而每一层碳原子网又由若干个以共价键相连的六角芳香环组成。通过测定该模型的延展度（L_a）、堆砌度（L_c）和面网间距（d）等信息，可反映煤的结构演化程度，多位学者采用X射线衍射（XRD）研究结果表明（徐龙君，1997；姜波等，1998；琚宜文等，2004；张玉贵，2006）：构造应力促使煤结构单元面网间距减小和堆砌度及延展度增大，芳构化和环缩合作用增强；构造煤的煤镜质组反射率光性组构分析结果表明（琚宜文等，2005b），构造煤的镜质组油浸最大反射率存在与原生结构煤不同的特征，即同时存在正常带和构造应变带，两者的差值与煤的破坏程度和变质变形环境有关；电子顺磁共振（EPR）光谱（张玉贵等，1997）研究结果表明，构造煤相对同矿井、同煤层、同一剖面的原生结构煤具有较高的自由基浓度；核磁共振（NMR）光谱结果表明（张玉贵，2006），构造煤的脂碳—CH_3和—CH_2谱的面积都比原生结构煤的低，这说明构造煤含有较低的甲基、亚甲基成分，构造煤的芳碳增加了，而脂碳相应减少了。这些研究有力地支持了构造应力作用，引进煤的力化学作用，即动力变质作用。目前大多数学者认同，构造煤在形成过程中受到了动力变质作用，但在动力变质作用的强弱方面，仍存争议。

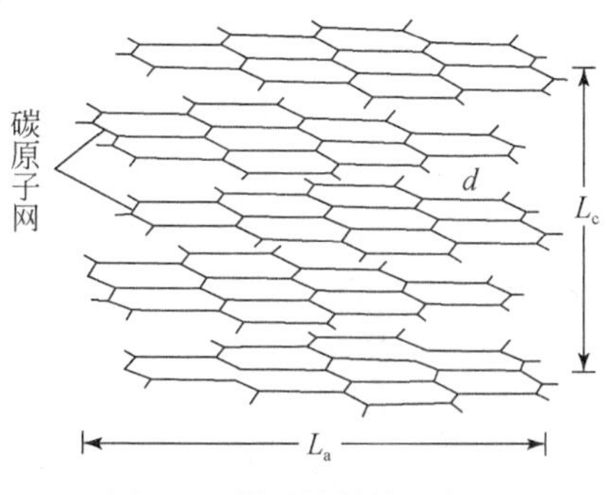

图4-1　煤晶核结构示意图

4.1　X射线衍射实验

X射线衍射技术被广泛用于煤大分子基本结构单元（BSU）的研究。

4.1.1　X射线衍射实验原理

X射线衍射（XRD）原理是当X射线入射到晶体时，X射线在某些方向上产生强衍射现象，衍射线分布的方位和强度与晶体结构密切相关，虽然煤不是标准的晶体，但是其主要结构却是类似晶体的结构。低变质程度煤由芳香环及烃的支链及各种各种官能团组成，芳香环铰链在一起，形成芳香层片，芳香层片堆叠在一起，形成类晶状结构。随着变质程度的提高及构造应力的作用，芳香层片堆叠增加，官能团及支链相继脱落，芳香结构有序性、定向性增强。高变质的煤逐渐形成由多层芳香碳环铰链的芳香层堆叠而成的紧密且有序的晶状结构。

当能量很高的X射线射到晶体各层面的原子时，原子中的电子将发生强迫震荡，从而向周围发射同频率的电磁波，不同方向散射的强度不同，散射的波之间也发生相互作用，某些方向相互加强，某些方向相互干涉，形成了原子散射波。若考虑到晶体结构的周期性，将晶体视为由许多相互平行的且间距相等的原子面组成。当相邻两个晶面的反射线的光程差为波长的整数倍时，则所有平行晶面的反射加强，在该方向上获得衍射。

布拉格父子通过布拉格实验，导出布拉格方程，阐述了射线入射角度与晶体网面间距的关系（郭可信，2003），其表达式为

$$2d_{hkl}\sin\theta = n\lambda \tag{4-1}$$

式中，d_{hkl}为hkl晶面的面网间距；θ为X射线入射角的余角；λ为X射线的波长，0.15405nm；n为反射级数。

本实验采用的仪器是德国产Bruker X射线衍射仪，该仪器可以实现连续扫描，扫描速度为2°/min，扫描范围2θ=5°～90°。

4.1.2　XRD 图谱处理与参数计算

本节采用 Jade 软件对实验得到的 XRD 图谱进行处理，处理后各煤样的 XRD 图谱如图 4-2 ~ 图 4-5 所示。

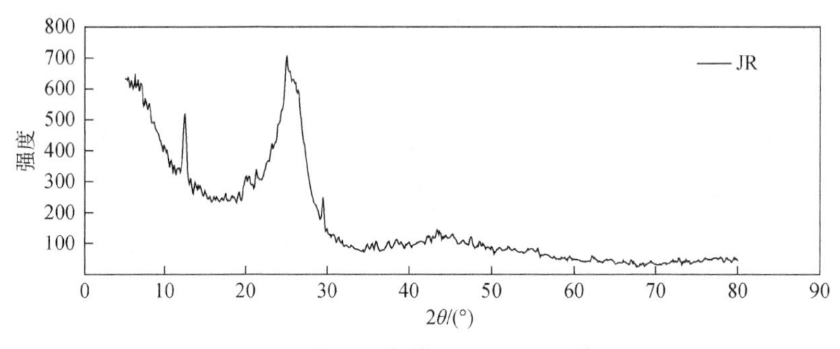

图 4-2　九里山软煤（JR）XRD 谱图

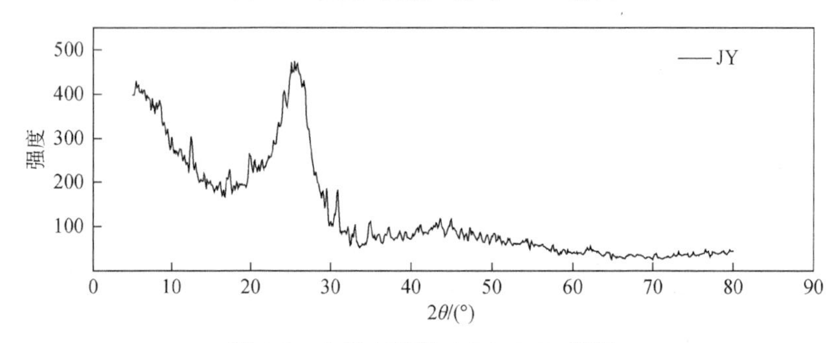

图 4-3　九里山硬煤（JY）XRD 谱图

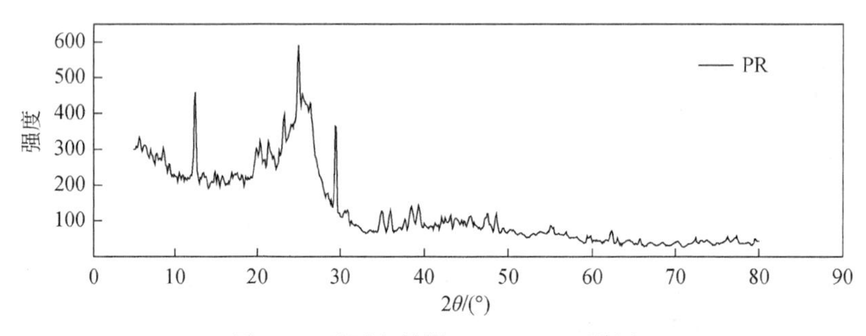

图 4-4　平顶山软煤（PR）XRD 谱图

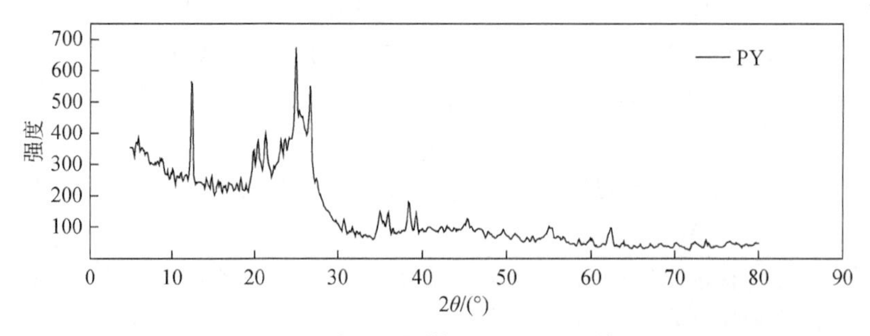

图 4-5　平顶山硬煤（PY）XRD 谱图

图4-2～图4-5四种煤样的XRD谱图表明，四种煤皆有明显的衍射峰，并且衍射峰的位置都很相似，这说明煤具有明显晶体特征，并且说明这几种煤的类晶体结构是相近的。观察XRD图谱，发现随着变质程度的提高谱图中的杂峰越来越少，峰的强度越来越明显。衍射峰主要集中在20°～30°和40°～50°，分别表示煤的002晶面衍射和101晶面衍射。如图4-6所示，观察两组不同变质程度的软硬煤可以发现，无烟煤的峰形饱满、突出，符合抛物线形状，甚至具有对称性，远好于1/3焦煤。并且软煤的峰形明显好于硬煤，杂峰少，峰的强度也大。由图4-7可知，除去杂峰和异常峰的影响，可以明显看出002峰的强度，随着变质程度的降低而降低。由图4-8可以看出，煤的002峰随着变质程度的不同发生偏移，四种煤的峰位置分别如下：九里山软煤（26.143°）>九里山硬煤（24.997°）>平顶山软煤（24.889°）>平顶山硬煤（24.874°）（表4-1）。通过分峰拟合（图4-9）之后九里山软硬煤、平顶山软硬煤的002峰强度分别是655.55、460.70、463.26、488.85。

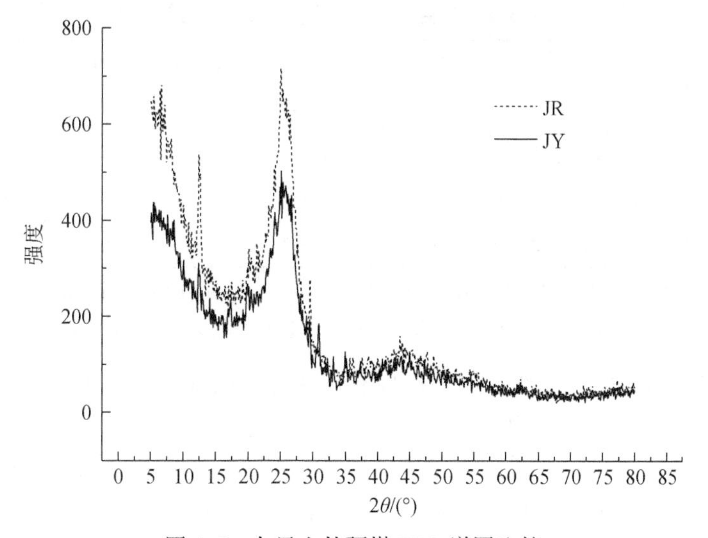

图4-6　九里山软硬煤XRD谱图比较

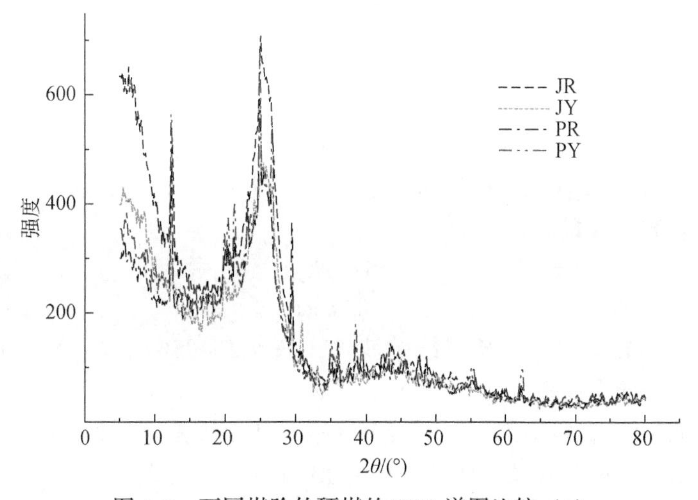

图4-7　不同煤阶软硬煤的XRD谱图比较（1）

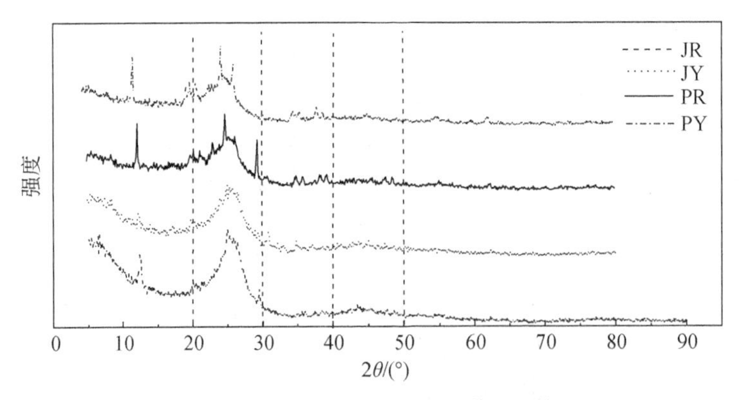

图 4-8　不同煤阶软硬煤的 XRD 谱图比较（2）

表 4-1　各变质程度软硬煤 XRD 参数

煤样名称	$2\theta_{002}$/(°)	$2\theta_{101}$/(°)	$\Delta\delta_{002}$/(°)	$\Delta\delta_{101}$/(°)	d_{002}/nm	L_a/nm	L_c/nm	L_a/L_c	N	n
九里山软煤	26.143	47.501	3.2191	4.6003	0.3406	3.8572	2.5336	1.5224	7.4387	220.089
九里山硬煤	24.997	43.603	3.6212	5.5792	0.3559	3.1353	2.2471	1.3953	6.3131	145.416
平顶山软煤	24.889	47.500	2.9023	6.3181	0.3575	2.8084	2.8031	1.0019	7.8417	116.673
平顶山硬煤	24.874	45.397	3.2243	9.2808	0.3577	1.8970	2.5231	0.7518	7.0541	53.234

注：$2\theta_{002}$、$2\theta_{101}$分别为 002 峰、101 峰所对应的衍射角；$\Delta\delta_{002}$、$\Delta\delta_{101}$分别为 002 峰、101 峰的半高宽；d_{002}为 002 晶面网面间距；L_c 为芳香层堆砌度；L_a 为芳香碳环延展度；N 为芳香层层数；n 为芳香层芳香环个数

煤的类晶体结构是由芳香碳环层一层层有规律地堆叠而成的，并且结构具有周期性和固定性，是煤的主要结构，这部分叫作煤的基本结构单元，其大小取决于芳香碳环的个数、芳香层的层数及层间距。通过 X 射线衍射实验，通常可以得到芳香层片的面网间距 d_{002}、芳香层堆砌度 L_c 及芳香碳环延展度 L_a。d_{002}可以用布拉格公式求得，L_a 和 L_c 通过谢乐公式求得。

$$d_{002}=\frac{\lambda}{2\sin\theta_{002}} \tag{4-2}$$

式中，λ 为 X 射线的波长，取值 0.15405nm；θ_{002}为衍射峰所对应的衍射角。

$$L_c=\frac{57.3K_c\lambda}{\Delta\delta_{002}\cos\theta_{002}} \tag{4-3}$$

式中，K_c为常数，取 0.9；λ 为 X 射线的波长，取 0.15405nm；θ_{002}为 002 峰所对应的衍射角；$\Delta\delta_{002}$为 002 峰的半高宽。

$$L_a=\frac{57.3K_a\lambda}{\Delta\delta_{101}\cos\theta_{101}} \tag{4-4}$$

式中，K_a为常数，取 1.84；λ 为 X 射线的波长，取 0.15405nm；θ_{101}为 101 峰所对应的衍射角；$\Delta\delta_{101}$为 101 峰的半高宽。

利用 Jade 软件对 X 射线衍射谱图进行分峰拟合和寻峰处理（图 4-9、图 4-10），利用寻峰报告里的数据和谢乐公式求得四种煤样的 XRD 参数，见表 4-1。

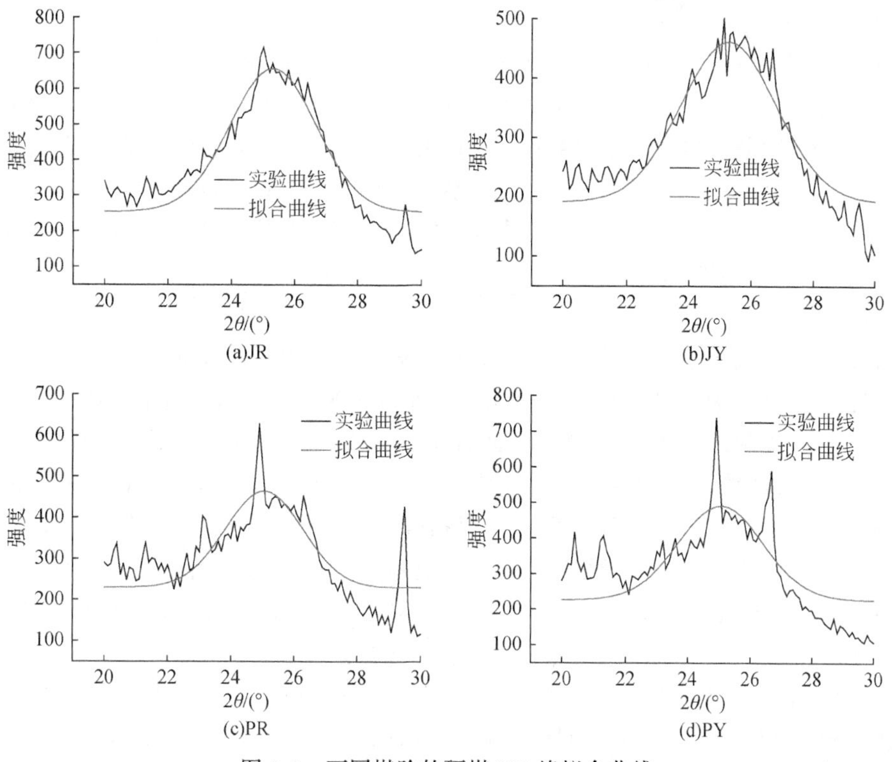

图 4-9　不同煤阶软硬煤 002 峰拟合曲线

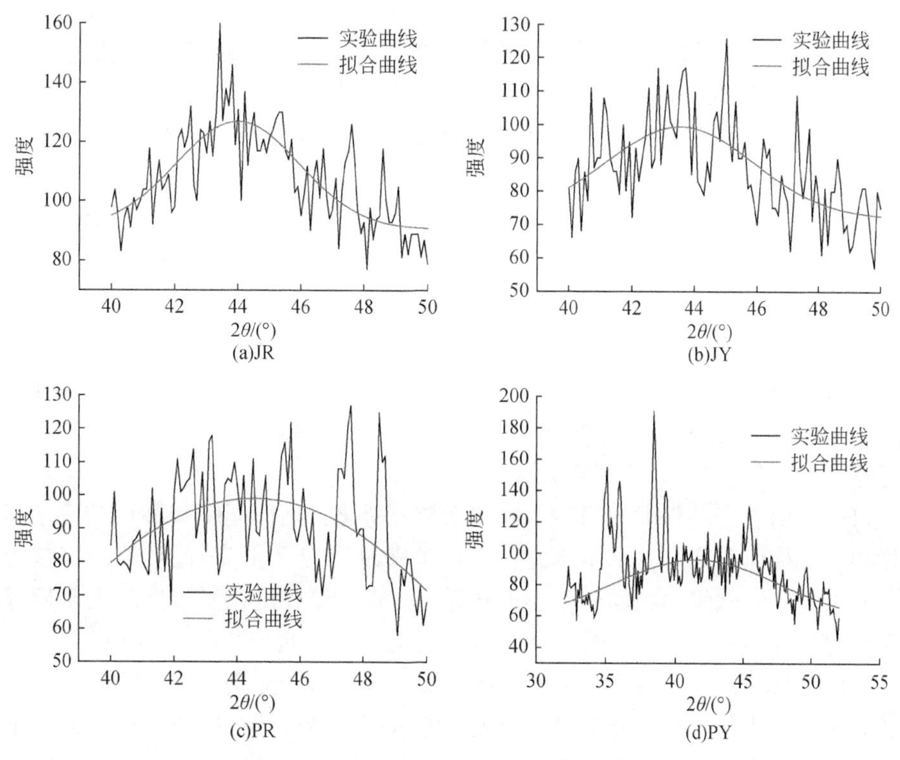

图 4-10　不同煤阶软硬煤 101 峰拟合曲线

1）面网间距 d_{002}

观察图4-7、图4-8 和表4-1 可以看出，随着变质程度的增加，峰形明显的002 峰逐渐向右偏移，由24. 874°到26. 143°，逼近标准石墨的002 峰位26. 6°。并且002 峰对应的面网间距 d_{002} 随着变质程度的增加而减小，由0. 3577nm 到0. 3406nm，逐渐逼近石墨模型的0. 335nm。并且同种煤阶中，软煤的面网间距小于硬煤：0. 3406nm<0. 3559nm、0. 3575nm<0. 3577nm。面网间距的减小，代表着煤晶核结构的缩聚与紧密，表明了芳香层缩聚，单元结构发育良好，煤化度升高。

2）延展度 L_a

延展度 L_a 代表煤晶核中芳香层片的大小，反映了芳香层片发育的程度。不同变质程度煤的 L_a 差别很大，从表4-1 中可以看出：最小的1. 8970nm，最大的3. 8572nm，延展度 L_a 随着变质程度增加而增大。同时 n 也体现了芳香层片的大小，它代表芳香层芳香环个数，反映了晶核结构的芳构化程度。煤阶的不同，构造变形的不同，都使 n 的值发生变化，变化范围为10 ~45。说明随着变质作用和构造应力增强，煤中的芳香碳环侧链掉落，相邻碳环之间以共价键形式重新相连，基本单元的延展度增加，晶核变大。对比明显的是九里山软硬煤，虽同是无烟煤，但是由于软煤经历了强烈的构造作用，软硬煤的延展度和芳香层芳香环个数相差很大，软煤每层的芳香环个数是硬煤的1. 5 倍左右，延展度也相差了0. 7129nm。但是同煤阶的平顶山软硬煤却没有如此大的差别，分析原因可能是这两种煤都经历了构造变形，并且构造类型相差不大，所以基本单元差距没有九里山的大。同种煤阶中，软煤的延展度均大于硬煤（表4-1）：3. 8572nm>3. 1353nm；2. 8084nm>1. 8970nm。

3）堆砌度 L_c

堆砌度 L_c 代表煤晶核垂直于芳香层方向上的尺寸，表示晶核的“厚度”。观察表4-1 发现，不同煤阶的 L_c 差别不大，但是查询前人数据发现 L_c 在1. 1 ~6. 4nm，没有大于6. 4nm 的，随着变质程度提高，L_c 增大。N 代表芳香层层数，N 的范围为2. 24 ~11. 35，随变质程度提高而增大。由于实验样品的有限，不能显示上述结论。但是通过比较同煤阶软硬煤发现：软煤的堆砌度和芳香层层数均大于硬煤。因为，虽然堆砌度相差不大，但是软煤层间距也比硬煤小，随意堆砌的层数软煤大于硬煤，这与软煤经历构造应力强烈揉搓变形，导致分子变形缩聚有关。

4）L_a/L_c

L_a/L_c 代表晶核的大小，软煤的 L_a/L_c 大于硬煤，说明软煤比硬煤更“扁平化”。观察表4-1 可知，随着变质程度的增大，L_a/L_c 也随之增大，越来越扁平化，横向有序性发展。随着破坏程度的增加，L_a/L_c 逐渐变大。

综上可知，随着变质程度的增加，煤越来越石墨化，网面间距减小，结构紧凑，结构有序性增强，晶体体积变大，基本单元变大，越来越“扁平化”。比较软硬煤差别，发现同一种煤阶的煤中，软煤的网面间距小于硬煤，软煤的堆砌度、延展度均大于硬煤，这一点也说明软煤的变质程度大于硬煤。观察芳香层层数 N 发现变化不大，仅仅是软煤略大于硬煤，而不同变质程度煤的芳香层芳香环的个数 n 却有很大差别，受不断的变质作用和构造应力的影响，煤中的芳香环侧链及官能团相继脱落，芳香环之间发生缩合，分子之间重排、密集，因此芳香环个数增加，基本单元结构不断增大。同时随着构造应力的加强，

d_{002}减小，L_a、L_c、L_a/L_c 增大，呈明显规律性变化，说明应力对纳米级结构具有很大影响。同时也说明 d_{002}、L_a、L_c、L_a/L_c 可以作为构造作用强弱的判断标准。

构造应力和变质作用影响着煤的大分子结构。通过计算煤样的煤化度 p 可知 0.9163>0.6699>0.6441>0.6409（九里山软煤>九里山硬煤>平顶山软煤>平顶山硬煤），其中九里山软煤远大于其他三种煤，甚至远远大于同煤阶的硬煤。煤化度是用来定量描述煤化过程中的微晶结构变化的参数，反映了煤中芳香层与脂肪层的堆积程度比。另外，并不是煤阶越高，煤化度越高，还要取决于煤所经历的构造变形与变质变形。比较表 4-1 中数据，发现同种煤阶，破坏程度越高的煤，其分子结构变化也大，煤化程度越明显，芳构化越突出，如九里山硬煤，虽然是无烟煤但是其煤化度与焦煤相差不大，网面间距、堆砌度、层数竟与焦煤软煤相差无几。反观九里山软煤，破坏类型Ⅳ～Ⅴ类，坚固性系数 0.14，与硬煤同种煤阶，但是其煤化度及晶格参数远大于硬煤。为何九里山软硬煤差距这么明显呢？通过查询地质资料，九里山矿区历史上经历多次构造运动，多处有发育明显的断层，局部出现褶皱，但该区域也有走向平缓、层结构简单、构造应力较弱区域。在从低阶煤向高阶煤发展过程中，形成了结构差异巨大的原生结构煤和构造煤，构造应力的作用使无烟硬煤向软煤演化。但是同煤阶的平顶山软硬煤的差距就没有那么大了，因为它们的破坏类型软煤是糜棱煤、硬煤是碎裂煤，而且坚固性系数都差别并不明显，所以无论是 BSU 结构还是煤化度都没有明显的差别。从而可以认为构造应力对煤大分子机构 BSU 的影响要大于变质作用的。

煤的变质程度不但受变质作用的影响，还受构造应力的作用的影响。构造应力作用下，煤的物理结构和大分子结构均发生变化。应力作用使煤的网面间距减小，堆砌度、延展度增大，晶核变大，煤化程度提高。与其说随着变质程度的提高，晶核侧链掉落、缩聚，石墨化、芳构化增强，倒不如说应力作用有助于煤变质程度的提高。这就是我们所说的动力变质作用，普遍认为构造软煤的变质程度大于同煤阶的硬煤，而且动力变质作用使煤结构发生超前演化。

巨大的结构差异必定导致软硬煤的瓦斯吸附性能的巨大差异，因此对煤矿的瓦斯突出鉴定与防治要区别对待。对构造变形强烈的区域和较弱的区域，以及它们之间的过渡区要分区测量、分区治理，不可一概用硬分层的瓦斯含量和压力代表软分层，也不可在所有区域采用相同的瓦斯抽采措施和防治措施。

4.2 傅里叶红外光谱

4.2.1 傅里叶红外光谱实验原理

当红外光照射到分子表面时，官能团中化学键由于振动转动会吸收相应波长的红外光，从而穿过样品的红外光必定携带样品中分子结构的信息，通过对红外光谱的解析，可以定性定量地分析样品中官能团及所含元素的情况。

该设备原理是先通过光阑、干涉仪等光学仪器使发射的红外光源产生干涉光，然后干涉光通过分束器照射到样品上，通过样品的干涉光会携带样品的结构信息，通过对信息进行收集及对其进行傅里叶变换，从而得到吸光强度与波数的显微傅里叶红外光谱图，如图4-11所示。

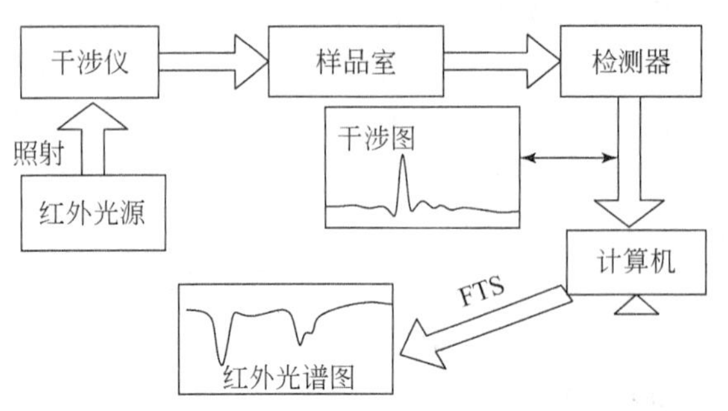

图4-11　傅里叶红外光谱实验原理图

4.2.2　数据处理

由表4-2可知煤的红外光谱谱图中所反映的官能团区域主要有四部分：羟基（—OH）吸收峰带（3650～3000cm^{-1}）、脂肪烃（—CH_3、—CH_2）吸收峰带（3000～2700cm^{-1}）、含氧官能团（C═O、—COOH、C—O）吸收峰带、芳香烃（苯环中—CH）吸收峰带。根据前人的研究，煤中各官能团所对应的峰带见表4-2。

表4-2　煤分子中各官能团的FTIR吸收峰归属（孙旭光等，2002）

序号	吸收峰波数/cm^{-1}		吸收峰的振动形式及其对应结构
	位置	波动范围	
1	3516	3600～3510	羟基—OH和π键形成的氢键
2	3400	3500～3370	自由缔合的羟基—OH形成的氢键
3	3300	3350～3310	羟基—OH和醚中的氧形成的氢键
4	3200	3230～3190	呈环状紧密缔合的羟基—OH形成的氢键
5	3150	3180～3100	羟基—OH和N原子形成的氢键
6	2955	2975～2950	环烷或脂肪族中的甲基—CH_3反对称伸缩振动
7	2920	2935～2915	环烷或脂肪族中的亚甲基—CH_2反对称伸缩振动
8	2896	2910～2890	次甲基—CH的振动
9	2870	2875～2860	甲基—CH_3对称伸缩振动
10	2850	2860～2840	环烷或脂肪族中的次甲基—CH对称伸缩振动
13	1700	1715～1690	羧基—COOH的伸缩振动
14	1675	1690～1660	醌基中C═O的伸缩振动
15	1600	1605～1595	芳香烃中C═C的伸缩振动，是苯环的骨架振动
16	1560	1560～1500	芳香环中—COO—的振动

续表

序号	吸收峰波数/cm^{-1}		吸收峰的振动形式及其对应结构
	位置	波动范围	
17	1440	1480～1435	甲基—CH_3、亚甲基—CH_2的振动
18	1380	1385～1370	甲基—CH_3对称弯曲振动
19	1276	1338～1260	芳基醚中 C—O 的振动
20	1180	1200～1120	羟基苯、醚中 C—O 的伸缩振动
21	1110	1120～1080	仲醇、醚中 C—O 的振动
22	1030	1060～1020	Si—O—Si 或 Si—O—C 的伸缩振动
23	995	1020～970	灰分
24	950	979～921	羧酸中—OH 的弯曲振动
25	870	900～850	单个 H 原子被取代的苯环中—CH 的面外变形振动
26	820	825～800	3 个相邻 H 原子被取代的苯环中—CH 的面外变形振动
27	750	770～730	5 个相邻 H 原子被取代的苯环—CH 的面外变形振动
28	720	740～730	正烷烃侧链上骨架（—CH_2）n 的面内摇摆振动

借助 OMNIC 软件进行红外光谱的分峰拟合，针对红外光谱的特征，分别对以下波数范围内的谱图进行分峰拟合：3650～3000cm^{-1}、3000～2700cm^{-1}、1800～1000cm^{-1}和 900～700cm^{-1}，分别对应煤中羟基、脂肪烃、含氧官能团和芳香结构的变化规律。

通过图 4-12 对比发现，随着煤阶的上升某些谱图峰值和面积发生规律性改变，这体现出官能团在煤变质演化及构造应力作用过程中官能团的演化。通过图 4-13 也发现了与对比图相同的变化特征，这就表明构造应力对煤官能团有一定的改变作用，并且构造应力对煤的变质有促进作用。

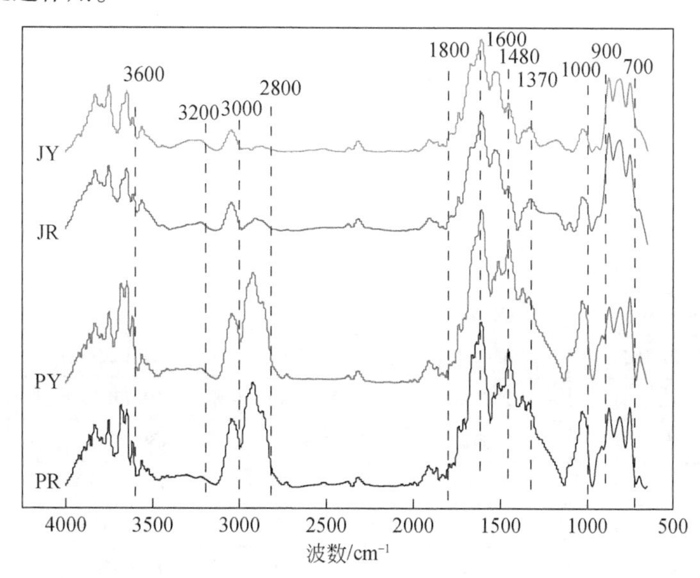

图 4-12　不同煤阶软硬煤 FTIR 谱图对比

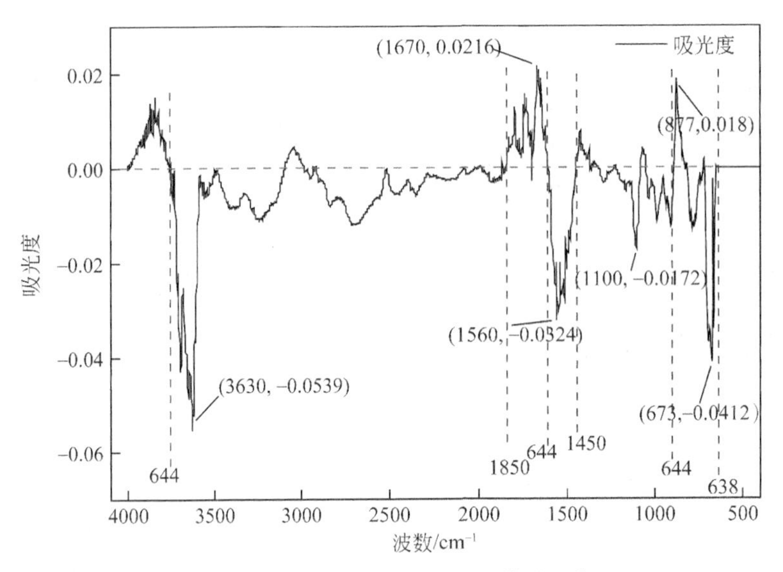

图 4-13　平顶山软硬煤 FTIR 谱图差谱

4.2.3　傅里叶红外光谱图处理

将各煤样的傅里叶红外光谱图分成四个波段（3650～3000cm^{-1}、3000～2700cm^{-1}、1800～1000cm^{-1}和 900～700cm^{-1}），对每个波段进行分峰拟合，并依据表中信息找到每个波段里的特征峰，并标出每个特征峰所代表的官能团。根据拟合所得信息，得到各个峰的位置、面积、峰高、峰宽和归属（表 4-3）。

表 4-3　煤样羟基基团分峰拟合结果

煤样	峰位/cm^{-1}	面积	峰高	峰宽	归属
平顶山软煤	3618.7848	2.6553	0.1063	19.9364	自由羟基氢键
	3559.9981	4.7604	0.0553	68.7309	羟基-π 氢键
	3416.3002	10.5568	0.0433	194.5491	自缔合羟基氢键
	3303.4799	2.1302	0.0205	82.7902	醚羟基
	3203.3543	4.4896	0.0361	99.2663	环状羟基氢键
	3037.0362	18.1291	0.1770	81.7288	羟基-N 氢键
平顶山硬煤	3620.1652	4.6120	0.1591	23.1320	自由羟基氢键
	3557.1588	5.7334	0.0656	69.7387	羟基-π 氢键
	3415.2671	7.6926	0.0439	139.8256	自缔合羟基氢键
	3282.5149	5.5364	0.0378	117.0183	醚羟基
	3192.9948	3.3948	0.0312	86.6964	环状羟基氢键
	3036.2768	18.0801	0.1759	82.0069	羟基-N 氢键

续表

煤样	峰位/cm^{-1}	面积	峰高	峰宽	归属
九里山软煤	3569.3553	3.3587	0.0622	43.0840	羟基-π 氢键
	3517.2771	2.6041	0.0376	55.2888	羟基-π 氢键
	3443.0457	0.5855	0.0121	38.7172	自缔合羟基氢键
	3277.6627	3.0800	0.0163	150.5569	醚羟基
	3218.4990	0.5086	0.0093	43.6775	环状羟基氢键
	3047.0147	4.6713	0.0663	56.2476	羟基-N 氢键
九里山硬煤	3564.4702	0.5369	0.0221	19.3993	羟基-π 氢键
	3552.0063	4.5886	0.0343	106.6031	羟基-π 氢键
	3291.0891	3.9707	0.0223	142.0770	醚羟基
	3220.8520	0.7303	0.0101	57.8337	环状羟基氢键
	3047.2537	3.2805	55.3820	0.0473	羟基-N 氢键

1）羟基官能团定量分析

图 4-14为 3650 ~ 3000cm^{-1} 波段，煤样分峰拟合图和拟合结果汇总。在 3600 ~ 3000cm^{-1}波段，存在的特征峰主要对应六种羟基官能团：自由羟基、羟基-π、自缔合羟基、醚羟基、环状羟基、羟基-N。由表 4-4 可知，随着煤阶升高，羟基官能团在减少，并且软煤的羟基含量均低于硬煤。平顶山硬煤羟基含量是九里山软煤的 4.44 倍，同煤阶中硬煤羟基含量平均是软煤的 1.174 倍。在高阶无烟煤中，有些羟基官能团甚至完全掉落缺失了，如九里山软硬煤。可见在煤变质和构造应力作用过程中煤的羟基官能团均会脱落。官能团脱落是在煤化过程中发生的，不同的构造应力使煤分子结构发生降解作用，导致官能团脱落。同时羟基使煤表面具有较强的吸水性，所以羟基含量高的煤含水量也较大，因此也降低了其吸附瓦斯的能力。同时实验中研究发现：含氧官能团具有亲水性，含氧官能团易于与水结合形成氢键，导致孔表面形成水膜，同时含氧官能团与水分子、水分子与水膜之间的不断结合，导致孔的亲水性进一步加强，水膜变厚，在微孔中出现毛细现象，导致孔内吸水增加，吸附甲烷减少。有学者研究认为酸性含氧官能团对煤的吸水性影响较大。孙文晶（2013）研究表明，当煤表面不含—OH 或—COOH 时，煤与 CH_4 相互作用能>含有—OH 时>含有—COOH 时。由此可知，羟基和羧基会降低煤对甲烷的吸附能力。

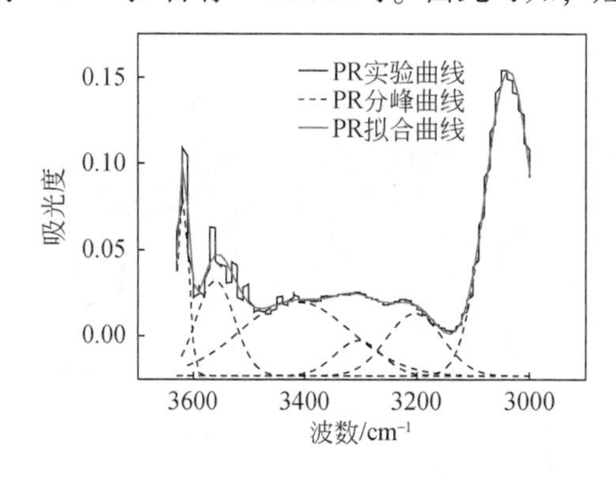

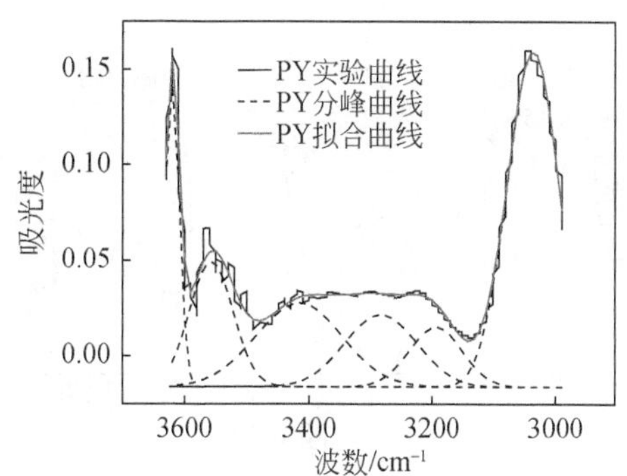

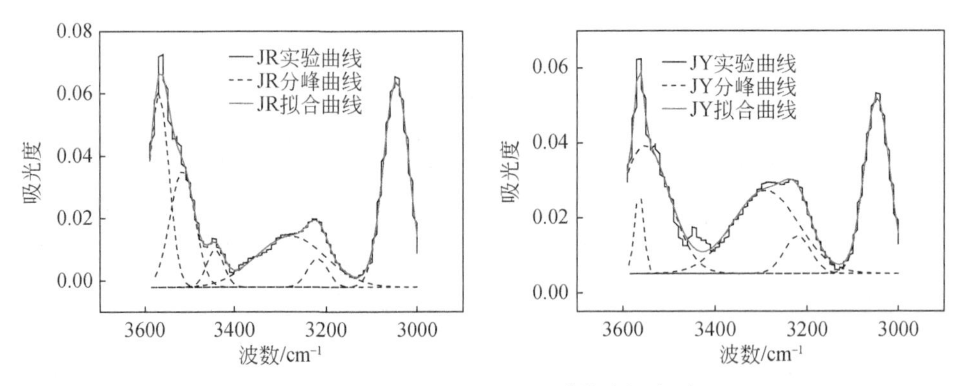

图 4-14 煤样 3600～3000cm^{-1}分峰拟合图

表 4-4 煤样羟基总量

煤样	V_{ad}/%	M_{ad}/%	羟基总量
平顶山硬煤	19. 15	6. 15	45. 0493
平顶山软煤	16. 92	4. 65	42. 7214
九里山硬煤	6. 96	1. 32	13. 107
九里山软煤	6. 38	1. 02	10. 1368

2）脂肪烃定量分析

图 4-15 为 3000～2800cm^{-1}波段，煤样分峰拟合图和拟合结果汇总。

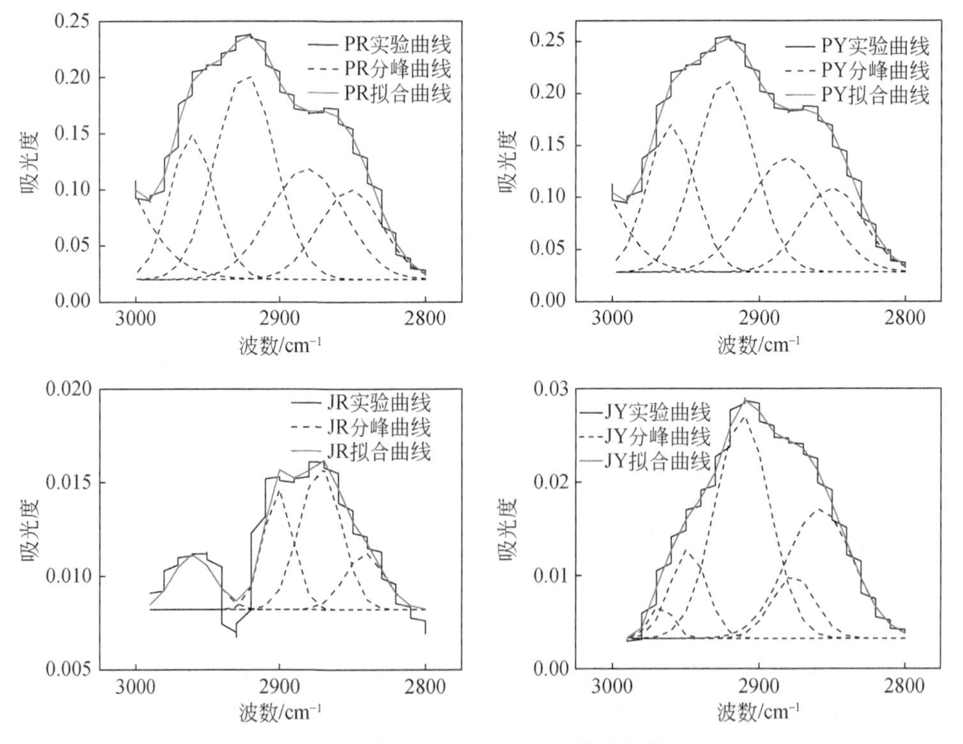

图 4-15 煤样 3000～2800cm^{-1}分峰拟合图

在 3000 ~ 2800cm^{-1}波段，存在的特征峰主要对应三种脂肪烃官能团：甲基、亚甲基、次甲基。如图 4-15 所示，九里山软硬煤在各特征峰的峰值均低于平顶山煤样，而且以 2910cm^{-1}为中心，两边的峰都衰减迅速，快于中间峰位，即煤阶越高脂肪烃含量越少，亚甲基的掉落慢于其他脂肪烃。煤的脂肪烃含量可以用波峰面积表征，由表 4-5 可知，该波段软煤的脂肪烃含量均低于硬煤。由表 4-6 可知，无烟煤软煤中脂肪烃的含量（脂肪烃含量为—CH_3、—CH_2—、—CH 之和）很少，仅有 1.1658，无烟硬煤含量为 7.402，是软煤的 6.349 倍。平顶山煤样脂肪烃含量硬煤是软煤的 1.2371 倍。可见同煤阶，构造应力作用强烈的九里山软煤脂肪烃含量迅速降低，可见不同构造应力对煤脂肪烃的脱落有明显差别。平顶山煤样脂肪烃平均含量为 32.19945，九里山煤样为 4.2839，前者是后者的 7.5164 倍。这说明煤的变质作用对煤中脂肪烃影响明显，脂肪烃的掉落促进了煤的芳构化与大分子结构的缩聚，提高了晶核的芳香度。

表 4-5 煤样脂肪烃分峰拟合结果

煤样	峰位/cm^{-1}	面积	峰高	峰宽	归属
平顶山软煤	2960.2552	5.0073	0.1289	31.0053	—CH_3反对称伸缩振动
	2923.4540	15.2791	0.1831	40.4337	—CH_2—反对称伸缩振动
	2881.3614	6.2952	0.0986	50.9456	—CH 的振动
	2851.4803	4.3074	0.0800	42.9800	—CH 对称伸缩振动
平顶山硬煤	2966.4864	0.0709	0.0037	15.4337	—CH_3反对称伸缩振动
	2960.0503	5.7547	0.1423	32.2699	—CH_3反对称伸缩振动
	2923.2749	9.6106	0.1952	39.6922	—CH_2—反对称伸缩振动
	2881.3179	7.1139	0.1102	51.5152	—CH 的振动
	2849.8062	4.2914	0.0812	42.1469	—CH 对称伸缩振动
九里山硬煤	2959.4207	0.1043	0.0030	28.0005	—CH_3反对称伸缩振动
	2948.3764	0.2931	0.0096	24.3769	—CH_3反对称伸缩振动
	2911.5068	3.1146	0.0439	37.2018	—CH_2—的振动
	2876.4444	0.2473	0.0068	29.1979	—CH_3对称伸缩振动
	2858.5293	0.7989	0.0139	45.8566	—CH 对称伸缩振动
九里山软煤	2959.4207	0.1043	0.0030	28.0005	—CH_3反对称伸缩振动
	2911.9437	0.5204	0.0198	35.1665	—CH_2—的振动
	2901.1617	0.1663	0.0064	20.6335	—CH 的振动
	2872.3353	0.2677	0.0076	27.9764	—CH_3对称伸缩振动
	2841.7920	0.1071	0.0030	27.6581	—CH 对称伸缩振动

表 4-6 煤官能团拟合峰面积分布

煤样	—OH	—CH_3	—CH_3和—CH_2—	—CH	—CH_2—	C=O	C=C	—COOH	酚、醇、醚、脂的 C—O	苯环中—CH
平顶山硬煤	45.0493	14.5957	19.7343	11.4053	9.6106	11.3036	17.4496	8.7960	12.6923	14.5641

续表

煤样	—OH	—CH_3	—CH_3和—CH_2—	—CH	—CH_2—	C═O	C═C	—COOH	酚、醇、醚、脂的 C—O	苯环中—CH
平顶山软煤	42.7214	8.9056	23.1078	10.6026	9.2791	9.9914	17.4551	8.2304	13.5493	17.1629
九里山硬煤	13.107	2.3739	3.9746	1.9135	3.1146	8.0149	30.5858	1.5519	11.0026	17.2672
九里山软煤	10.1368	0.372	4.2882	0.2734	0.5204	5.3247	30.8898	0.512	11.1386	22.1926

3）含氧官能团定量分析

图 4-16 是 1800～1000cm^{-1}波段，煤样分峰拟合图和拟合结果汇总。

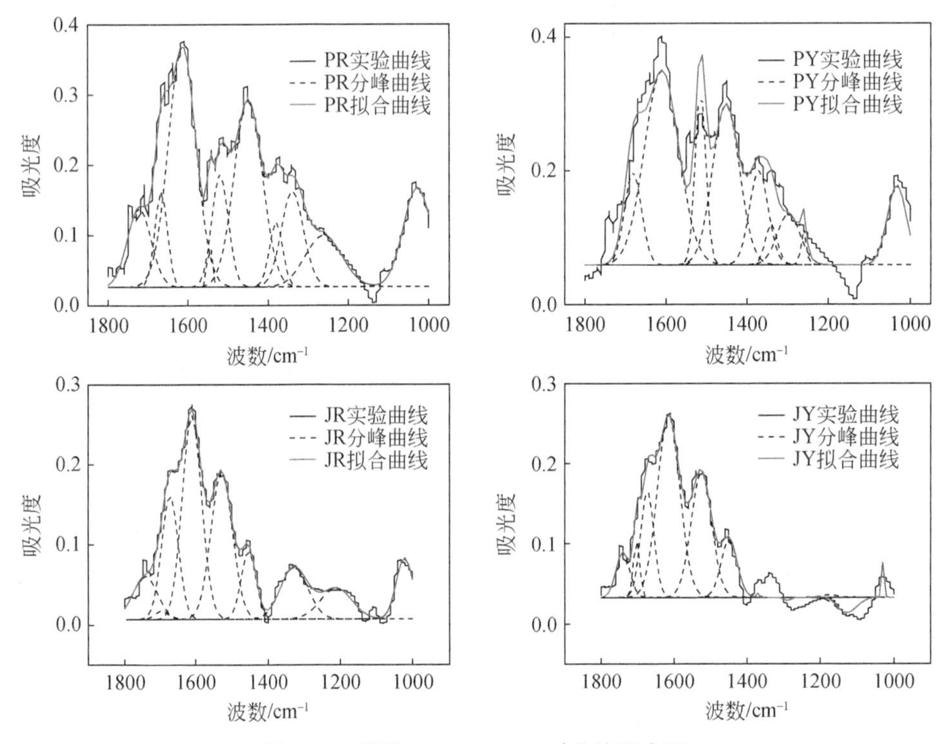

图 4-16　煤样 1800～1000cm^{-1}分峰拟合图

在 1800～1000cm^{-1}波段，煤的主要含氧官能团有四类：羧基、羰基、醌基、醚键，在 1610cm^{-1}位置处存在芳香烃 C═C 伸缩振动。由图 4-16 可知，整个波段九里山煤的对应波峰均低于平顶山煤，在 1380～1030cm^{-1}，九里山煤明显降低，在此区间存在主要存在酚、醇、醚、脂的 C—O 官能团，随着煤阶的升高，C—O 官能团含量由 13.5493 降低到 11.0026（表 4-6、表 4-7），但是同煤阶软煤的含量大于硬煤。这是因为煤中 C═O 键在构造应力作用时，双键断裂与芳香环结合生成芳香醚，比较表 4-7 中可发现随着变质程度升高，C═O 键减少，而芳基醚增多，所以才出现同煤阶中软煤酚、醇、醚、脂的 C—O 官能团含量大于硬煤。区间内最明显的峰位为 1610cm^{-1}位置，代表了芳香烃 C═C 伸缩振动，由

表 4-6 可知，随着变质程度的提高，其含量由 17. 4496 升高到 30. 8898，软煤含量大于硬煤，并且图谱中九里山无烟煤中的杂峰较少，明显的峰都集中在 1610cm^{-1}位置。综上可知，煤在变质过程中，脂肪烃脱落，生成小分子烃类，进一步的煤化作用和构造应力作用，使大分子烃和小分子烃发生聚合反应，从而使煤的大分子结构变大，芳香化程度更高。

表 4-7　煤样含氧官能团吸收峰分峰拟合结果

煤样	峰位/cm^{-1}	面积	峰高	峰宽	归属
平顶山软煤	1723. 3667	6. 2304	0. 1128	40. 2272	CH_3COOAr 中的 C═O
	1668. 8171	3. 7610	0. 1369	23. 2520	醌基中 C═O 伸缩振动
	1614. 7472	17. 4551	0. 2540	54. 8291	芳香烃 C═C 伸缩振动
	1544. 7256	1. 5059	0. 2092	5. 7437	芳香环中 COO—振动
	1518. 1472	8. 1845	0. 1609	40. 5811	芳香环中 COO—振动
	1448. 6204	19. 7343	0. 2410	65. 3467	—CH_3、—CH_2—的振动
	1379. 5926	3. 8983	0. 0933	33. 3439	甲基—CH_3对称弯曲振动
	1337. 9934	5. 3154	0. 0770	55. 0994	芳基醚中 C—O 的振动
平顶山软煤	1260. 4607	8. 2339	0. 0740	88. 7279	芳基醚中 C—O 的振动
	1027. 3232	12. 2634	0. 1410	69. 3845	Si—O—Si 或 Si—O—C 的伸缩振动
平顶山硬煤	1721. 9436	3. 0878	9. 4727	0. 2759	CH_3COOAr 中的 C═O
	1681. 1912	8. 2158	0. 1389	46. 4390	醌基中 C═O 伸缩振动
	1610. 3448	17. 4496	0. 2273	61. 2586	芳香烃 C═C 伸缩振动
	1542. 0063	0. 0429	0. 0051	6. 7302	芳香环中 COO—振动
	1514. 4201	8. 5731	0. 2616	26. 1455	芳香环中 COO—振动
	1451. 7241	23. 1078	0. 2685	68. 6774	—CH_3、—CH_2—的振动
	1370. 8464	8. 1320	0. 1407	46. 1104	甲基—CH_3对称弯曲振动
	1340. 1254	2. 2467	0. 0613	29. 2488	羰基—CH_2—C—O 伸缩振动
	1297. 4922	9. 6120	0. 1374	55. 8125	芳基醚中 C—O 的振动
	1260. 5016	0. 8336	0. 0535	12. 4322	芳基醚中 C—O 的振动
	1032. 9154	6. 9927	0. 1190	46. 8900	Si—O—Si 或 Si—O—C 的伸缩振动
九里山软煤	1743. 8527	1. 9614	0. 0538	36. 6050	CH_3COOAr 中的 C═O
	1697. 1844	0. 5120	0. 0109	37. 5427	羧基—COOH 的伸缩振动
	1673. 6617	3. 3633	0. 1549	21. 2468	醌基中 C═O 的伸缩振动
	1610. 7110	30. 8898	0. 2913	84. 6216	芳香烃 C═C 伸缩振动
	1527. 7427	13. 4945	0. 1836	58. 6489	芳香环中 COO—的振动
	1454. 2959	3. 9746	0. 0725	43. 7684	—CH_3、—CH_2—的振动
	1326. 6397	6. 1046	0. 0648	75. 1737	芳基醚中 C—O 的振动
	1295. 6113	0. 8732	4. 2090	0. 1655	芳基醚中 C—O 的振动
	1210. 8442	4. 1608	0. 0386	85. 9129	羟基苯、醚中 C—O 的缩振动
	1021. 3002	4. 3364	0. 0762	45. 4048	Si—O—Si 或 Si—O—C 的伸缩振动

续表

煤样	峰位/cm^{-1}	面积	峰高	峰宽	归属
九里山硬煤	1740. 4776	2. 3411	0. 0507	37. 1350	CH_3COOAr 中的 C ═O
	1702. 7928	1. 5519	0. 0737	16. 8044	羧基—COOH 的伸缩振动
	1673. 3588	5. 6737	0. 1241	34. 1473	醌基中 C ═O 的伸缩振动
	1614. 6750	30. 5858	0. 3444	70. 8504	芳香烃 C ═C 伸缩振动
	1524. 7497	10. 9723	0. 1570	55. 7638	芳香环中 COO—的振动
	1448. 5889	4. 2882	0. 0853	40. 1129	—CH_3、—CH_2—的振动
	1366. 8485	1. 7292	0. 9479	1. 7382	甲基—CH_3 对称弯曲振动
	1330. 3692	10. 8528	0. 1053	54. 7896	芳基醚中 C—O 的振动
	1174. 6397	0. 1498	0. 0033	36. 6467	羟基苯、醚中 C—O 的伸缩振动
	1027. 2615	0. 6350	0. 1428	3. 5473	Si—O—Si 或 Si—O—C 的伸缩振动

4）芳香结构定量分析

图 4-17 是 900 ~ 700cm^{-1} 波段，煤样分峰拟合图和拟合结果汇总。

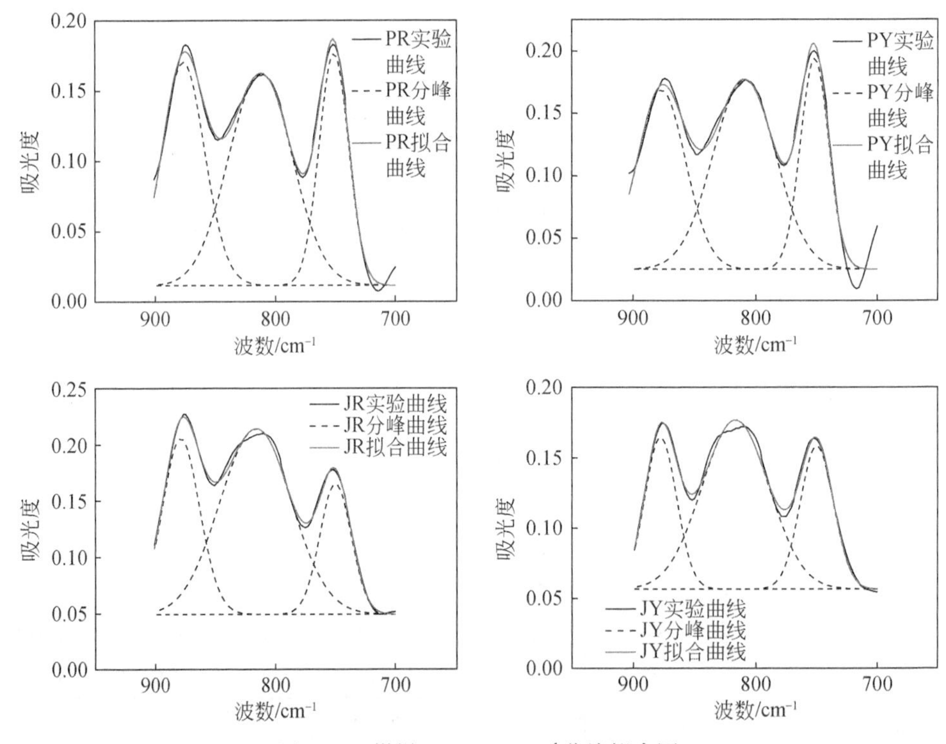

图 4-17 煤样 900 ~ 700cm^{-1} 分峰拟合图

通过图 4-17 可知，在 900 ~ 700cm^{-1} 波段，各煤样均只存在三个特征峰，对应的官能团是：单个 H 被取代的苯环中—CH、3 个相邻 H 被取代的苯环中—CH、5 个相邻 H 被取代的苯环中—CH。由表 4-8 可知，该阶段官能团含量代表煤的芳构化程度，根据表 4-6 可知，随着变质程度的提高，苯环中—CH 含量逐渐升高，并且同煤阶软煤含量大于硬煤，可见软煤的芳构化程度大于硬煤。

表 4-8　煤样芳香烃吸收峰分峰拟合结果

煤样	峰位/cm^{-1}	面积	峰高	峰宽	归属
平顶山软煤	876. 1034	5. 2685	0. 1589	26. 4896	单个 H 被取代的苯环中—CH
	811. 7735	7. 8818	0. 1510	35. 2148	3 个相邻 H 被取代的苯环中—CH
	751. 2210	4. 0126	0. 1649	20. 2593	5 个相邻 H 被取代的苯环中—CH
平顶山硬煤	876. 9139	4. 5102	0. 1434	25. 5658	单个 H 被取代的苯环中—CH
	809. 1996	6. 7273	0. 1521	31. 0303	3 个相邻 H 被取代的苯环中—CH
	751. 7274	3. 3266	0. 1688	17. 2872	5 个相邻 H 被取代的苯环中—CH
九里山软煤	878. 1743	6. 2542	0. 1564	31. 9058	单个 H 被取代的苯环中—CH
	816. 0242	12. 1930	0. 1652	58. 8963	3 个相邻 H 被取代的苯环中—CH
	750. 2074	3. 7453	0. 1160	25. 7645	5 个相邻 H 被取代的苯环中—CH
九里山硬煤	877. 5525	5. 5105	0. 1281	28. 9236	单个 H 被取代的苯环中—CH
	816. 6100	8. 2652	0. 1204	54. 7850	3 个相邻 H 被取代的苯环中—CH
	749. 8138	3. 4915	0. 1018	27. 3592	5 个相邻 H 被取代的苯环中—CH

通过图 4-18 可知，软煤的含氧官能团含量低于硬煤，如羟基、羧基含量软煤均小于硬煤。同时软煤的 C═C 多于硬煤，说明构造作用是芳香环发生缩合、晶核的芳香环增加。煤化过程中，脱落比较多的是羟基、羧基和脂肪烃类，而且不同煤阶间的变化较大。脂肪烃的脱落，导致碳环之间缩聚结合，从而使 C═C 增加，无烟煤明显多于焦煤。图 4-18 反映了，在煤化过程中，含氧官能团、脂肪烃等官能团的不断脱落，芳香结构的不断缩聚结合的过程，软煤的变化说明构造作用加速了这一煤化过程，使煤实现超前演化。

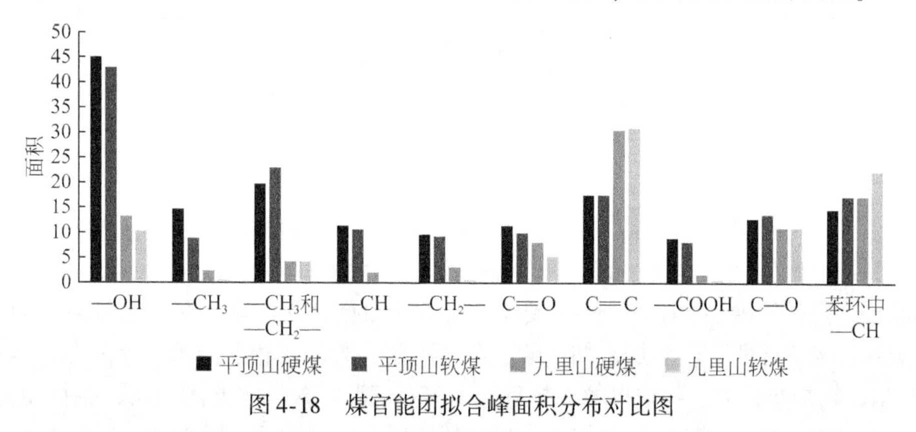

图 4-18　煤官能团拟合峰面积分布对比图

为了进一步表述煤分子结构的演化，采用峰面积比来表征煤各种官能团的演化规律。

脂肪链长程度：$I_1=A_{CH_2}/A_{CH_3}$，此参数值越大脂肪支链越少。

富氢程度：$I_2=(A_{CH_2}+A_{CH_3})/A_{C=C}$，此参数越大表明煤的生烃能力越强。

芳构化程度：$I_3=(A_{CH_2+CH_3})/A_{C=C}$，此处—$CH_2$—和—$CH_3$为共同贡献，反映的是芳核

上的脂族结构。

含氧官能团变化：$I_4=A_{C=O}/A_{C-O}$，$I_5=A_O/A_{C=C}$。

通过表4-9可以看出，随着变质程度的提高，煤的脂肪链增长，支链掉落，煤样结构逐渐紧密，有序性增强；可以看出平顶山煤的I_2远大于九里山煤，说明高阶无烟煤基本没有生烃能力，越低阶的煤生烃能力越强，同煤阶硬煤的生烃能力强于软煤，尤其是经过构造应力作用过的煤，发生降解和缩聚作用，煤中富氢程度很低，如九里山软煤I_2仅为0.0289，是同阶硬煤的16.11%。同样对于煤的芳构化程度I_3拥有与I_2相同的变化趋势，随着煤阶的升高，I_3越小，煤的芳构化程度越高，无烟煤的芳构化程度远远高于焦煤，平均前者是后者的9.129倍。同时软煤的芳构化程度大于硬煤，但是较大的应力作用，对芳构化的影响程度并不大。I_4、I_5均是表示含氧官能团的演化。二者均随变质程度的提高而减小，软煤均小于硬煤，这说明在煤的演化过程中含氧官能团在掉落或发生转化，C═O双键断裂，与芳香环发生反应生成醚，构造应力加速这一反应，如九里山软煤I_4值迅速降低。由于含氧官能团的减少，晶核结构中C═C键增多，煤的大分子结构之间向芳构化、石墨化发展。

表4-9　煤样FTIR结构参数值

煤样	I_1	I_2	I_3	I_4	I_5
平顶山硬煤	0.6585	1.3872	1.3243	0.8906	4.4609
平顶山软煤	1.0419	1.0418	1.1306	0.7374	4.2677
九里山硬煤	1.3120	0.1794	0.1402	0.7285	1.1010
九里山软煤	1.3989	0.0289	0.1287	0.4780	0.8777

4.3　本章小结

本章利用X射线衍射实验得到了软硬煤的基本单元结构参数，软煤的面网间距d_{002}均小于硬煤，软煤的延展度L_a均大于硬煤，软煤的堆砌度L_c均大于硬煤，软煤的L_a/L_c值大于硬煤，说明软煤比硬煤晶核结构有序性增强，晶体体积变大，基本单元结构变大，更“扁平化”，相同质量的晶核，表面暴露的面积更多了。同时随着变质程度的增加，晶核面网间距d_{002}减小，由0.3577nm到0.3406nm，逐渐逼近石墨模型的0.335nm，L_a和L_c随之增大，L_a/L_c值也增大，由此可见，构造作用，改变煤的基本单元结构，并且使煤进一步发生变质，这就是构造作用对煤产生的动力变质作用，使煤结构产生超前演化。

利用傅里叶红外光谱实验，测得了软硬煤的官能团情况。软煤的含氧官能团含量低于硬煤，脂肪烃含量低于硬煤，C═C多于硬煤，构造应力使官能团发生脱落。随着变质程度的增加，煤的含氧官能团、脂肪烃也都掉落，杂链脱落，芳香环相互结合，晶核越来越大。根据煤样FTIR结构参数值，可知煤的晶核官能团演变情况：含氧官能团脱落，生烃能力下降，芳构化程度升高。进一步验证构造应力，对煤的变质有促进作用，即动力变质作用。

同煤阶软硬煤大分子结构、官能团的差异，进一步说明了动力变质的存在。煤晶核参数的规律性变化，正是动力变质作用存在的标志。构造应力使软煤在变质作用的基础上进一步变质，从而使其结构实现超前演化。分子结构的不同直接导致孔隙结构的差异，尤其是纳米级孔的变化。

第5章　软硬煤瓦斯吸附规律差异性研究

大多数学者认为，煤粒瓦斯放散规律符合 Fick 扩散定律，主要受煤粒瓦斯吸附浓度（物质的量）和煤粒瓦斯扩散系数影响。前者指煤粒的瓦斯极限解吸量（率）和吸附能力，为考察软硬煤解吸扩散机理，有必要查明软硬煤粒吸附能力的差异。另外，基于两个工程问题：①软煤初期瓦斯解吸速度大，衰减也快，造成测定煤层瓦斯含量时，瓦斯损失量大，测值偏小。工程技术人员经常采用同一地点硬煤瓦斯含量代替软煤瓦斯含量，这种做法是否合理。②软硬煤的吸附常数的差异性。基于以上学术和工程问题，有必要查明软硬煤吸附规律的差异性。

5.1　软硬煤瓦斯吸附规律

经实验测得四种煤样的在几个压力点下的吸附量，见表5-1，利用表中数据，绘制等温吸附曲线，如图5-1所示。

表5-1　软硬煤静态吸附实验结果

平顶山软煤		平顶山硬煤		九里山软煤		九里山硬煤	
绝对瓦斯压力 P/MPa	吸附瓦斯量 V/（cm^3/g）	绝对瓦斯压力 P/MPa	吸附瓦斯量 V/（cm^3/g）	绝对瓦斯压力 P/MPa	吸附瓦斯量 V/（cm^3/g）	绝对瓦斯压力 P/MPa	吸附瓦斯量 V/（cm^3/g）
0.100	2.0034	0.100	1.4102	0.100	7.6199	0.100	7.204
1.087	10.2767	0.954	8.9797	1.042	21.6778	0.958	18.6813
1.727	13.2293	1.582	11.5589	1.621	26.8370	1.555	23.7662
2.392	15.5345	2.245	13.5345	2.211	30.8500	2.141	27.4776
3.093	17.3021	2.921	15.3713	2.846	33.5519	2.713	30.0372
3.85	19.1783	3.549	16.7692	3.430	35.6131	3.440	32.1389
4.63	20.5446	4.307	18.2376	4.295	37.4212	4.178	33.2733

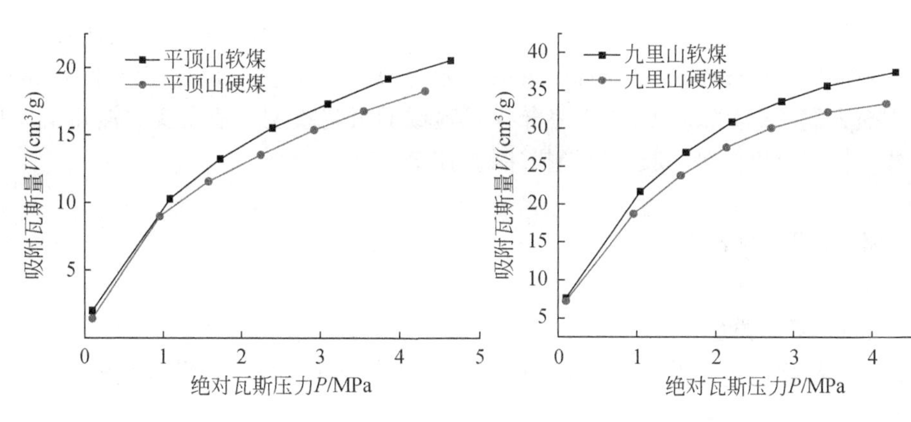

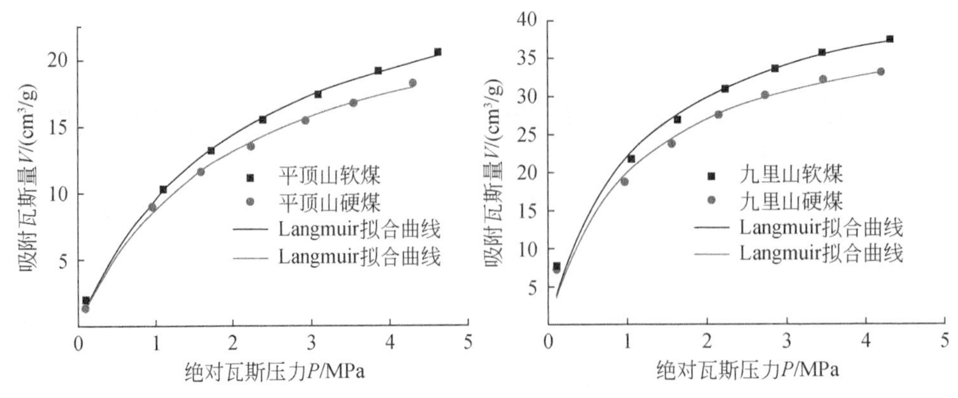

图 5-1 软硬煤等温吸附曲线

从图 5-1 中可以看出，软煤的瓦斯吸附曲线基本都在硬煤之上，在各压力点的吸附量也是软煤大于硬煤。同时软煤的吸附常数 a、b 值均大于硬煤。随着煤阶的升高 a 值升高，b 值也升高。同煤阶软硬煤破坏类型不同，吸附常数的差异也不同，九里山软硬煤 a 值相差 3.996mL/g，平顶山软硬煤却仅相差 1.484mL/g（表 5-2）。随着挥发分的降低，a、b 值均逐渐增大。a 值的意义是指当煤表面饱和吸附，并且压力无限大时，煤体的单位吸附量，即极限吸附量。b 值的大小则能反映出煤的瓦斯解吸速度。这说明经历较多构造作用的软煤，比硬煤吸附解吸能力更强，在原生结构的基础上进一步得到发育和变质。

表 5-2 煤样对瓦斯的吸附常数测定结果

煤样	温度/℃	a/(mL/g)	b/MPa^{-1}
九里山软煤	30	45.604	1.065
九里山硬煤	30	41.608	0.927
平顶山软煤	30	26.683	0.649
平顶山硬煤	30	25.199	0.560

5.2 瓦斯吸附等温线方程

目前有几种吸附模型，基于对吸附原理的认识，以及对煤吸附瓦斯的适用性的不同，Langmuir 吸附模型（Laxminarayana and Peter，1999）被广泛应用，但是其原理与煤的实际吸附的差别被人们所诟病。因此本节综合各个领域的吸附模型，依据实验测得的实验数据，对比各个模型对煤的等温吸附性能描述的适应性。

5.2.1 吸附模型介绍

1）Langmuir 吸附模型

Langmuir 吸附模型，假设吸附发生在固体表面，煤表面的每一个吸附位只能吸收一个甲烷分子，并且甲烷只存在单分子层吸附。表面各处的吸附能力相同，吸附热是常数不随覆盖程度而变，并且吸附质分子间无作用力。当吸附速率与解吸速率相同时，体系达到吸附平衡。Langmuir 方程（马东民等，2011）如下：

$$\frac{V}{V_L}=\frac{P}{P+P_L} \tag{5-1}$$

式（5-1）可变换为

$$\frac{P}{V}=\frac{P}{V_L}+\frac{P_L}{V_L} \tag{5-2}$$

式中，P 为吸附平衡压力，MPa；V 为瓦斯吸附量，cm^3/g；P_L 为 Langmuir 压力，MPa；V_L 为 Langmuir 体积，cm^3/g。

2）扩展的 Langmuir 吸附模型

扩展的 Langmuir（E-Langmuir）吸附模型是在 Langmuir 吸附模型的基础上，产生的半经验三参数模型，考虑了煤表面的不均匀性。扩展的 Langmuir 吸附模型（于洪观等，2004）如下：

$$\frac{V}{V_L}=\frac{K_bP}{1+K_bP+n\sqrt{K_bP}} \tag{5-3}$$

式中，P 为吸附平衡压力，MPa；V 为瓦斯吸附量，cm^3/g；V_L 为 Langmuir 体积，cm^3/g；K_b 为结合常数；n 为与温度、孔隙有关的参数。

3）BET 吸附模型

BET 吸附模型是 Brunauer（布鲁尼尔）、Emmett（埃密特）和 Teller（特勒）于 1938 年在其 BET 多分子层吸附理论的基础上提出的，表达方程即 BET 方程（Brunauer *et al.*，1938），推导所采用的模型的基本假设是：①固体表面是均匀的，发生多层吸附；②除第一层的吸附热外其余各层的吸附热等于吸附质的液化热。对于煤岩吸附而言，地层中较大的压力，使分子之间范德华力相互作用明显，引起了煤岩表面的吸附层不止一层。BET 吸附方程如下：

$$\frac{V}{V_m}=\frac{CP}{(P_0-P)[1+(C-1)P/P_0]} \tag{5-4}$$

$$\frac{P}{V(P_0-P)}=\frac{1}{V_mC}+\frac{C-1}{V_mC}\cdot\frac{P}{P_0} \tag{5-5}$$

式中，P 为吸附平衡压力，MPa；V 为瓦斯吸附量，cm^3/g；P_0 为甲烷的饱和蒸汽压力；V_m 为甲烷单层饱和吸收量，cm^3/g；C 为与净吸附热有关的常数。

4）Freundlich 吸附模型

Freundlich 吸附模型是 H. M. F. Freundlich 完全根据实验结果提出的经验公式（赵振国，2005）：

$$V=K\cdot P^a \tag{5-6}$$

式中，P 为吸附平衡压力；V 为平衡压力为 P 时的吸附量；K 为与温度、吸附剂性质有关的常数；a 为与温度有关的、小于 1 的常数。

5）Langmuir-Freundlich 吸附模型

Langmuir-Freundlich（L-F）吸附模型是一个经验模型，它基于 Langmuir 吸附模型，结合 Freundlich 吸附模型的吸附剂表面非均质原理，引入 Freundlich 经验公式的指数参数形式得到（苏现波，2008）。

$$V=\frac{V_L(bP)^m}{1+(bP)^m} \tag{5-7}$$

式中，P 为吸附平衡压力，MPa；V 为瓦斯吸附量，cm^3/g；V_L 为 Langmuir 体积，cm^3/g；b 为与结合常数 K_b 有关的常数；m 为与煤表面结构有关的参数，一般小于 1。

6）Dubinin-Astakhov（D-A）吸附模型

Dubinin 认为吸附不光发生在固体表面，当吸附质分子大小与吸附剂孔径尺寸接近时，吸附质分子不单单吸附微孔的表面，还以堆积的形式填充在微孔中，从而提出了微孔填充理论。由此理论衍生出许多吸附模型，如 D-A、D-R、D-S、D-P 等。本节选用适合煤体结构的，最优的 D-A 吸附模型（谢建林等，2004）。

$$V=V_0\cdot e^{-D\left[\ln\left(\frac{P_0}{P}\right)\right]^n} \tag{5-8}$$

式中，P 为吸附平衡压力，MPa；V 为瓦斯吸附量，cm^3/g；P_0 为甲烷的饱和蒸汽压力；V_0 为煤的微孔体积；n 为与温度、表面结构有关的常数；D 为与净吸附热有关的常数，$D=\left(\frac{RT}{E}\right)^n$，$R$ 为气体常数，8.314J/（mol·K），T 为热力学温度，303K，E 为吸附特征能，J/mol。

由此式（5-8）可变为

$$\ln V=\ln V_0-\left(\frac{RT}{E}\right)^n\left[\ln\left(\frac{P_0}{P}\right)\right]^n \tag{5-9}$$

7）Toth 吸附模型

在低压下，Langmuir 吸附模型及扩展模型、Langmuir-Freundlich 吸附模型都无法很好地描述 Henry 定律，Freundlich 吸附模型随着压力的增加无限增大，不符合实际情况，因此前人提出一个半经验吸附模型（严荣林和钱国胤，1995）：

$$V=\frac{V_LK_bP}{[1+(K_bP)^k]^{\frac{1}{k}}} \tag{5-10}$$

式中，P 为吸附平衡压力，MPa；V 为瓦斯吸附量，cm^3/g；V_L 为 Langmuir 体积，cm^3/g；K_b 为结合常数；k 为与温度、孔隙有关的参数。

5.2.2　软硬煤吸附数据处理

根据以上 7 种吸附模型，将实验测得的软硬煤的吸附数据进行处理，见表 5-3。

表 5-3　软硬煤吸附数据处理结果

	P/MPa	V/(cm^3/g)	P/V	P/P_0	$P/[V(P_0-P)]$	P_0/P	$\ln(P_0/P)$	$\ln V$
平顶山软煤	0.1000	2.0034	0.0499	0.0086	0.0043	116.2800	4.7560	0.6948
	1.0870	10.2767	0.1058	0.0935	0.0100	10.6973	2.3700	2.3299
	1.7270	13.2293	0.1305	0.1485	0.0132	6.7331	1.9070	2.5824
	2.3920	15.5345	0.1540	0.2057	0.0167	4.8612	1.5813	2.7431
	3.0930	17.3021	0.1788	0.2660	0.0209	3.7595	1.3243	2.8508
	3.8500	19.1783	0.2007	0.3311	0.0258	3.0203	1.1053	2.9538
	4.6300	20.5446	0.2254	0.3982	0.0322	2.5114	0.9209	3.0226
平顶山硬煤	0.1000	1.4102	0.0709	0.0086	0.0062	116.2800	4.7560	0.3437
	0.9540	8.9797	0.1062	0.0820	0.0100	12.1887	2.5005	2.1950
	1.5820	11.5589	0.1369	0.1361	0.0136	7.3502	1.9947	2.4475
	2.2450	13.5345	0.1659	0.1931	0.0177	5.1795	1.6447	2.6052
	2.9210	15.3713	0.1900	0.2512	0.0218	3.9808	1.3815	2.7325
	3.5490	16.7692	0.2116	0.3052	0.0262	3.2764	1.1868	2.8195
	4.3070	18.2376	0.2362	0.3704	0.0323	2.6998	0.9932	2.9035
九里山软煤	0.1000	7.6199	0.0131	0.0086	0.0011	116.2800	4.7560	2.0308
	1.0420	21.6778	0.0481	0.0896	0.0045	11.1593	2.4123	3.0763
	1.6210	26.8370	0.0604	0.1394	0.0060	7.1733	1.9704	3.2898
	2.2110	30.8500	0.0717	0.1901	0.0076	5.2592	1.6600	3.4291
	2.8460	33.5519	0.0848	0.2448	0.0097	4.0857	1.4075	3.5131
	3.4300	35.6131	0.0963	0.2950	0.0117	3.3901	1.2209	3.5727
	4.2950	37.4212	0.1148	0.3694	0.0157	2.7073	0.9960	3.6222
九里山硬煤	0.1000	7.2040	0.0139	0.0086	0.0012	116.2800	4.7560	1.9746
	0.9580	18.6813	0.0513	0.0824	0.0048	12.1378	2.4963	2.9275
	1.5550	23.7662	0.0654	0.1337	0.0065	7.4778	2.0119	3.1683
	2.1410	27.4776	0.0779	0.1841	0.0082	5.4311	1.6921	3.3134
	2.7130	30.0372	0.0903	0.2333	0.0101	4.2860	1.4554	3.4024
	3.4400	32.1389	0.1070	0.2958	0.0131	3.3802	1.2179	3.4701
	4.1780	33.2733	0.1256	0.3593	0.0169	2.7831	1.0236	3.5048

5.2.3　吸附模型对软硬煤吸附性能的适用性

利用 Origin 进行数据与吸附模型拟合，如图 5-2 ~ 图 5-4 所示，从而得到各个模型与数据相拟合的相关系数和对应的参数大小，见表 5-4。

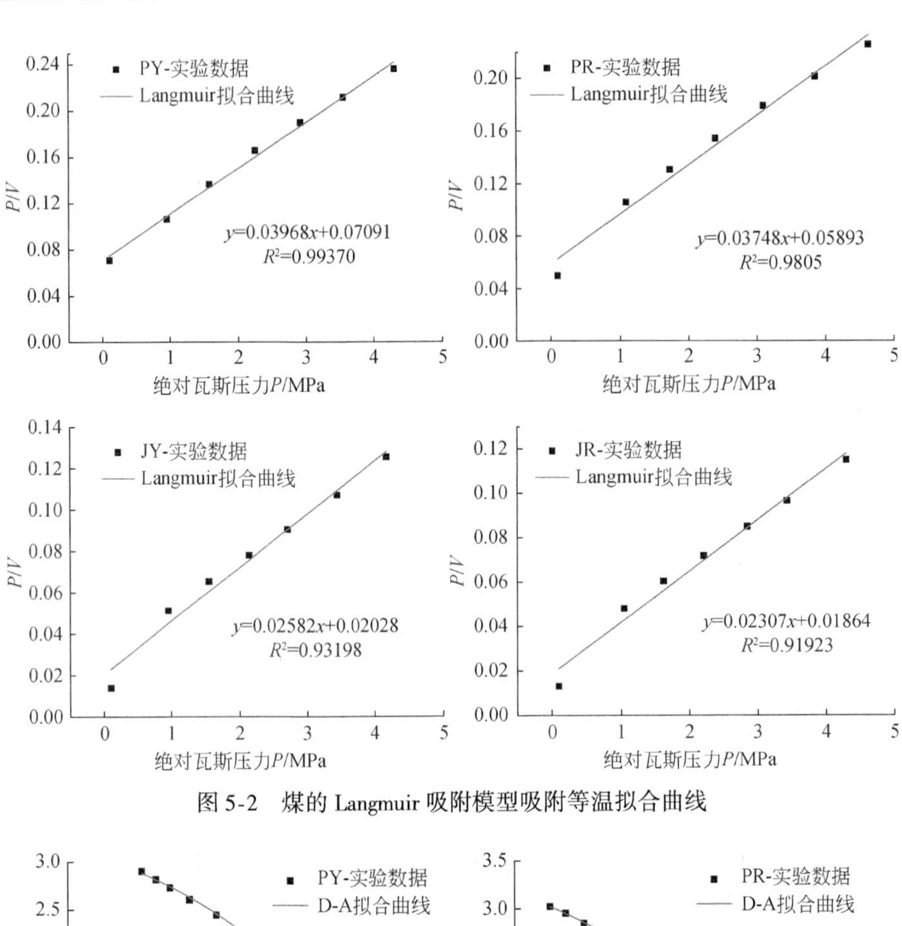

图 5-2 煤的 Langmuir 吸附模型吸附等温拟合曲线

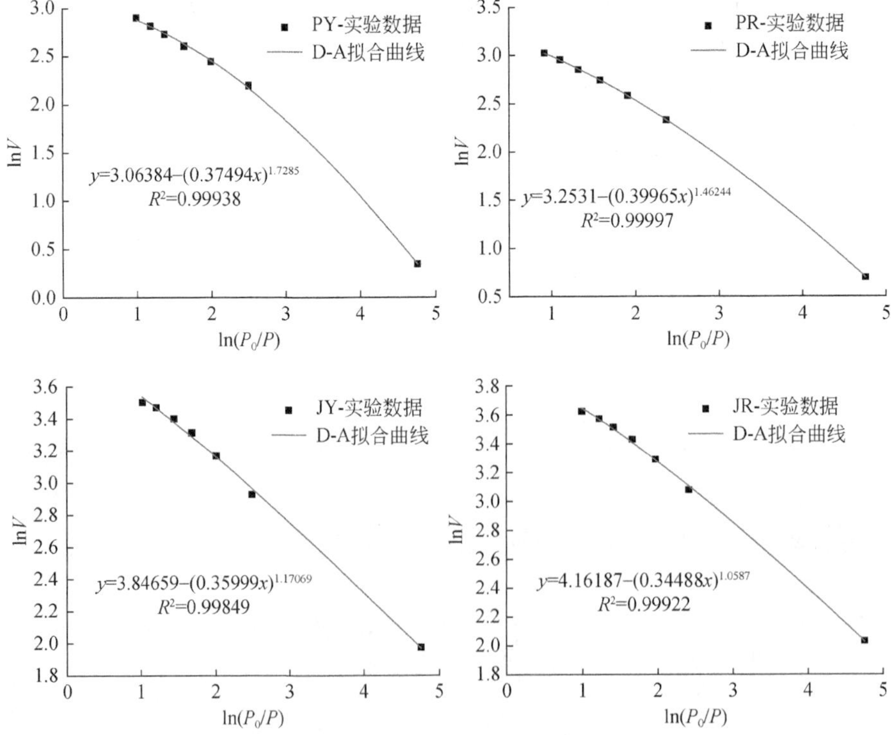

图 5-3 煤的 D-A 吸附模型吸附等温拟合曲线

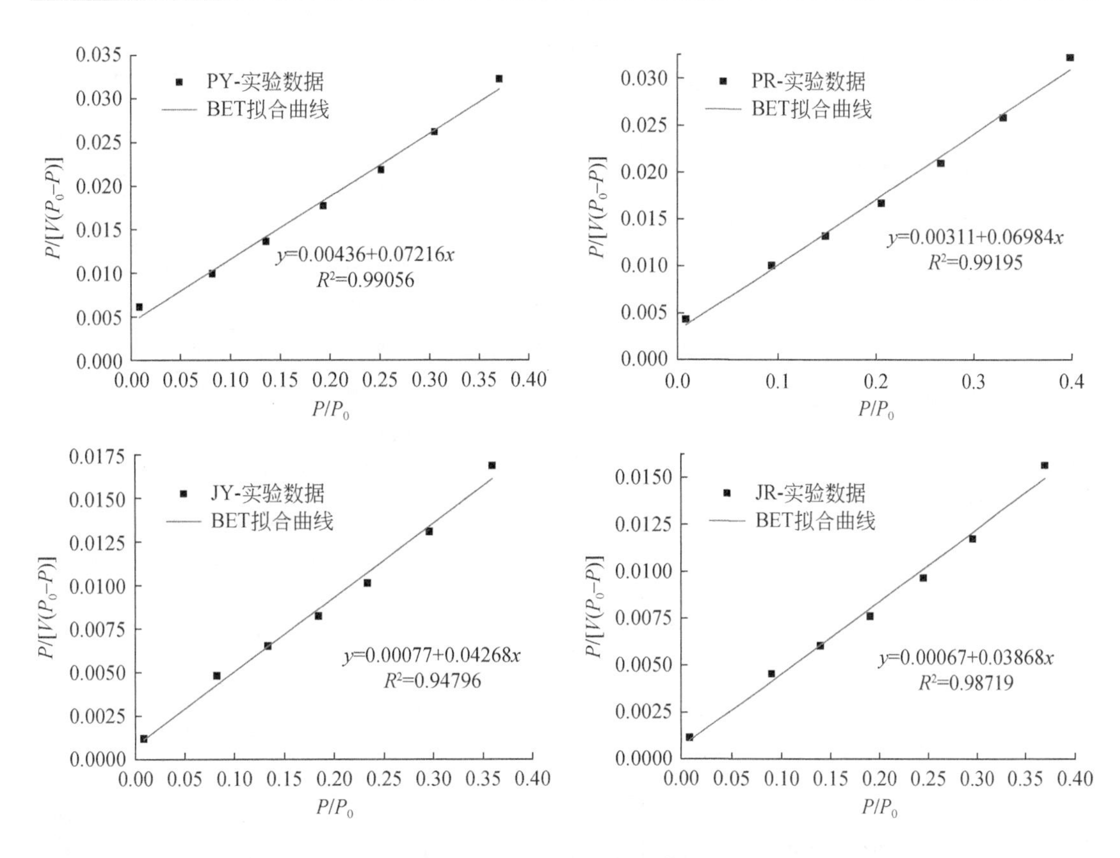

图5-4　煤的BET吸附模型吸附等温拟合曲线

由表5-4可知，四种煤样与各个吸附模型拟合的相关系数及参数情况。为了比较各模型对煤吸附数据拟合程度，取7种吸附模型拟合四种煤样得到的相关系数的平均值，按5.2.1节公式的顺序为0.95635、0.99830、0.97942、0.99117、0.99800、0.99927、0.99831。显然，Dubinin-Astakhov（D-A）吸附模型更适用于描述煤的等温吸附情况并且软煤的相关性系数R^2大于硬煤：0.99997>0.99938、0.99922>0.99849（表5-4）。出现这一现象的原因为，D-A吸附模型的原理是微孔填充理论，甲烷分子以填充堆积的形式聚集在煤的微孔之中，微孔是瓦斯储藏的主要场所，该原理与煤吸附瓦斯的实际情况很相符。软煤相对于硬煤而言微孔发育更完善，变质程度更高。例如，D-A吸附模型中V_0表示微孔体积，软煤的V_0均大于硬煤，并且随变质程度的提高V_0逐渐增大，这也与实际测量数据相符。还有九里山软煤的V_0值突然增大很多，比硬煤大17.35836cm³/g，但是平顶山的软硬煤却仅相差4.45982cm³/g。为什么会出现这么明显的差别呢？分析原因一方面可能是变质作用加深有助于孔隙结构发育，另一方面可能是构造应力作用导致煤体孔结构发育更加完善。同种煤阶、不同的构造应力导致的孔隙发育的差别这么大，这说明构造应力是使煤体孔隙进一步发育的主要原因，或者说构造作用对煤体结构的改变比变质作用明显。实际测量中也出现了这种情况。主要原因可能是九里山软煤在逐渐形成过程中经历了长久的构造应力作用及变质作用，使煤体内部孔隙发育，吸附瓦斯增多，煤的坚固性系数降低，煤体的抗压能力降低。

表 5-4　吸附模型拟合结果

吸附模型	煤样	相关系数 R^2	参数
Langmuir 吸附模型 $\frac{P}{V}=\frac{P}{V_L}+\frac{P_L}{V_L}$	PY	0.99370	$V_L=25.19905\text{cm}^3/\text{g}$，$P_L=1.78677\text{MPa}$
	PR	0.98050	$V_L=26.68343\text{cm}^3/\text{g}$，$P_L=1.57250\text{MPa}$
	JY	0.93198	$V_L=38.72650\text{cm}^3/\text{g}$，$P_L=0.80761\text{MPa}$
	JR	0.91923	$V_L=43.33915\text{cm}^3/\text{g}$，$P_L=0.78507\text{MPa}$
扩展的 Langmuir 吸附模型 $\frac{V}{V_L}=\frac{K_bP}{1+K_bP+n\sqrt{K_bP}}$	PY	0.99838	$V_L=41.40259\text{cm}^3/\text{g}$，$K_b=0.5425$，$n=1.3147$
	PR	0.99987	$V_L=57.55619\text{cm}^3/\text{g}$，$K_b=0.5437$，$n=2.2217$
	JY	0.99590	$V_L=70.82004\text{cm}^3/\text{g}$，$K_b=3.2847$，$n=5.2843$
	JR	0.99904	$V_L=86.21222\text{cm}^3/\text{g}$，$K_b=5.3313$，$n=8.3442$
BET 吸附模型 $\frac{P}{V(P_0-P)}=\frac{1}{V_mC}+\frac{C-1}{V_mC}\cdot\frac{P}{P_0}$	PY	0.99056	$V_m=13.06882\text{cm}^3/\text{g}$，$C=17.55092$
	PR	0.99195	$V_m=13.70714\text{cm}^3/\text{g}$，$C=23.42452$
	JY	0.94796	$V_m=23.01291\text{cm}^3/\text{g}$，$C=56.26381$
	JR	0.98719	$V_m=25.41625\text{cm}^3/\text{g}$，$C=58.85296$
Freundlich 吸附模型 $V=K\cdot P^a$	PY	0.98657	$K=8.76648$，$a=0.51728$
	PR	0.99128	$K=9.72639$，$a=0.50469$
	JY	0.98928	$K=19.62783$，$a=0.39643$
	JR	0.99754	$K=21.68276$，$a=0.38962$
Langmuir-Freundlich 吸附模型 $V=\frac{V_L(bP)^m}{1+(bP)^m}$	PY	0.99774	$V_L=30.90867\text{cm}^3/\text{g}$，$b=0.34534$，$m=0.85237$
	PR	0.99983	$V_L=39.27706\text{cm}^3/\text{g}$，$b=0.24251$，$m=0.78152$
	JY	0.99523	$V_L=83.80099\text{cm}^3/\text{g}$，$b=0.11913$，$m=0.54665$
	JR	0.99918	$V_L=86.15524\text{cm}^3/\text{g}$，$b=0.15408$，$m=0.56948$
Dubinin-Astakhov（D-A）吸附模型 $\ln V=\ln V_0-\left(\frac{RT}{E}\right)^n\left[\ln\left(\frac{P_0}{P}\right)\right]^n$	PY	0.99938	$V_0=21.40956\text{cm}^3/\text{g}$，$E=6718.735$，$n=1.7285$
	PR	0.99997	$V_0=25.86938\text{cm}^3/\text{g}$，$E=6303.313$，$n=1.4624$
	JY	0.99849	$V_0=46.83332\text{cm}^3/\text{g}$，$E=6997.833$，$n=1.1707$
	JR	0.99922	$V_0=64.19168\text{cm}^3/\text{g}$，$E=7304.364$，$n=1.0587$
Toth 吸附模型 $V=\frac{V_LK_bP}{[1+(K_bP)^k]^{\frac{1}{k}}}$	PY	0.99841	$V_L=38.38208\text{cm}^3/\text{g}$，$K_b=0.5428$，$k=0.6036$
	PR	0.99987	$V_L=58.72209\text{cm}^3/\text{g}$，$K_b=0.5433$，$k=0.4748$
	JY	0.99596	$V_L=114.4188\text{cm}^3/\text{g}$，$K_b=4.5358$，$k=0.2343$
	JR	0.99901	$V_L=172.5289\text{cm}^3/\text{g}$，$K_b=6.6636$，$k=0.1997$

观察表 5-4、图 5-5、图 5-6 发现，普遍应用的 Langmuir 吸附模型适用性最低，并且随着变质程度的增高适用性降低。平顶山硬煤拟合相关系数是 0.99370，而九里山软煤相关系数是 0.91923。说明 Langmuir 吸附模型对高阶软煤的适用性很低，仅适合分析低阶硬煤。这也反映出不同变质程度软硬煤吸附结构方面的差异。Langmuir 体积 V_L等于吸附常数 a 值，Langmuir 压力 P_L与吸附常数 b 值互为倒数。通过表 5-2、表 5-4 可发现，软煤的 V_L、a 值普遍大于硬煤，且随着煤阶的升高而增大。软煤的 P_L小于硬煤，即软煤的 b 值大于硬煤。同时所有吸附模型参数中的 Langmuir 体积 V_L均是软煤大于硬煤，并且煤阶越高，煤

的 Langmuir 体积越大。

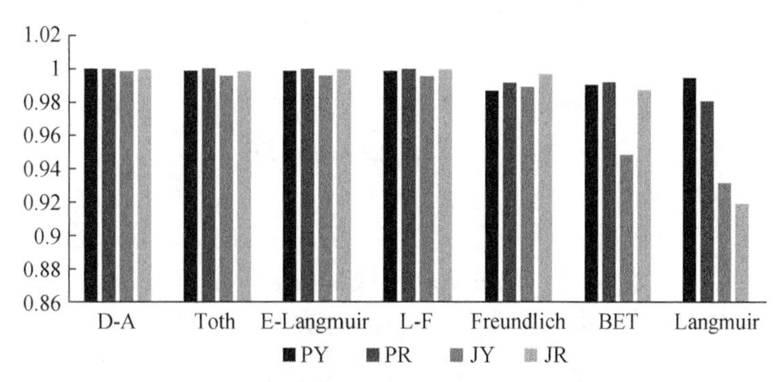

图 5-5　吸附等温曲线模型拟合相关系数比较

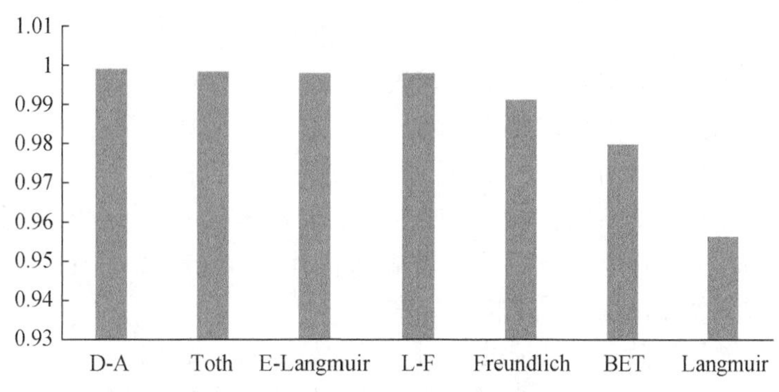

图 5-6　吸附等温曲线模型拟合的相关系数的平均值比较

比较各个模型相关系数 R^2 的平均值可知，二参数吸附模型普遍低于三参数吸附模型。二参数吸附模型中，Freundlich 吸附模型对煤体平均拟合度最高，平均相关系数为 0.99117。但是 Freundlich 吸附模型说明了吸附量是随压力的增大而不断变化的，实际情况中，当压力增加到一定时，煤体吸附量趋于定值，达到极限吸附，因此 Freundlich 吸附模型在描述煤对甲烷的吸附行为时存在一定的误差。相对于 Langmuir 吸附模型，BET 吸附模型具有更好的拟合效果，多层吸附原理比单层吸附要更接近实际情况，但是普遍相关系数并不高，平均只有 0.97942。BET 吸附模型拟合得到煤表面覆盖第一层满时所需甲烷体积 V_m 和 C，通过表 5-4 可知，随着变质程度的增加，V_m 逐渐增大，说明变质程度的增加一方面增加了煤表面的吸附位，另一方面也增加了表面结构对煤的吸附能力。

三参数吸附模型如扩展的 Langmuir 吸附模型、Langmuir-Freundlich 吸附模型、Dubinin-Astakhov（D-A）吸附模型、Toth 吸附模型对软煤吸附数据的拟合效果好于硬煤，同一煤阶的软煤的相关系数均大于硬煤。

综上所述，软煤吸附数据对各个模型的拟合程度好于硬煤，D-A 吸附模型的拟合度最高，Langmuir 吸附模型适用性最低。第一，说明了煤的吸附规律更多地符合微孔填充原理，从侧面也证明了微孔在煤孔结构中占据大部分，并且微孔是煤的主要吸附瓦斯的储藏地点，微孔的吸附能力决定了煤的吸附能力。第二，说明软煤的微孔更发达，发育更良好，这一点与第 4 章的结论也一致。第三，三参数吸附模型拟合度均高于二参数模型，但是二参数由于参数少便于应用，综合比较三种模型拟合程度，BET 吸附模型应该被普遍应用。

5.3 本章小结

本章利用高压容量法实验，得到了软硬煤在各压力点的吸附量，绘制了软硬煤的等温吸附曲线，得到了吸附常数 a、b。比较了软硬煤瓦斯吸附差异，软煤在各压力点的吸附量均大于硬煤，吸附常数 a、b 也是软煤大于硬煤，同时随着变质程度的增加，吸附常数也增加，同煤阶软硬煤破坏类型不同，吸附常数差异也不同，九里山软硬煤 a 值相差 3.996mL/g，平顶山软硬煤却仅相差 1.484mL/g。通过比较 7 种常见的吸附模型分别与软硬煤吸附数据的拟合发现：模型拟合度排序为 D-A>Toth>E-Langmuir>L-F>Freundlich>BET>Langmuir，除了 Langmuir 吸附模型外，其他 6 种模型均是软煤的拟合程度高于硬煤。并且 7 种模型中三参数模型的拟合平均相关系数均大于二参数的，可见假设条件越少，限制条件越少，理想化越低对吸附规律描述得越准确。基于微孔填充理论的 D-A 吸附模型拟合度最高，反映了微孔是煤吸附的主要场所，能够反映煤的吸附性能。同时软硬煤软硬的差异程度不同，即破坏程度的不同，也导致吸附性能的差异不同。九里山软煤极限吸附量比硬煤大 17.35836cm^3/g，但是平顶山的软硬煤却仅相差 4.45982cm^3/g。经过比较数据发现，构造应力的增强使软硬煤孔隙结构差异增大。

软硬煤结构的差异导致了其性能的差别。微孔是煤的主要吸附场所，微孔的分布及其吸附性能对煤体的吸附有很大影响。同时煤的微米级孔、纳米级孔往往是由煤的分子结构构成，纳米级孔其实就是煤的大分子之间的间隙。因此，纳米级孔与分子结构其实是相互体现，相互影响的。

第6章　基于分子动力学模拟煤的瓦斯吸附机理

煤的分子结构主要影响煤吸附瓦斯能力，通过改变吸附瓦斯浓度影响瓦斯放散速度。煤吸附瓦斯主要是煤的大分子结构和甲烷分子之间相互作用的结果。一般认为煤对瓦斯的吸附是物理吸附，该作用力为范德华力。范德华力包括取向力、诱导力、色散力，煤和甲烷之间的吸附主要是诱导力和色散力。煤主要结构是大分子结构，大分子结构不同，其对甲烷的吸附效果也不同。不同煤的吸附性能，对应的就是不同煤的大分子结构对瓦斯分子的作用效果的集合。第 4 章和第 5 章的研究结果表明，典型煤阶软硬煤的基本结构单元及官能团存在差异，导致软硬煤纳米级孔隙结构不同。但是软硬煤的基本结构单元、官能团及 BSU 形成的纳米级孔的不同，对软硬煤吸附性能差异有什么样的影响、如何影响，也就是机理问题需要进一步研究。

因此，本章利用分子动力学模拟软件 Materials-Studio，构建煤晶核模型，表征出煤的基本结构单元结构、官能团及纳米级孔。通过设定不同的晶核结构参数，以及加入不同的官能团，利用软件进行甲烷吸附模拟。

6.1　软件介绍

Materials-Studio 是全尺度材料模拟平台，基于分子动力学、量子力学、介观动力学、晶体学、构效关系等理论学科，如图 6-1 所示，融合了多种模拟方法，多达 23 个模块，实现了从电子结构分析到宏观性能预测的多尺度、全尺度模拟研究。

本章主要利用分子动力学原理、Sorption 模块进行吸附模拟。在分子动力学中，原子的运动行为通过经典的运动方程（牛顿运动方程、拉格朗日方程等）描述。通过求解所有粒子的运动方程，分子动力学方法可以用于模拟与原子运动路径相关的基本过程，也就是 MD 模拟方法，假定原子运动符合牛顿运动方程，力场仅考虑范德华力场。原子的初速度是根据玻尔兹曼分布随机生成的。

力场势函数：

$$\begin{aligned} V_i(r) &= V_i(r_1,\ r_2,\ \cdots,\ r_N) \\ &= \sum_b \frac{1}{2}K_b(b-b_0)^2 + \sum_\theta \frac{1}{2}K_\theta(\theta-\theta_0)^2 \\ &\quad + \sum_\varphi K_\varphi(1+\mathrm{Cos}(n\varphi-\delta + \sum_\xi K_\xi(\xi-\xi_0)^2 \\ &\quad + \sum_{i<j}\left[\frac{C_{12}}{r_{ij}^{12}} - \frac{C_6}{r_{ij}^{6}} - \frac{q_i q_j}{4\pi\varepsilon_0\varepsilon_j r_{ij}}\right] \end{aligned} \tag{6-1}$$

范德华势函数：

$$V(r) = 4\varepsilon\left[\left(\frac{\sigma}{r}\right)^{12} - \left(\frac{\sigma}{r}\right)^{6}\right] \tag{6-2}$$

式中，σ 的大小反映了原子间的平衡距离，反映出势能曲线的深度。

牛顿运动力学方程：

$$m\frac{\partial^2 u}{\partial t^2} = F_{\text{Newton}} = -\frac{\partial E}{\partial u} \tag{6-3}$$

式中，m 为原子质量；E 为势能；F_{Newton} 为作用在原子上的力；u 为原子坐标。

玻尔兹曼速度分布公式：

$$P(v)\,\mathrm{d}v = \left(\frac{m}{2\pi k_{\mathrm{b}} T}\right)^{\frac{1}{2}} \mathrm{e}^{-\frac{mv^2}{2k_{\mathrm{b}}T}}\mathrm{d}v \tag{6-4}$$

式中，k_{b} 为玻尔兹曼常数；T 为系统温度；m 为原子质量；v 为原子速度。

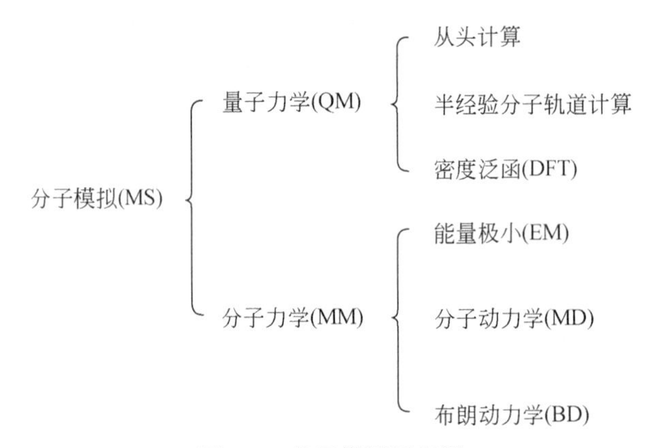

图 6-1　分子模拟原理图

6.2　模型构建

通过第 4 章 XRD 实验可以测得煤的晶核的基本参数：芳香层片的面网间距 d_{002}、芳香层堆砌度 L_{c} 及芳香碳环延展度 L_{a}（表 6-1）。因为实验煤样个数有限，为了更全面地设定煤晶核结构参数，本章统计了前人所测的晶核中芳香结构的参数结构（Ju *et al.*，2012；Li *et al.*，2013；王宝俊等，2016），见表 6-1。

表 6-1　煤的基本结构单元结构参数范围

煤样名称	d_{002}/nm	L_{a}/nm	L_{c}/nm	$L_{\mathrm{a}}/L_{\mathrm{c}}$	N	n
九里山软煤	0.3406	3.8572	2.5336	1.5224	7.4387	220.089
九里山硬煤	0.3559	3.1353	2.2471	1.3953	6.3131	145.416
平顶山软煤	0.3575	2.8084	2.8031	1.0019	7.8417	116.673
平顶山硬煤	0.3577	1.8970	2.5231	0.7518	7.0541	53.234
统计前人	0.3406～0.3690	1.1011～5.7137	0.8551～3.9540	0.29～2.87	2.24～11.35	18.3～267.8

根据表 6-1 可知，煤晶核堆叠的芳香层可达 3～12 层，每层的芳香环个数可达 18～268 个。同时可以发现芳香层片的面网间距 d_{002} 变化范围不大，平均为 0.3548nm，跟石墨

的 0.3540nm 很接近。在进行 XRD 实验时就发现，随着变质程度的增加，002 峰逐渐向右偏移，由 24.874°到 26.143°，逼近石墨的 002 峰位 26.6°。并且随着煤的变质程度的增加，其晶核部分会不断芳香化、石墨化，因此对煤中唯一的主要分子结构，采用石墨的基本模型，利用软件切出石墨的 002 面，然后设定不同的堆叠层数和芳香环个数。本节构建以下几个模型：3-6×6-1、3-7×7-1、3-8×8-1、3-9×9-1、4-9×9-1、5-9×9-1、6-9×9-1（堆叠层数-芳香环个数-孔径），如图 6-2、图 6-3 所示。

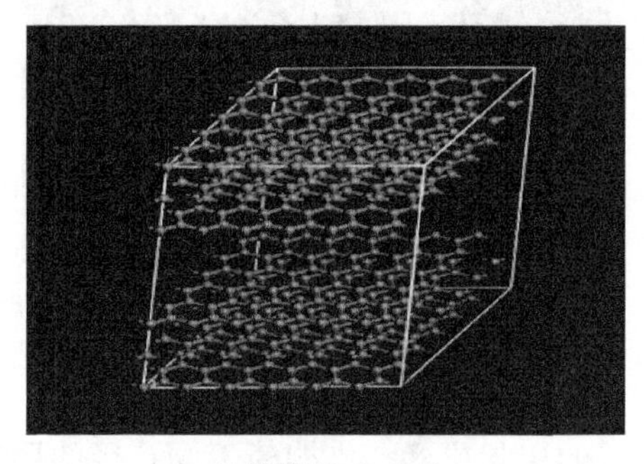

(a)模型1(3–6×6–1)

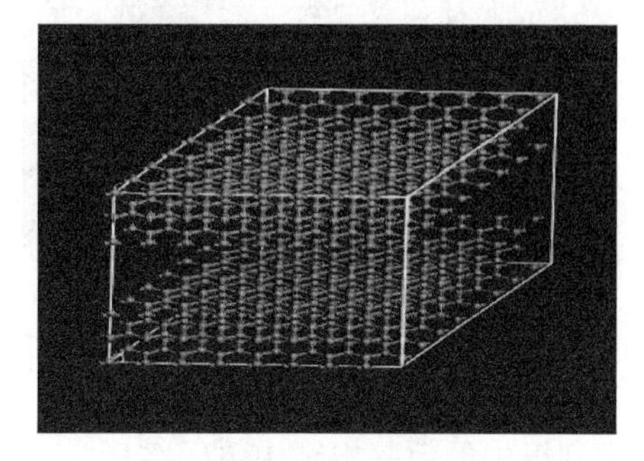

(b)模型3(3–8×8–1)

图 6-2　不同延展度的煤的超晶胞

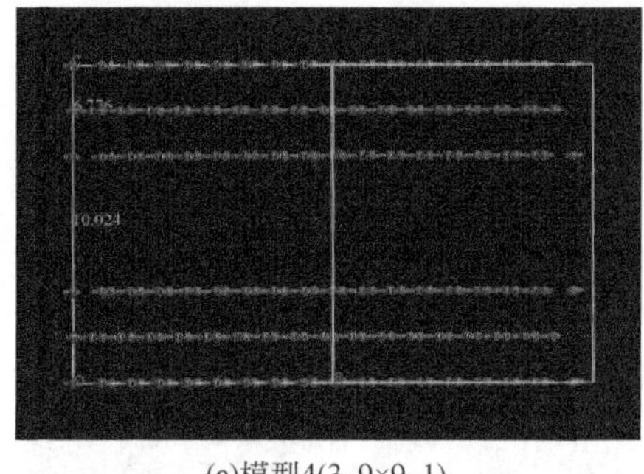

(a)模型4(3–9×9–1)

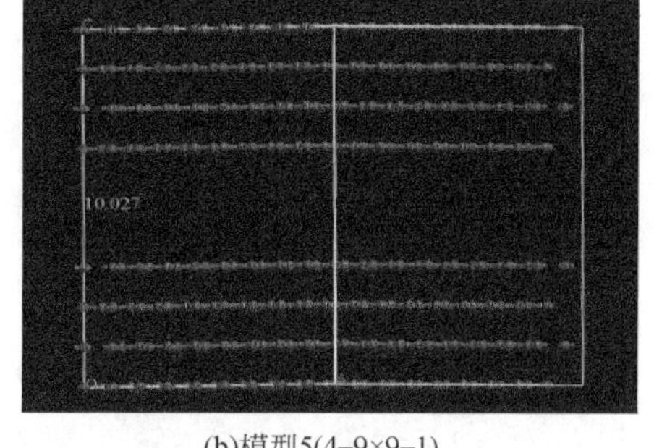

(b)模型5(4–9×9–1)

图 6-3　不同堆叠层数的煤的超晶胞

为研究晶核表面官能团对瓦斯吸附的影响，在晶体表面掺入官能团，根据第 3 章所测，准备构建以下模型：3-9×9-OH、3-9×9-COOH、3-9×9-C ═O（堆叠层数-芳香环个数-官能团），如图 6-4 所示。

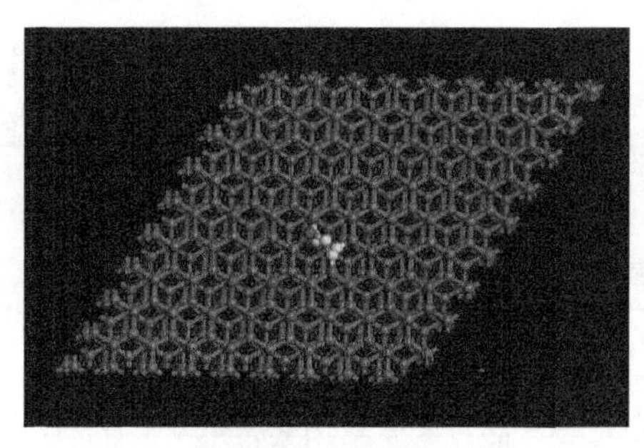

(a)模型8(3–9×9–OH)

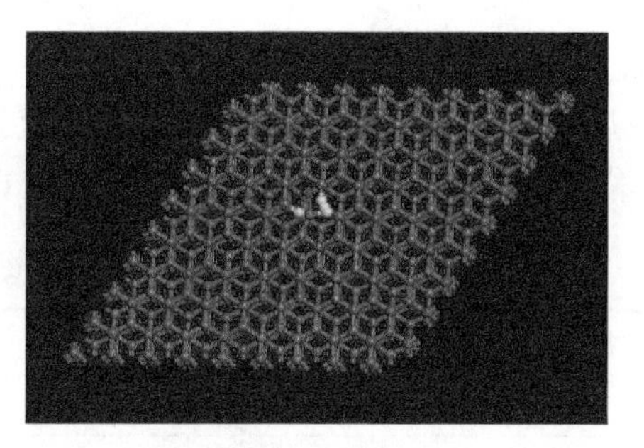

(b)模型10(3–9×9–C═O)

图 6-4　不同表面官能团的煤的超晶胞

煤的表面并不如模型那样规整，存在着缺陷，而且并不平整。所以对模型表面进行缺陷处理，然后进行结构优化。构造出以下模型：3-9×9-D_1、3-9×9-D_2、3-9×9-D_3（堆叠层数-芳香环个数-缺陷），如图 6-5 所示。

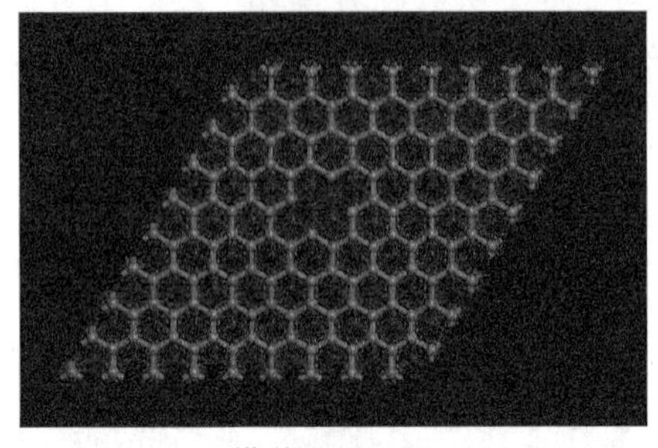

(a)模型12(3-9×9-D_2)

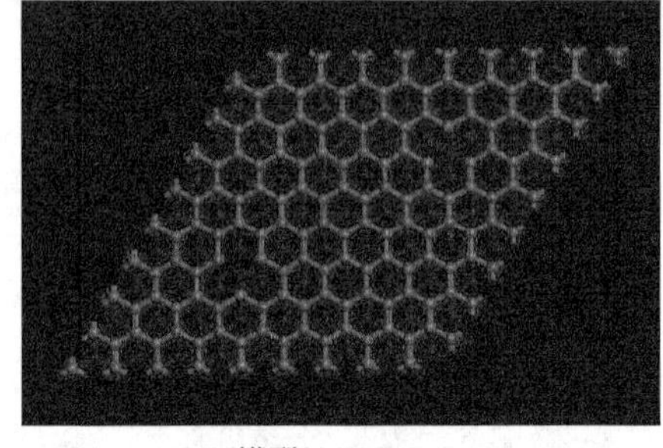

(b)模型13(3-9×9-D_3)

图 6-5　不同表面缺陷类型的煤的超晶胞

考虑到煤中的由基本结构单元结构之间构成的层状狭缝孔，构建不同孔径的层状狭缝孔。构造以下模型：3-9×9-1、3-9×9-1.5、3-9×9-2、3-9×9-3、3-9×9-5（堆叠层数-芳香环个数-孔径），如图 6-6 所示。

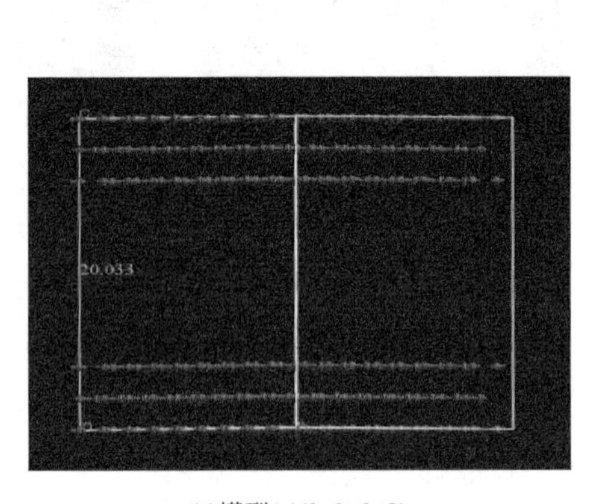

(a)模型14(3-9×9-2)

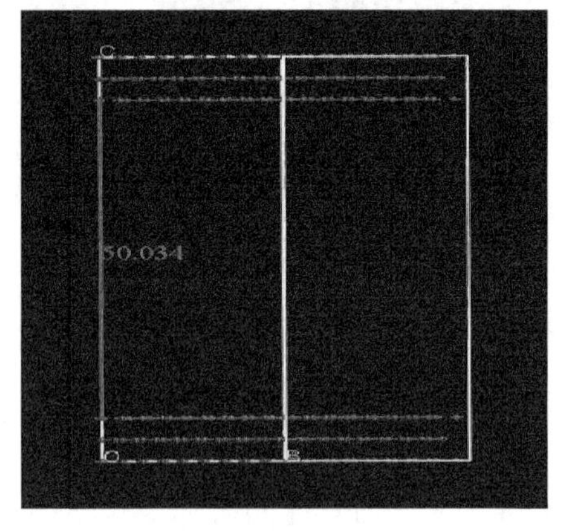

(b)模型16(3-9×9-5)

图 6-6　不同孔径的煤的超晶胞

综上所述，分别构建了这四类模型，主要用于考察煤的晶核结构、表面官能团、表面缺陷及层状狭缝微孔这四个因素对煤吸附瓦斯的影响，另外，前三类模型的狭缝孔径均为 1nm。优化后模型晶核的基本结构参数见表 6-2。

表 6-2　优化后模型晶核的基本结构参数

编号	模型	L_a/nm	L_c/nm	L_a/L_c	N	n
1	3-6×6-1	1.476	1.016	1.453	3	108
2	3-7×7-1	1.722	1.016	1.695	3	147
3	3-8×8-1	1.968	1.016	1.937	3	192

续表

编号	模型	L_a/nm	L_c/nm	L_a/L_c	N	n
4	3-9×9-1	2.214	1.016	2.179	3	243
5	4-9×9-1	2.214	1.348	1.642	4	324
6	5-9×9-1	2.214	1.673	1.323	5	405
7	6-9×9-1	2.214	1.990	1.113	6	486
8	3-9×9-OH	2.214	1.016	2.179	3	240
9	3-9×9-COOH	2.214	1.016	2.179	3	240
10	3-9×9-C=O	2.214	1.016	2.179	3	240
11	3-9×9-D_1	2.214	1.016	2.179	3	241
12	3-9×9-D_2	2.214	1.016	2.179	3	240
13	3-9×9-D_3	2.214	1.016	2.179	3	238
14	3-9×9-1.5	2.214	1.016	2.179	3	243
15	3-9×9-2	2.214	1.016	2.179	3	243
16	3-9×9-3	2.214	1.016	2.179	3	243
17	3-9×9-5	2.214	1.016	2.179	3	243

6.3 吸附模拟

构建完煤晶核模型和甲烷分子模型之后，使用 Materials-Studio 软件中 Module 中的 Forcite 模块，在 Calcuiation 中进行模型的结构优化。优化时，力场选择 COMPASS 力场，电荷分布选择为 Forcefield assigned，Quality 选择 Medium。Electrostatic 和 Van der waals 分别选择为 Ewald 和 Atom based。优化后的晶体参数见表 6-2。

利用软件对优化后的煤晶核模型进行吸附模拟。利用 Module 中的 Sorption 模块，任务选择为 Fix pressure，Method 选择为 Metropolis，Quality 选择为 Medium。在添加吸附质模型框里选择优化后的甲烷分子模型。本节模拟井下的情况，假设压力为 10MPa，温度为 303K。但是因为 Sorption 模块的输入值是 Fugacity（逸度），逸度在化学热力学中表示实际气体的有效压强。它等于相同条件下具有相同化学势的理想气体的压强。对于理想气体（高温低压）而言，逸度和压力两者大小没什么区别，但是在高压情况，逸度就要小于压力了，所以在这里需要使用 Peng-Robinson 方程来计算甲烷在给定温度和压力下的逸度系数，然后利用逸度=逸度系数×压力（对于单组分气体），这样才能作为输入值。

以 Peng-Robinson 状态方程（Peng and Robinson，1976）为基础，逸度 f 及逸度系数 φ 的计算方法如下：

$$P = \frac{RT}{V_m - b} - \frac{a\alpha}{V_m^2 + 2bV_m - b^2} \tag{6-5}$$

式中，$a = \dfrac{0.45724R^2T_c^2}{P_c}$，$b = \dfrac{0.07780RT_c}{P_c}$，$\alpha = [1 + \kappa(1 - T_r^{0.5})]^2$，$\kappa = 0.37464 + 1.54226\omega -$

$0.26992\omega^2$，$T_r = \dfrac{T}{T_c}$。P_c、T_c、T_r、ω 分别为临界压力、临界温度、比温、偏心因子，甲烷的这 4 个量的对应值分别是 4.5992MPa、190.6K、0.698、0.01142。

逸度系数 φ 为

$$RT\ln\varphi = \int_0^P (V_m - RT/P)\mathrm{d}P \tag{6-6}$$

代入状态方程可得

$$\ln\varphi = Z - 1 - \ln\frac{P(V-b)}{RT} - \frac{1}{2\sqrt{2}bRT}\ln\frac{V + (\sqrt{2}+1)b}{V - (\sqrt{2}-1)b} \tag{6-7}$$

式中，Z 为压缩因子，压缩因子方程为

$$Z^3 - (1-B)Z^2 + (A - 3B^2 - 2B)Z - (AB - B^2 - B^3) = 0$$

式中，$A = \dfrac{a\alpha P}{R^2T^2}$，$B = \dfrac{bP}{RT}$，计算得到压缩因子 Z=0.8617。

然后，利用逸度 f 与逸度系数关系求得

$$f = \varphi \times P \tag{6-8}$$

综上可得，在压力为 10MPa、温度为 303K 的条件下，甲烷的逸度为 8.5792MPa。

将求得的逸度值输入，温度定为 303K，Equilibration（平衡）步数设为 100000 步，Production（产生）步数设为 200000 步。力场选择为 COMPASS 力场，电荷分布选择为 Forcefield assigned，Quality 选择 Customized。Electrostatic 和 Van der waals 分别选择为 Ewald 和 Atom based，50 步的采样间隔。

参数设定完毕后，可以得到模型在压力为 10MPa、温度为 303K、甲烷逸度为 8.5792MPa 条件下的甲烷吸附量、甲烷吸附能、能量分布图、吸附分布图等数据。

通过 Materials-Studio 软件得到的吸附量为多孔材料孔内存在的所有甲烷的量，它包含了吸附在孔壁表面吸附的气体分子和存在于孔内的未被吸附的自由气体分子，被称为绝对吸附量。但是通常实验测得的都是孔内所吸附的气体分子量，被称为超额吸附量。由图 6-7 可知，超额吸附量=绝对吸附量-晶体的自由体积×气体的密度（Jhon *et al.*，2007）：

$$M_e = \frac{1}{M_c}\left(\frac{16.0428 \times M_a}{6.02 \times 10^{23}} - 1.0 \times 10^{-24} V_f \times \rho\right) \tag{6-9}$$

式中，M_e 为超额吸附量，g/g；M_a 为绝对吸附量，N/u. c. ①，表示一个晶胞里吸附的分子个数；M_c 为一个晶胞的质量，g/u. c.；V_f 为吸附剂的孔体积（约等于模型的自由体积，因为自由体积包含了闭孔的体积，此处模型不考虑封闭孔的存在），$Å^3$/u. c.；ρ 为甲烷密度，g/cm^3。

依据 Peng-Robinson 状态方程同样可以得到压力为 10MPa、温度为 303K 条件下的甲烷的密度，为 73.8998kg/m^3。通过 Materials-Studio 软件中的 Tools 中的 Atom Volume&Surfaces 的 Connolly Surface 任务，分析计算之后可以得到超晶胞的自由体积。甲烷摩尔质量为 16.0428g/mol，1mol 吸附剂包含 6.02×10^{23} 个单元晶胞。

① u. c. 是 unit cell 的缩写，代表一个晶胞。

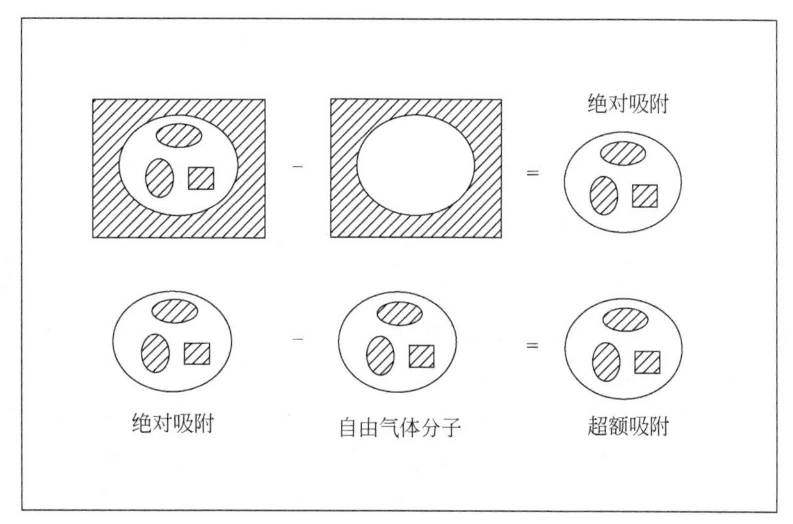

图6-7　绝对吸附与超额吸附示意图

6.4　模拟结果与分析

按照煤微观结构的5个变量因子对17种模型进行分类：延展度（1～4）、堆砌度（4～7）、官能团（4、8～10）、表面缺陷（4、11～13）、纳米级狭缝孔（4、14～17），见表6-3。根据表6-3的数据可以分析这5个变量因子对煤吸附甲烷能力的影响程度。

表6-3　不同煤结构下的甲烷吸附量及等量吸附热

编号	模型	超晶胞质量 /10^{-21}g	超晶胞自由体积 /(Å^3/u. c.)	超晶胞表面积 /(Å^2/u. c.)	绝对吸附量 /(N/u. c.)	超额吸附量 /(g/g)	等量吸附热 /(kJ/mol)
1	3-6×6-1	8.616	1260.650	393.25	16.089	3.895	21.784
2	3-7×7-1	11.727	1717.400	535.14	21.943	3.904	22.324
3	3-8×8-1	15.318	2239.200	699.22	28.901	3.948	22.533
4	3-9×9-1	19.386	2836.450	884.81	36.893	3.990	22.839
5	4-9×9-1	25.848	3124.000	883.23	37.419	2.965	22.835
6	5-9×9-1	32.310	2830.680	884.85	35.473	2.278	22.307
7	6-9×9-1	38.773	2864.640	883.82	34.718	1.840	22.282
8	3-9×9-OH	19.376	2803.410	893.25	32.892	3.455	22.186
9	3-9×9-COOH	19.426	2797.490	905.89	33.457	3.525	22.684
10	3-9×9-C═O	19.413	2802.020	903.95	35.569	3.816	22.755
11	3-9×9-D_1	19.346	2837.850	884.34	35.878	3.858	22.412
12	3-9×9-D_2	19.307	2839.930	885.07	36.759	3.987	22.567
13	3-9×9-D_3	19.307	2837.850	884.20	34.773	3.714	22.077
14	3-9×9-1.5	19.386	3735.67	883.46	55.176	6.161	20.545

续表

编号	模型	超晶胞质量 $/10^{-21}$g	超晶胞自由体积 /(Å³/u. c.)	超晶胞表面积 /(Å²/u. c.)	绝对吸附量 /(N/u. c.)	超额吸附量 /(g/g)	等量吸附热 /(kJ/mol)
15	3-9×9-2	19. 386	7049. 320	885. 03	59. 479	5. 489	15. 169
16	3-9×9-3	19. 386	11330. 990	885. 23	69. 691	5. 261	13. 172
17	3-9×9-5	19. 386	19807. 510	884. 15	90. 937	4. 950	10. 865

表6-3 中模型编号1 ~4，表示不同延展度（L_a）的煤分子结构的吸附量与吸附热。可见随着延展度的增加绝对吸附量和超额吸附量均增加，吸附热增大，从21. 784kJ/mol 增加到22. 839kJ/mol。虽然晶胞的自由体积增加，但是晶胞的表面积增加，从393. 25Å²/u. c. 增加到 884. 81Å²/u. c.，吸附位增加，所以绝对吸附量增加，从 16. 089N/u. c. 增加到 36. 893N/u. c.。超额吸附量表示单位质量的煤分子吸附甲烷的质量，它的增加及等量吸附热随之增加的现象说明随着延展度的增加，煤的吸附能力也增强，超额吸附量从3. 895g/g 增加到3. 990g/g（图6-8）。

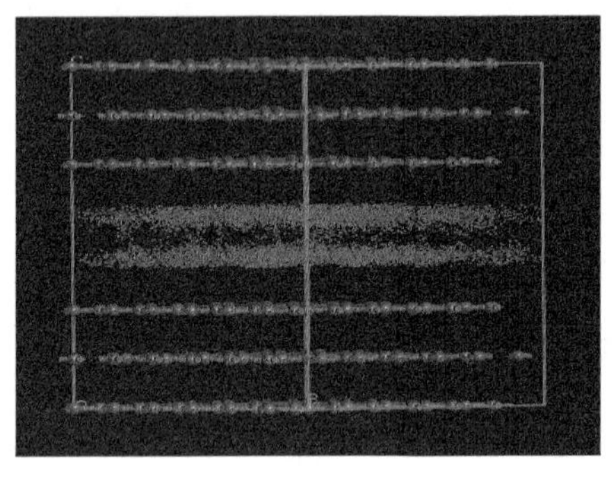

(a)模型1号(3-6×6-1)

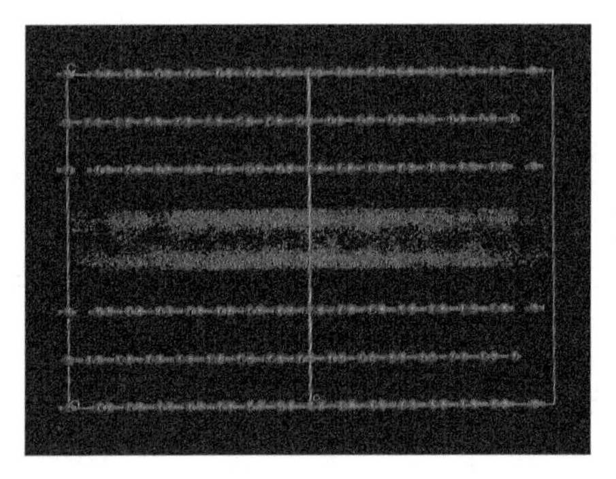
(b)模型3号(3-8×8-1)

图6-8　不同延展度的煤的超晶胞对甲烷的吸附

表6-3 中模型编号4 ~7，表示不同堆砌度（L_c）的煤分子结构参数及甲烷吸附量与吸附热。由表6-3 可知，随着堆叠层数的增加，从3 层到6 层，煤的绝对吸附量变化不大，其原因如下：煤吸附甲烷主要是范德华力，可是范德华力作用范围主要是0. 3 ~0. 5nm，但芳香层片的面网间距一般在0. 34nm 左右，所以层数的增加对增加孔壁的吸附力没有多大贡献，所以各模型中每个超晶胞的吸附甲烷分子个数相近。但是晶胞层数的增加，导致晶胞质量的增加，质量从19. 386×10^{-21}g 增加到38. 773×10^{-21}g，所以煤的单位质量的吸附量降低，即超额吸附量降低，从3. 990g/g 降低到1. 840g/g。虽然这四个模型堆叠层数不同，但是表面积、孔体积却相近，通过表6-3 可以看出狭缝孔内吸附的甲烷个数并没因为堆叠层数的增加而增加，反而超额吸附量降低，吸附热也有所降低。这说明，堆叠层数的增加反而使煤表面的吸附能力下降。虽然从低阶煤到高阶煤，煤的堆砌度增加，但是其增加有相应的限度，根据前人的数据，堆砌度在0. 8551 ~3. 9540nm 时，堆砌层数为2. 24 ~11. 35 层。但是对实际的煤而言，随着变质程度的提高，其堆砌度增加的同时，延展度也在增加，由表6-1 可知，L_a/L_c 的值在增加，煤的晶核不断向“扁平化”发展，晶核表面

积增大，煤的吸附量也在增加（表6-3），煤的吸附能力增强（图6-9）。

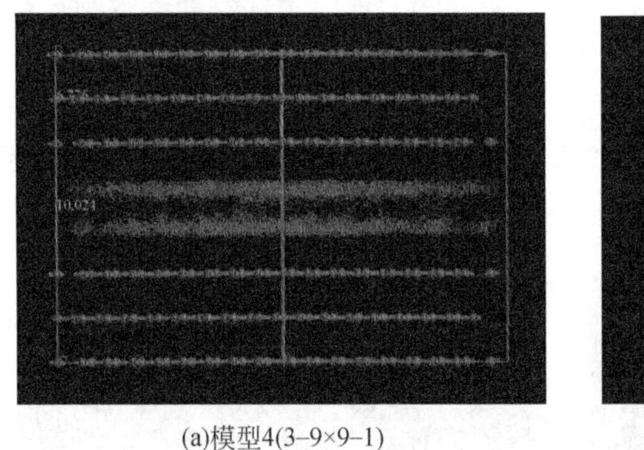

(a)模型4(3–9×9–1)

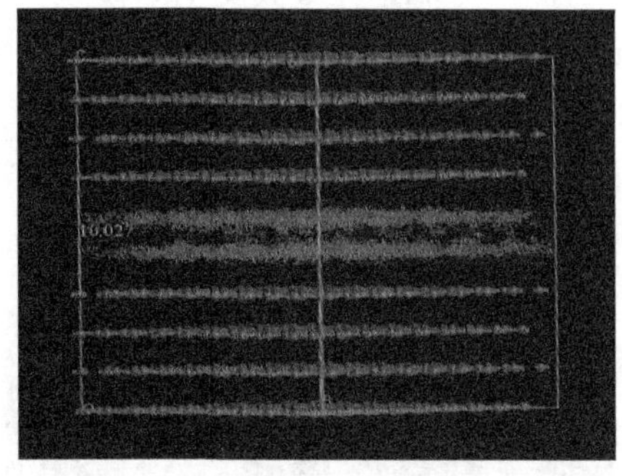

(b)模型5(4–9×9–1)

图6-9　不同堆叠层数煤的超晶胞对甲烷的吸附

表6-3中模型编号4、8～10，表示表面存在不同官能团的煤分子结构参数及甲烷吸附量与吸附热。由表6-3可知官能团的存在确实影响了煤的吸附能力，其吸附量明显降低。其中煤表面不存在官能团的时候，其超额吸附量为3.990g/g，存在官能团的时候则降低到3.455g/g。同时煤表面不存在官能团的时候，其等量吸附热为22.839kJ/mol，存在官能团的时候则降低到22.186kJ/mol，其主要原因是官能团的存在减少了煤表面的吸附位，官能团自身物理化学性质不利于甲烷吸附，使甲烷吸附减少。这三种含氧官能团的模型（8～10）中，其吸附量与等量吸附热均降低，但也各不相同，其中含有羟基（—OH）官能团的模型，单个晶胞吸附甲烷个数最少，平均只有32.892个，而且其单位质量吸附甲烷量也是最低，为3.455g/g，同时羟基的存在使模型的等量吸附热明显降低，是这4种模型中最低的，可见羟基不利于煤表面吸附甲烷（图6-10）。

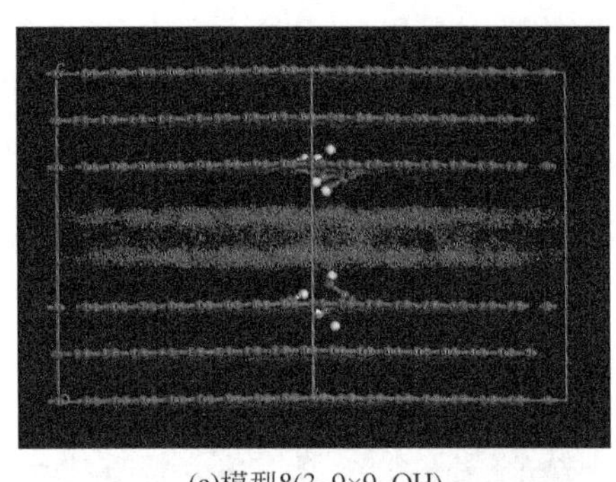

(a)模型8(3–9×9–OH)

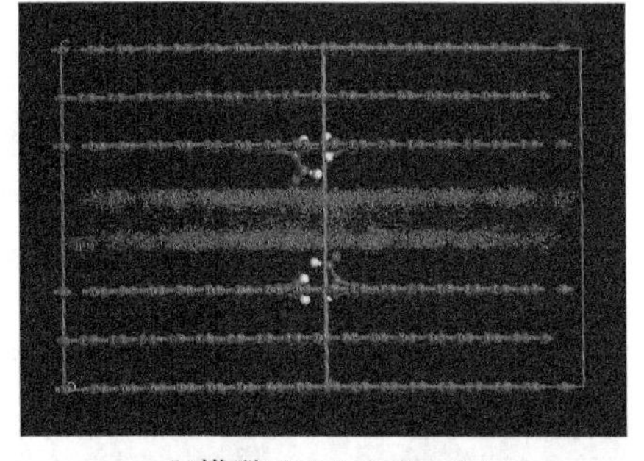

(b)模型10(3–9×9–C═O)

图6-10　不同表面官能团的煤的超晶胞对甲烷的吸附

表6-3中模型编号4、11～13，表示表面存在不同缺陷类型的煤分子结构参数及甲烷吸附量与吸附热。由表6-3可知，由于表面缺陷的存在，孔壁表面吸附位缺失，吸附量有所降低，模型4绝对吸附量和超额吸附量均大于模型11～13。模型11、13表面的缺陷类型一样，只是前者是缺失一个苯环而后者是缺失两个苯环，因此吸附表面积前者大于后者，吸附量也是前者大于后者。虽然模型12也是缺失了两个苯环，它的表面积却大于模

型 11、13，甚至略等于未有任何缺失的模型 4。模型 12 吸附量大于模型 11、13，小于模型 4。分析原因可能是在缺失类型如模型 11 时，缺失一个碳原子，表面的吸附位缺失，下层的碳环不能提供吸附位，当缺失两个以上相连的碳环时，"缺口"增大，下层的碳环可以为表面提供吸附位，所以才出现当缺失类型如模型 12 时，其表面积增大，略等于完好的模型，但是"填补"的下层吸附为距离较远，即使煤表面积相同，其吸附量也会低于没有任何缺陷的煤表面结构（图 6-11）。

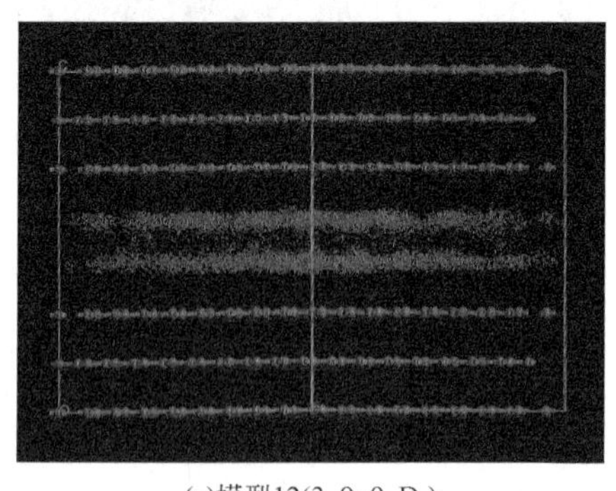

(a)模型12(3–9×9–D_2)

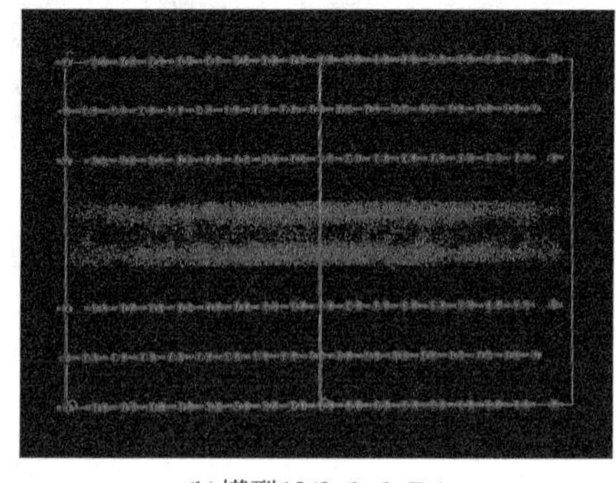

(b)模型13(3–9×9–D_3)

图 6-11　不同表面缺陷类型的煤的超晶胞对甲烷的吸附

表 6-3 中模型编号 4、14 ~ 17，表示表面存在不同层状狭缝孔径的煤分子结构参数及甲烷吸附量与吸附热。由表 6-3 可知，模型 4、14 ~ 17 的孔径分别为 1nm、1. 5nm、2nm、3nm、5nm，由于孔径的逐渐增加，单个晶胞的甲烷吸附量随之增大。当孔径为 1. 5nm 时，超额吸附量最大，即 1. 5nm 孔径，单位质量的煤吸附量最大，为 6. 161g/g。大于 1. 5nm 时，超额吸附量逐渐降低，等量吸附热降低，说明大于 1. 5nm 的微孔随着孔径的增大，单位吸附量降低，吸附能力下降。比较这几种孔径的吸附量可知，当晶核的 XRD 参数、表面积基本相同时，1. 5nm 孔径的吸附能力最强。1. 5nm 以下孔的吸附情况比较令人费解。例如，表 6-3 中 1nm 的微孔，除孔体积远低于 1. 5nm 孔以外，其他结构参数基本相同，而且其等量吸附热大于 1. 5nm 微孔，但是其绝对、超额吸附量却小于后者（图 6-12）。

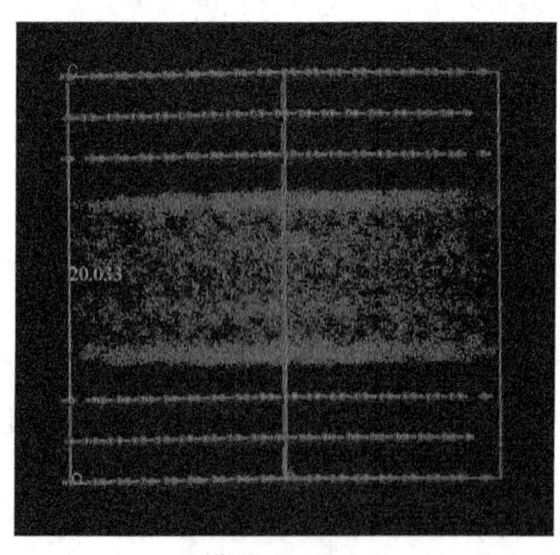

(a)模型14(3–9×9–2)

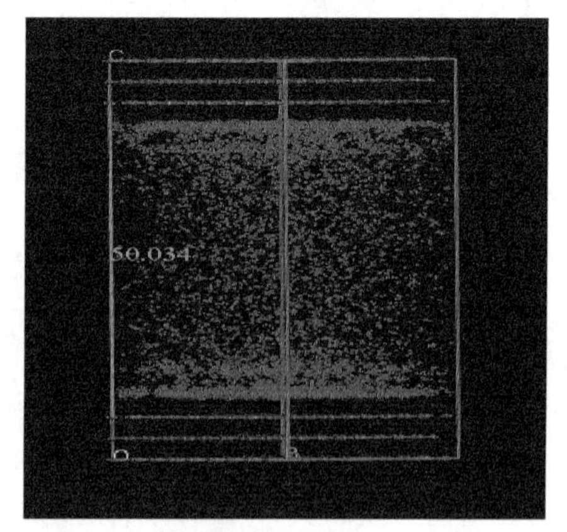

(b)模型16(3–9×9–5)

图 6-12　煤的不同狭缝孔径对甲烷的吸附

6.5 纳米级孔吸附性能模拟研究

煤的大分子结构，包括晶核的BSU结构外，其晶核表面还存在官能团、缺陷和杂链。本节主要进一步研究纳米级孔对软硬煤吸附性能的影响。利用分子动力学模拟和XRD参数，探究软硬煤晶核结构的不同，所引起的吸附性能的差异。同时高阶无烟煤官能团含量较少，晶核结构更趋于石墨的层状结构，晶核发育良好，表面杂链和缺陷较少，因此基于XRD参数建立无烟煤的软硬煤的分子结构模型，比较九里山软硬煤纳米级孔的吸附差异。

根据第4章测得的XRD参数，构造九里山软煤为7−14×14的超晶胞，CO_2吸附实验测得其2nm以下微孔中值孔径为1.20031nm，因此设置真空层厚度为1.20031nm，其自由体积为54239.5Å^3/u.c。构造九里山硬煤6−12×12的超晶胞，2nm以下微孔中值孔径为1.0981nm，其自由体积为3960.4Å^3/u.c.。基本晶核的XRD参数见表6-4。

表6-4 无烟煤晶核的XRD参数

煤样名称	模型	L_a/nm	L_c/nm	L_a/L_c	N	n
九里山软煤	7−14×14	3.8572	2.5336	1.5224	7	196
九里山硬煤	6−12×12	3.1353	2.2471	1.3953	6	144

利用分子动力学软件Materials-Studio，模拟九里山软硬煤2nm以下中值孔的在303K温度下吸附甲烷情况，得到五个吸附平衡点的吸附量，见表6-5、表6-6。从而绘制出相应的等温吸附曲线，如图6-13所示，图中软煤在各压力平衡点的吸附量均大于硬煤，低压时的吸附速率也大于硬煤。由于模拟的是2nm以下中值孔径的吸附情况，且微孔的吸附大多符合微孔填充理论，利用D-A吸附模型拟合模拟数据，从而得到吸附等温拟合曲线，如图6-14所示，拟合结果见表6-7。其中，软硬煤数据拟合均很好，相关系数均在0.999，可见模拟的吸附也符合微孔填充理论，软煤的极限吸附量为51.99854cm^3/g，大于硬煤的49.71519cm^3/g。

表6-5 九里山软硬煤吸附模拟结果

编号	压力/MPa	303K下甲烷逸度/MPa	甲烷密度/(kg/m^3)	绝对吸附量/(N/u.c.)	超额吸附量/(cm^3/g)
1	0.1	0.0998	0.6378	34.124	23.0764
2	1	0.9839	6.4727	59.974	40.6471
3	1.5	1.464	9.7885	65.063	44.1062
4	2	1.9363	13.1579	67.008	45.4282
5	3	2.8585	20.0587	69.875	47.3770
6	4	3.7517	27.1756	72.546	49.1925
7	5	4.6172	34.5058	74.576	50.5724

表 6-6　九里山硬煤吸附模拟参数

编号	压力 /MPa	303K 下甲烷逸度 /MPa	甲烷密度 /(kg/m³)	绝对吸附量 /(N/u. c.)	超额吸附量 /(cm³/g)
1	0. 1	0. 0998	0. 6378	23. 444	25. 1830
2	1	0. 9839	6. 4727	36. 773	39. 5699
3	1. 5	1. 464	9. 7885	38. 798	41. 7556
4	2	1. 9363	13. 1579	39. 856	42. 8976
5	3	2. 8585	20. 0587	42. 212	45. 4406
6	4	3. 7517	27. 1756	43. 242	46. 5524
7	5	4. 6172	34. 5058	44. 538	47. 9512

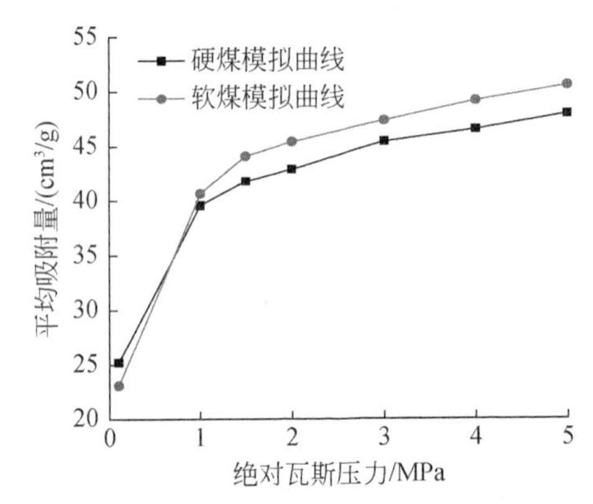

图 6-13　九里山软硬煤模拟的吸附等温曲线

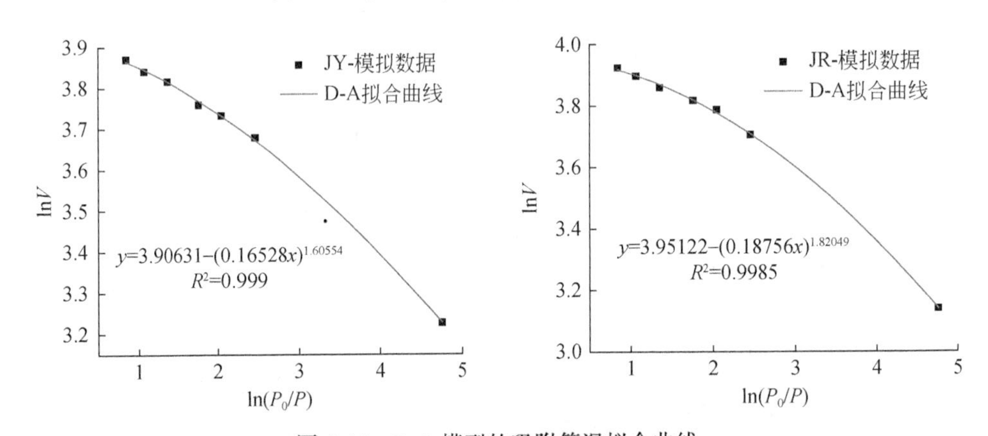

图 6-14　D-A 模型的吸附等温拟合曲线

表 6-7　模拟吸附数据与 D-A 模型的拟合结果

煤样名称	相关系数 R^2	参数
九里山硬煤	0. 9990	V_0 = 49. 71519cm³/g，E = 15241. 518，n = 1. 60554
九里山软煤	0. 9985	V_0 = 51. 99854cm³/g，E = 13431. 034，n = 1. 82049

虽然堆叠层数的增加并不利于煤的吸附性能的提高，但是延展度的提高却能提高其吸附能力，软煤的 L_a/L_c 值大于硬煤，软煤吸附量大于硬煤，软煤晶核比硬煤大，并且越来越“扁平化”，这说明 L_a/L_c 值可以作为衡量煤的吸附能力的一个标准。

此处模拟的只是2nm以下中值孔的吸附情况，忽略了官能团和表面缺陷的影响（虽然无烟煤表面官能团较少），仅考虑煤的基本单元结构的变化，所以无法与所做的吸附实验进行对比，但是可以体现出2nm以下狭缝孔的吸附特性、煤的晶核结构对吸附的影响，以及2nm以下孔对煤吸附的贡献。通过图6-15可知，2nm以下中值孔的吸附量远大于煤整体的，可见纳米级孔为煤体吸附提供了大部分贡献。在3MPa以后吸附量变化不大，说明2nm以下中值孔在低压下吸附速率快，吸附量也较大，吸附能力强。大于3MPa，吸附曲线变得平缓，趋于吸附平衡。说明在吸附初期，纳米级孔提供了较强的吸附能力，纳米级孔越多，煤的吸附速率越快，吸附量越大。

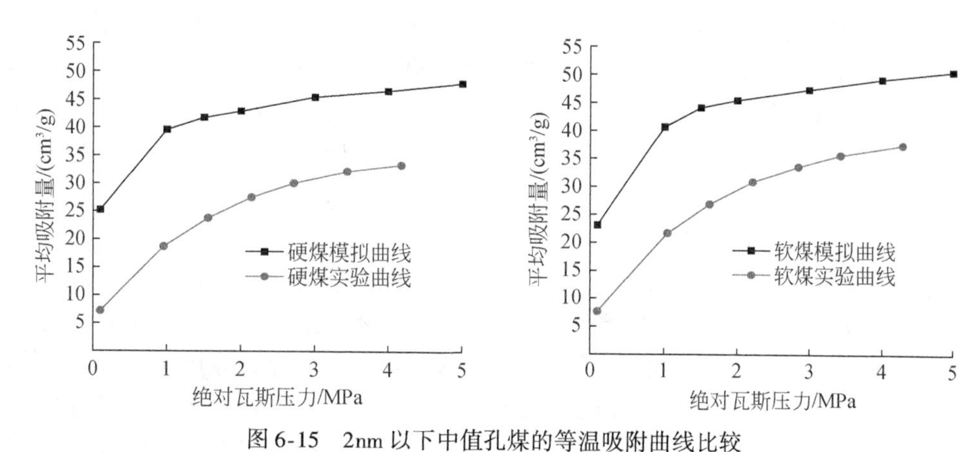

图6-15　2nm以下中值孔煤的等温吸附曲线比较

在4MPa以后，模拟的吸附量与实验的吸附量差距在减小。通过D-A模型拟合，硬煤的实验极限吸附量为46.83332cm³/g，与模拟得到的49.71519cm³/g相差不大。虽然模拟仅是局部的结构模拟，但是纳米级孔作为瓦斯储存的主要空间，同时九里山硬煤经过构造作用较少，煤的结构不复杂，孔的类型单一，因此2nm以下中值孔的吸附也能够体现煤的吸附性能。但是软煤实验与模拟的极限吸附量相差12.19314cm³/g，分析原因可能是软煤经过构造应力作用使煤的结构分布更加复杂，微孔更加发育，2nm以下各种孔径进一步发育，通过第5章液氮实验得到的结论也可证明这一点，推断是吸附能力强于中值孔的孔增多，因此仅2nm以下中值孔无法完全体现软煤的吸附性能。

6.6　本章小结

本章利用分子动力学模拟软件Materials-Studio构建煤的晶核结构，探究不同结合结构下，恒温恒压下煤的吸附性能差异。延展度（L_a）从1.476nm增加到2.214nm，吸附量从3.895g/g增加到3.990g/g，延展度的增加有助于煤的吸附；堆砌度（L_c）从1.016nm增加到1.990nm，吸附量降低，从3.990g/g降到1.840g/g，等量吸附热也降低，表明堆砌度增加不利于煤吸附甲烷。结构表面含氧官能团和缺陷的出现，占据了吸附位或使吸附位缺失，导致煤的吸附能力下降。通过构建的几种纳米级孔径的狭缝孔，模拟得到不同孔径的吸附量。孔径对煤的吸附影响很大，1.5nm孔径的吸附量最大，为6.161g/g，1nm孔径的吸附量最小为3.990g/g，吸附量并没有随着孔径的增大而增大，或者减小而减小。可见对吸附甲烷有一个最合适孔径，1.5nm普遍被认为吸附能力最强的孔径，由于1.5nm正好是甲烷直径的四倍，被认为是具有多重吸附力叠加的孔，可见孔径的变化对煤的吸附影响很大。

利用第4章测到的四种软硬煤的分子结构数据，以及第5章测到的2nm以下孔径数据，选择结构相对简单，变质程度更高的九里山软硬煤进行晶核构建和吸附模拟，得到了各压力下的吸附量，绘制了等温吸附曲线，软煤的吸附曲线大部分在硬煤之上。利用D-A吸附模型拟合，相关系数均0.999，拟合得很好，说明该吸附符合微孔填充理论。软煤极限吸附量为51.9985cm³/g，大于硬煤的49.7152cm³/g。比较实验曲线发现，吸附初期，2nm以下孔的吸附速率、吸附量明显大于煤的吸附速率，并且比后者更快达到平衡。

堆砌度增加不利于吸附，延展度增加有利于吸附，但是根据实验可知软煤的堆砌度和延展度均大于硬煤，并且软煤的吸附量大于硬煤。分析原因是软煤的L_a/L_c值大于硬煤，煤的晶核在增大的同时，使晶核横向扁平化发育，使单位质量的煤有更多的表面积与甲烷接触。因此，将煤的晶核的L_a/L_c值作为煤吸附性能和变质程度的一个判断指标，实验和模拟结果均印证了这一点。

本章通过对不同煤阶、不同破坏类型软硬煤的吸附性能差异，以及各种吸附对软硬煤吸附规律的适用性进行研究，同时利用实验手段测试了不同煤阶、不同破坏类型软硬煤的分子结构、纳米级孔结构的差别，发现了软硬煤微观结构的差异，分析探讨了基于软硬煤微观结构差异对吸附性能的影响，以及构造应力对煤纳米级孔结构的影响，即动力变质作用。与此同时，通过分子结构、纳米级孔结构的实验研究，结合前人理论分析了二者的相互关系，推测了微孔成因。为了进一步搞清分子结构、纳米级孔结构对吸附的影响，利用分子动力学模拟软件，模拟不同基本单元结构、不同表面官能团、不同表面缺陷、不同孔径下的煤分子模型的吸附性能差异，明确了分子结构、孔隙结构对煤吸附的影响程度。同时结合实际测量数据，构建九里山无烟软硬煤2nm以下模型，考察2nm以下孔软硬煤吸附差异及其对煤吸附的影响和贡献，同时也验证了模拟的结果合理性。

通过实验研究、数据拟合处理、软件模拟、理论分析等方法，本章主要得到以下几点结论。

（1）软硬煤吸附实验测得，软煤的吸附等温曲线始终在硬煤之上，同煤阶软煤的吸附常数a、b值大于硬煤。同时随着变质程度的增加，吸附常数依次增加。同煤阶软硬差距越大的软硬煤，其吸附常数差距越大，如九里山软硬煤a值相差3.996mL/g，平顶山软硬煤却仅相差1.484mL/g。

（2）7种吸附模型对软硬煤吸附数据平均拟合度情况为D-A>Toth>E-Langmuir>L-F>Freundlich>BET>Langmuir，Langmuir吸附模型拟合度最低。除了Langmuir吸附模型外，其他6种模型均是软煤的拟合程度高于硬煤。7种模型中三参数模型的拟合度均大于二参数模型，可见假设条件越少，限制条件越少，理想化越低对吸附规律描述得越准确。D-A模型的拟合程度最高，说明微孔吸附占主导地位。同时破坏程度增加，软硬煤极限吸附量差距增大。

(3) X射线衍射实验得到了软硬煤的基本单元结构参数，软煤的 d_{002} 均小于硬煤，软煤的延展度 L_a 均大于硬煤，软煤的堆砌度 L_c 均大于硬煤，软煤的 L_a/L_c 值大于硬煤，说明软煤比硬煤晶核结构有序性增强，晶体体积变大，基本单元结构变大，更“扁平化”，构造应力使硬煤晶核缩聚，并横向生长，动力变质作用明显。随着变质程度的增加，煤的晶核大小差距增大，L_a/L_c 从0.7518增加到1.5224，晶核不断扁平化生长。利用傅里叶红外光谱实验，测得了软硬煤的官能团情况。软煤的含氧官能团含量低于硬煤，脂肪烃含量低于硬煤，C═C多于硬煤，构造应力使官能团发生脱落。同煤阶软硬煤大分子结构、官能团的差异，进一步说明了动力变质作用的存在。

(4) 低温液氮吸附实验和二氧化碳吸附实验测定软硬煤10nm以下微孔的比表面积、孔容、吸附回线类型及孔径分布。同煤阶软煤的微孔比表面积和孔容均大于硬煤。低阶煤的孔容中微孔贡献较少，主要提供了比表面积。高阶煤的孔容、比表面积皆由微孔贡献。软硬煤软硬差距越大，孔容和比表面积差距越大。九里山软硬煤比表面积相差43.172587cm^2/g，微孔孔容相差0.007988cm^3/g。平顶山软硬煤的微孔比表面积仅相差6.012412cm^2/g，孔容相差0.001259cm^3/g。可见构造作用对煤微孔是有改变的，构造作用越强烈，对微孔的改变越大。

(5) 对于2nm以下微孔，软煤的比表面积、孔容始终大于硬煤，随着孔径减小，孔容差距也减小，1.1nm后软硬煤相近。2nm以下微孔提供了煤的大部分表面积和孔容，软煤最大的比表面积达到320.611351cm^2/g，占全孔表面积的98.023%，孔容达到0.044554cm^3/g，占全孔的92.244%。同时发现了基本单元结构之间的狭缝孔和芳香环围成的圆柱孔。

(6) 通过模拟发现，延展度的增加有助于煤的吸附；堆砌度不利于吸附能力的提高，结构表面含氧官能团和缺陷的出现，占据了吸附位或使吸附位缺失，导致煤的吸附能力下降。孔径对煤的吸附影响很大，远大于分子结构改变产生的影响。1.5nm孔径的吸附量最大，为6.161g/g，1nm孔径的吸附量最小为3.990g/g。通过建立实际煤样的晶核结构，发现2nm以下孔的吸附速率、吸附量明显大于煤的，并且比后者更快达到平衡。同时发现 L_a/L_c 值可以作为煤吸附性能和变质程度的一个判断指标。

第7章　煤粒瓦斯放散实验系统研制

煤粒瓦斯放散实验系统的研制及煤样的制备，是为开展煤粒瓦斯放散规律实验的准备环节，本章主要阐述实验系统的研制和煤样采集、制备方法。

7.1　煤粒瓦斯放散实验系统的设计

煤粒瓦斯放散实验法是系统考察研究煤粒或块煤的瓦斯解吸放散规律的重要方法之一，前人已经建立过不同的含瓦斯煤放散实验装置（孙重旭，1983；渡边伊温和辛文，1985；杨其銮，1986a），但存在以下问题：①都是小质量煤样（10～100g），存在相对误差较大的可能性；②没有实现环境温度的变化功能；③没有改变煤粒水分的实验装置；④实验效率较低，每次只能做1～2个煤样，且不能同时测定钻屑解吸指标，实验效率低，不适用于系统研究煤粒瓦斯放散规律。

煤粒瓦斯放散实验系统主要是在《煤的甲烷吸附量测定方法（高压容量法）》（MT/T 752—1997）、《煤的高压等温吸附试验方法　容量法》（GB/T 19560—2004）和《钻屑瓦斯解吸指标测定方法》（AQ/T 1065—2008）中实验装置的基础上自行设计加工而成，实验仪器的原理如图7-1所示。

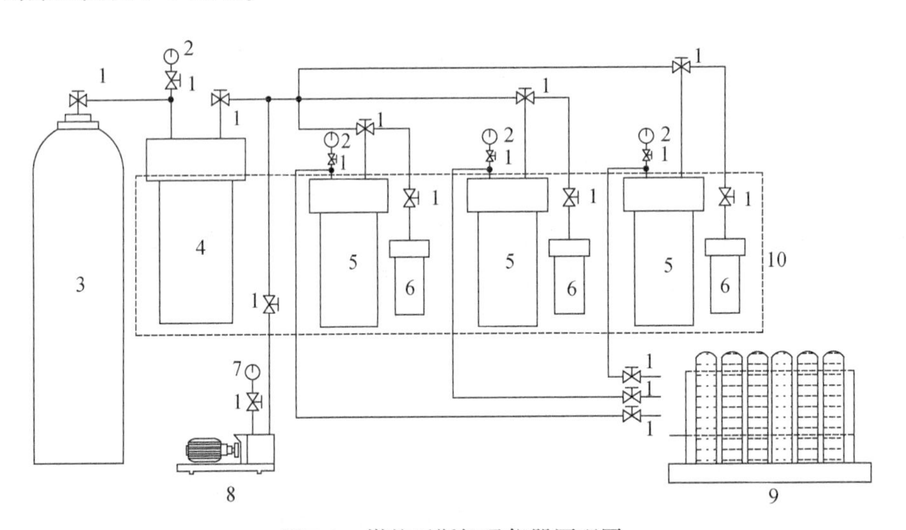

图7-1　煤粒瓦斯解吸仪器原理图

1. 针阀；2. 精密压力表；3. 高压甲烷瓶；4. 充气罐；5. 大煤样罐；6. 小煤样罐；7. 真空表；8. 真空泵；9. 解吸罐；10. 恒温水箱

首先对煤样抽真空，然后对煤样充入瓦斯，待吸附平衡后，瞬间释放压力，测定煤体暴露在空气中的瓦斯解吸量随时间的变化。煤粒瓦斯放散仪器实物如图7-2所示。

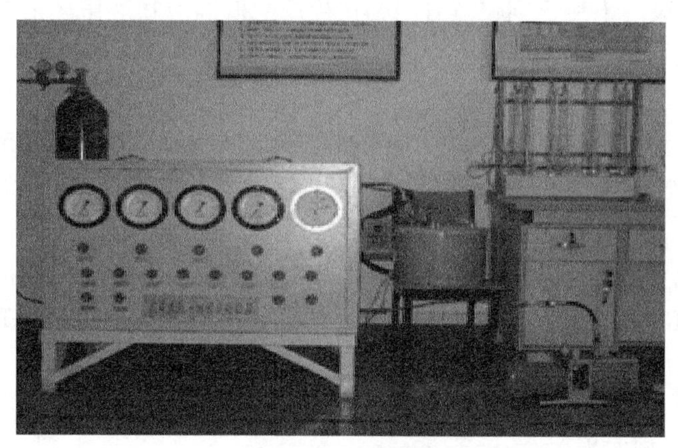

图7-2　煤粒瓦斯放散仪器实物图

7.1.1　实验仪器的系统结构

构造煤瓦斯解吸仪器主要由脱气单元、充气单元、温度控制单元和瓦斯吸附-解吸单元组成。

1）脱气单元

脱气单元由真空表和真空泵组成，主要用于气密性检查、体积标定和煤样脱气，其主要仪器规格、型号如下。

真空表：由中国红旗仪表有限公司生产，量程为 $1\times10^{-5}\sim1\times10^{-5}$Pa。

真空泵：采用2XZ-1型直联旋片式真空泵，该泵主要通过对密闭容器抽出气体获得真空，具有重量轻、体积小、噪声小、启动方便等特点，极限真空度为 6.7×10^{-2}Pa，抽气速率为2L/s，电动机功率为0.37kW。适应于长时间连续工作。

2）充气单元

充气单元主要由高压甲烷瓶、充气罐、大小煤样罐和充气连接管路组成，主要用于气密性检查和对煤样充入一定压力的甲烷。仪器主要规格和参数如下。

高压甲烷气由北京氦普北分气体工业有限公司生产，浓度为99.9%，压力为13.6MPa。

充气罐：内尺寸为 Φ125mm×323mm，外尺寸为 Φ146mm×323mm，耐压32MPa。

煤样罐：内尺寸为 Φ90mm×178mm，外尺寸为 Φ128mm×222mm，耐压32MPa。

充气时3号甲烷钢瓶先向4号充气，4号起到缓冲作用，然后通过4号向5号大煤样罐和6号煤样罐充气，完成充气过程，实现了同时向6个煤样罐充气。

3）温度控制单元

温度控制单元由恒温水箱、超级恒温器和低温冷却循环泵组成。其主要仪器型号如下。

超级恒温器：辽宁博大科学仪器有限公司生产的CS501-SP型超级恒温器，温度调节范围为5~95℃，偏差为±0.5℃。

低温冷却循环泵：上海比朗仪器有限公司生产的低温冷却液循环泵 DL-1015 型，制冷由风冷式全封闭压缩机和微机智能控制系统组成，提供低温循环冷却水或者低温恒温水流，用以满足通过冷却水及低温液体去降温或是恒温仪器的需要，循环泵可将水槽内冷却水输出，冷却或恒温机外实验容器，最低温度为-10℃，恒温精度为±0.5℃。

恒温水箱：由 2mm 厚的不锈钢板加工成的双层保温水箱，水箱内部布置有循环控温管路。

4）瓦斯吸附-解吸单元

瓦斯吸附单元：由煤样罐、充气罐和压力表组成。充气罐和煤样罐由不锈钢材料加工而成，可耐压 32MPa。压力表是中国红旗仪表有限公司生产的 YB-150ZT 精密压力表，量程为 0～6MPa，精度为 0.4 级。

瓦斯解吸单元：主要由带刻度标尺的解吸管组成，其内径为 100mm，高为 500mm，体积为 1000mL，最小刻度为 4mL。

7.1.2 实验仪器的功能分析

构造煤瓦斯解吸实验仪器主要是模拟构造煤瓦斯吸附平衡后，瞬间释放煤样罐压力，从而测定实验煤样暴露在空气中的瓦斯解吸过程。加工实验仪器需满足以下条件：①保证煤样能够吸附瓦斯到设定的压力；②保证煤样瓦斯能够在不同温度下吸附和解吸；③构造煤解吸的瓦斯始终保持常压下泄入量管，若忽略测定过程中大气压力的变化，则可认为瓦斯出口处的压力是恒定的。实验仪器主要实现如下功能。

1）真空脱气功能

该功能主要由真空脱气单元完成，主要完成实验系统的充气罐、煤样罐、管路的体积标定工作；完成解吸实验前的真空脱气工作。

2）温度调节功能

该功能主要是根据不同实验要求设定构造煤吸附和解吸瓦斯时的温度，温度调节范围为 1～95℃，恒温精度为±1℃。

3）构造煤粒瓦斯吸附和解吸模拟实验功能

该功能主要由充气单元和瓦斯吸附-解吸单元完成，可以对不同变质程度、不同破坏类型、不同粒度、不同水分的构造煤在不同压力和不同温度下进行瓦斯解吸实验，确定不同解吸温度条件下构造煤的瓦斯解吸规律。

4）瓦斯解吸指标的模拟测定功能

该功能可以完成不同压力和不同温度下构造煤的瓦斯解吸指标的测定，并可与 MD-2 型瓦斯解吸仪和 WTC 瓦斯突出参数测定仪测定结果比较分析。

7.2 实验仪器体积的标定

为了保证构造煤瓦斯解吸实验结果的准确性，需要对实验所使用的煤样罐、充气罐和系统的管路进行标定。标定方法如下：先将需要测定的煤样罐及其管路与真空脱气单元连通，将其抽成真空，压力降至 10Pa，关闭真空阀门；然后，将其与标准量筒接通，读取量

筒初始液面高度 h_1；最后，打开真空阀门使空气进入被测煤样罐及其管路中，此时量筒内液面上升至 h_2，h_2-h_1对应的体积即被测罐及其管路的体积。为了保证实验仪器体积标定的准确性，重复测试 3 次，取其平均值，标定结果见表 7-1。

表 7-1　主要仪器设备体积标定

主要仪器名称	第一次标定/cm^3	第二次标定/cm^3	第三次标定/cm^3	平均体积/cm^3
1#煤样罐	1262. 50	1262. 50	1256. 25	1260. 42
2#煤样罐	1253. 13	1253. 13	1243. 75	1250. 00
3#煤样罐	1200. 00	1203. 13	1206. 25	1203. 13
充气罐	4193. 75	4175. 00	4146. 88	4171. 88

7.3　实验系统死空间游离瓦斯体积的测定

煤粒瓦斯解吸模拟测试的关键环节是解吸零时刻的确定及死空间游离瓦斯的扣除。根据前人研究（杨其銮，1986b；王兆丰，2001），瓦斯解吸从压力表降为零时刻开始，以下对其可靠性进行了验证。在实验进行的初期阶段，考察了 3 组煤样不同瓦斯吸附平衡压力情况下，压力表降为零时释放游离瓦斯与计算死空间体积的一致性（温志辉，2008）。

考察方法如下：将每次放入真空气袋的瓦斯气体，放入解吸仪，计量体积 V_1；将真空气袋的剩余气体利用残存瓦斯含量的脱气仪脱出，体积记为 V_2；放入气袋的游离气体由体积 V_1和 V_2转换成标准状态下的体积 V；然后利用煤样罐（包括所含管路）的体积、煤样的质量 m 和煤样的真密度 TRD 计算出死空间气体的体积 V_0。本次实验共考察了 12 次，结果见表 7-2，在放游离瓦斯时，有很小部分从煤的大孔隙和表面迅速解吸出来的吸附气体被放掉，放掉的吸附瓦斯占煤样总吸附量的 0. 15% ~1. 19%，因此，将压力表降为零时作为测定瓦斯放散规律开始时间是准确可靠的。

表 7-2　死空间游离瓦斯体积的考察

考察状态		放出的游离气体体积 V/cm^3	计算死空间气体体积 V_0 /cm^3	煤样吸附瓦斯体积 V_1 /cm^3	相对误差 $\left(\frac{V-V_0}{V_1}\times 100\%\right)$
煤样	平衡压力/MPa				
义安矿软分层（0. 2 ~0. 5mm）	4. 0	8000	7880	16768	0. 72
	2. 5	4858	4688	14246	1. 19
	1. 0	1816	1760	9285	0. 60
	0. 5	989	980	5955	0. 15
义安矿软分层（0. 5 ~1mm）	4. 0	7771. 5	7722	15720	0. 31
	2. 5	4593	4496	13355	0. 73
	1. 0	1786	1704	8704	0. 94
	0. 5	906	882	5583	0. 43

续表

考察状态		放出的游离气体体积 V /cm^3	计算死空间气体体积 V_0 /cm^3	煤样吸附瓦斯体积 V_1 /cm^3	相对误差 $\left(\frac{V-V_0}{V_1}\times 100\%\right)$
煤样	平衡压力 /MPa				
义安矿软分层（1 ~ 3mm）	4. 0	7065	7002	14672	0. 43
	2. 5	4340	4295	12465	0. 36
	1. 0	1643	1605	8124	0. 47
	0. 5	765	740	5211	0. 48

7.4　不同水分煤样制作

为考察水分对瓦斯放散规律的影响，需采集实验煤样，其参数见表 7-3，并制备不同水分的煤样，利用实验对比四种水分煤样的瓦斯放散规律：干燥煤样，制作方法如前所述；原始水分，直接采用从现场采集的煤样；湿煤样，采用浸泡和水蒸气增加水分的方法；平衡水煤样的制作方法与湿煤样相同，只是水分直到不再增加为止。

湿煤样和平衡水煤样制作装置如图 7-3 所示，制作过程如下：取一部分煤样用水充分浸泡 3 ~ 5 天后，使煤样的毛细孔达到饱和吸水，将浸泡过后的湿煤样连同滤纸放置在煤样托盘上，托盘上放入一些卫生纸，吸取煤样多余的外在水分，缩短平衡时间，然后把煤样连同托盘一同放入装有过饱和 K_2SO_4 溶液的真空干燥器中，密封并抽真空；每隔 24 小时，称量一次重量，直到相邻两次质量变化不超过试样量的 3%，即认为达到湿度平衡（张庆玲，1999）。最佳的平衡时间大约在 5 天，而且煤样达到平衡水分后，应立即装缸进行等温瓦斯吸附-解吸模拟实验。

表 7-3　实验煤样基本参数结果表

采样地点	f	Δp	工业分析/%			吸附常数		孔隙率 /%	视密度 /(m^3/t)
			M_{ad}	A_{ad}	V_{daf}	a/(m^3/t)	b/MPa^{-1}		
淮南丁集矿软分层	0. 22	9. 5	2. 59	21. 22	40. 24	14. 504	1. 124	8. 61	1. 38
淮南丁集矿硬分层	0. 79	3. 5	2. 00	14. 66	37. 52	20. 152	0. 273	7. 69	1. 32
鹤壁八矿软分层	0. 10	21. 0	1. 25	7. 68	14. 09	25. 361	1. 622	2. 90	1. 34
鹤壁四矿硬分层	0. 40	11. 0	0. 93	9. 36	15. 73	28. 994	1. 074	2. 90	1. 34
永城车集煤矿软分层	0. 15	31. 5	0. 92	9. 92	8. 64	32. 654	0. 930	4. 67	1. 43
永城车集煤矿硬分层	0. 85	7. 0	0. 89	10. 08	10. 00	36. 117	0. 668	4. 73	1. 41
永城车集煤矿软分层	0. 17	23. 0	0. 93	5. 67	12. 50	33. 835	0. 952	3. 42	1. 41
永城车集煤矿硬分层	0. 75	7. 5	0. 87	14. 24	8. 17	34. 737	0. 530	4. 20	1. 37
安阳龙山煤矿软分层	0. 38	36. 0	1. 51	11. 75	7. 64	43. 224	1. 640	4. 79	1. 57

续表

采样地点	f	Δp	工业分析/%			吸附常数		孔隙率/%	视密度/(m^3/t)
			M_{ad}	A_{ad}	V_{daf}	a/(m^3/t)	b/MPa^{-1}		
安阳龙山煤矿硬分层	1.16	25.5	1.26	10.81	7.32	43.988	1.295	4.85	1.59
晋城寺河软分层	0.11	29.0	1.54	7.18	6.16	37.786	2.017	4.61	1.45
晋城寺河硬分层	1.25	23.5	2.74	9.83	6.18	34.938	2.189	4.52	1.48

其中硫酸钾结晶及其饱和溶液的配制方法按照《煤的最高内在水分测定方法》（GB 4632—1997）：以 10g 化学纯的硫酸钾（HG 3-920）与 3mL 水的比例混合，该溶液可保持真空干燥器内相对湿度在 96% ~97%。

平衡湿度的计算公式如下：

$$M_e = \left(1 - \frac{G_2 - G_1}{G_2}\right) \times M_{ad} + \frac{G_2 - G_1}{G_2} \times 100\% \tag{7-1}$$

式中，M_e为样品的平衡水分含量,%；G_1为平衡前空气干燥基样品质量，g；G_2为平衡后样品质量，g；M_{ad}为样品的空气干燥基水分含量,%。

图 7-3　平衡水煤样实验系统实物图

根据这种真空状态并保持水分湿度条件下，连续平衡 5 天左右，使煤样制成平衡水分煤样；湿煤样就是煤样中的水分含量未达到水分平衡状态，把制好的平衡水分煤样放入空气干燥箱中干燥 30 分钟左右，使煤中的水分含量减少一部分，根据实验需求，达到另一种煤中的水分含量不饱和的状态，称为湿煤样。

7.5　测定数据处理

为了对比分析不同试样的瓦斯解吸特征，需将实测的瓦斯解吸量换算成标准状态下的体积，换算公式如下：

$$Q_t = \frac{273.2}{101325(273.2 + t_w)}(P_{atm} - 9.81h_w - P_S)Q'_t \tag{7-2}$$

式中，Q_t为标准状态下的瓦斯解吸总量，cm^3；Q'_t为实验环境下实测瓦斯解吸总量，cm^3；t_w为量管内水温,℃；P_{atm}为大气压力，Pa；h_w为读取数据时量管内水柱高度，mm；P_S为t_w下饱和水蒸气压力，Pa。

第8章　煤粒瓦斯放散规律实验研究

已有众多学者从不同角度，基于不同实验条件开展过煤粒放散规律实验研究，形成了10余个经验或半经验公式。另外，还有很多学者依据实验结果对以上经验公式验证和选用，但在经验公式选择上出现争议。出现该问题的主要原因是缺乏对煤粒瓦斯放散规律的系统实验研究，没有查明不同影响因素对瓦斯放散规律的影响机理，没有搞清哪些因素会导致瓦斯放散过程出现规律性变化，即改变了瓦斯放散动力学规律，哪些因素只是改变了瓦斯放散量或放散速度值，而没有改变煤粒的瓦斯放散动力学特性。

本章围绕现场瓦斯含量和钻屑解吸指标测定过程中经常变化的影响因素，旨在通过系统实验研究，查明瓦斯吸附平衡压力、煤的变质程度、破坏程度、粒度、水分和环境温度对煤粒瓦斯放散规律、动力学特性的影响，分析各因素对煤粒瓦斯放散过程的影响机理。

8.1　吸附平衡压力对瓦斯放散规律的影响

针对吸附平衡压力对瓦斯放散规律的影响，是在等温（温度30±1℃和25±1℃）常压环境下，煤样粒度为1～3mm，考察了低变质程度气肥煤淮南丁集11-2煤层，中高变质程度贫瘦煤鹤壁二$_1$煤层、永城车集二$_2$煤层和高变质程度无烟煤的晋城寺河3#煤层、安阳龙山二$_1$煤层等的瓦斯解吸放散规律，主要从放散量、放散速度和扩散参数随时间的变化等几个方面考察，受篇幅所限，仅列出永城车集二$_2$煤层的煤粒瓦斯放散规律实验结果。

8.1.1　平衡压力对瓦斯放散量的影响

图8-1（a）、（b）分别是永城车集二$_2$煤层的软分层和硬分层煤样在不同吸附平衡压力下的瓦斯解吸累计量随时间变化曲线，其余煤样也具有类似的结果。不同吸附平衡压力的瓦斯放散量均随放散时间的延长而增大，呈单调递增的有限函数，与前人实验结果一致，但软硬煤瓦斯放散量随时间增加的规律不同，软煤随时间呈对数关系增加，相关度达到0.99以上，硬煤随时间按对数关系拟合时，相关系数大部分在0.90以下，而呈幂函数拟合时，能达到0.98左右。

如图8-1所示，同一个煤样在相同时间内的瓦斯放散量随平衡瓦斯压力的增大而增大，累计放散量也随平衡瓦斯压力的增大而增大，关于极限放散量的计算方法一直存在争议，渡边伊温和辛文（1985）采用渐近线的方法求极限放散量，杨其銮（1986a）、聂百胜等（2001）、吴世跃（2005）采用Langmuir方程计算吸附平衡压力与实验室内大气压分别对应瓦斯吸附量差值的方法计算极限瓦斯放散量，本章采用在后者基础上改进的方法，关于极限放散量的获取方法，在粒度对瓦斯放散规律的影响中详细介绍。极限瓦斯放散量的计算结果见表8-1。

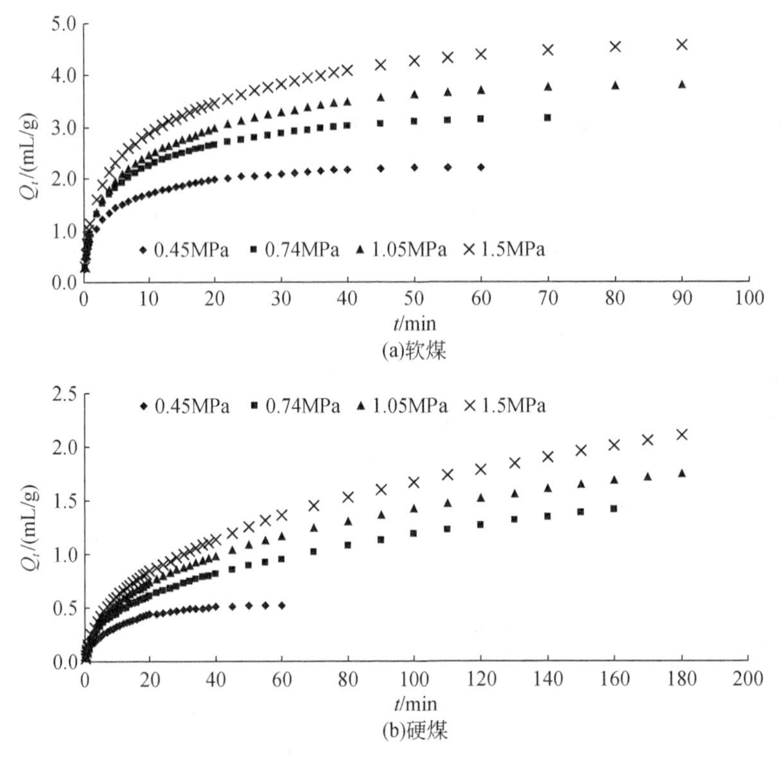

图 8-1　车集煤样不同吸附平衡压力下的瓦斯放散量随时间变化曲线

8.1.2　平衡压力对瓦斯放散速度的影响

1）瓦斯放散速度与时间的关系

Winter 和 Janas（2003）认为，煤从吸附平衡压力解除开始，瓦斯放散速度随时间的变化可用幂函数［式（8-1）］表示。

$$V_t/V_a = (t/t_a)^{-K_t} \tag{8-1}$$

式中，V_t、V_a分别为时间 t 及 t_a时的瓦斯放散速度，cm³/(g · min)；K_t为支配瓦斯放散随时间变化的指数，即衰减指数。

令式（8-1）中的 $t_a=1$，代表第一分钟，则式（8-1）可简化为式（8-2）：

$$V = V_1 \cdot t^{-K_t} \tag{8-2}$$

式中，V_1为时间 $t=1$min 时的瓦斯放散速度，cm³/(g · min)。

实验考察了 1 ~ 3mm 煤粒在 25℃环境下，不同吸附平衡压力的瓦斯放散速度随时间的变化，实验结果如图 8-2 所示，通过对离散数据拟合回归分析，瓦斯放散速度随时间均呈幂函数单调衰减，回归参数见表 8-1，软硬煤样的 K_t值差别较大，同一个煤样，在相同粒度和放散时间情况下，不同吸附平衡压力的 K_t值基本一致，即 K_t值与吸附平衡压力无关，不同破坏程度的煤样 K_t值变化较大；V_1值则随吸附平衡压力的增加而增大；V_1和 K_t的拟合值均随放散时间延长而偏差更大。

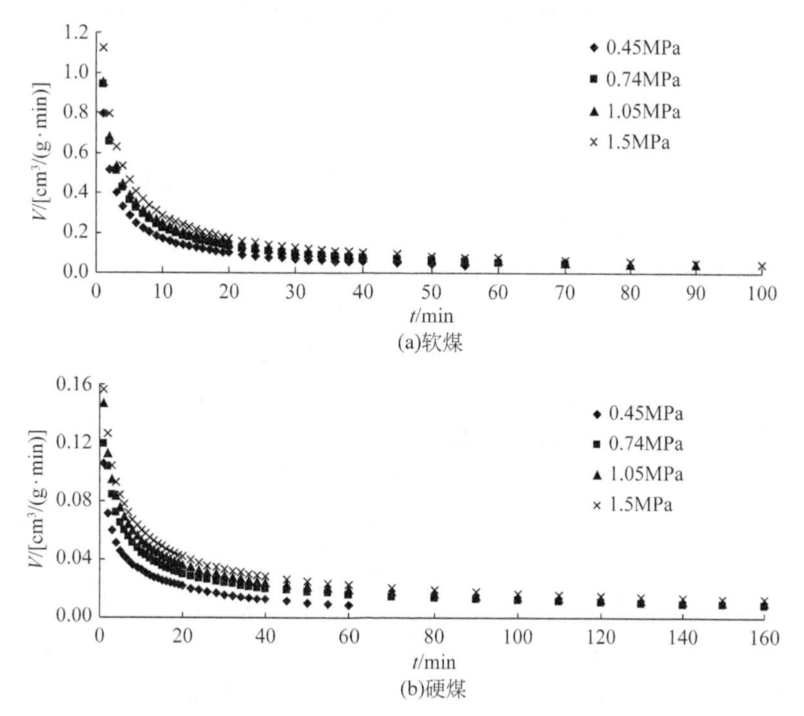

图 8-2　车集煤样不同吸附平衡压力下的瓦斯放散速度变化曲线

表 8-1　吸附平衡压力对瓦斯放散参数的影响

煤样名称	瓦斯压力/MPa	Q_∞/(cm³/g)	实测 V_1	前 10min			长时间		
				V_1/[cm³/(g·min)]	衰减指数 K_t	相关指数 R^2	V_1/[cm³/(g·min)]	衰减指数 K_t	相关指数 R^2
车集软煤	0.45	6.32	0.79	0.8185	0.6682	0.9982	0.9417	0.7618	0.9949
	0.74	8.80	0.94	0.9856	0.6290	0.9970	1.1615	0.7347	0.9935
	1.05	10.72	0.95	0.9982	0.5966	0.9961	1.1987	0.7100	0.9926
	1.50	12.70	1.13	1.1817	0.5992	0.9960	1.5118	0.7404	0.9919
车集硬煤	0.45	5.72	0.11	0.1039	0.5046	0.9990	0.1233	0.6048	0.9827
	0.74	8.22	0.12	0.1312	0.4466	0.9781	0.1559	0.5544	0.9946
	1.05	10.27	0.15	0.1520	0.4457	0.9962	0.1837	0.5519	0.9946
	1.50	12.51	0.16	0.1636	0.4213	0.9934	0.2015	0.5384	0.9945

2）吸附平衡压力对瓦斯解吸初速度的影响

关于吸附平衡压力与瓦斯放散速度的关系已有多位学者开展过研究，但研究结果不太一致，关于吸附平衡压力与瓦斯放散初速度的关系，存在以下几个经验公式，Winter 和 Janas（2003）认为在粒度固定时，吸附平衡压力与瓦斯放散速度的关系为

$$\frac{V_2}{V_1}=\left(\frac{P_2-1}{P_1-1}\right)^{K_{vp}} \tag{8-3}$$

杨其銮（1986a）实验研究表明，当粒度相同时，吸附平衡压力与瓦斯放散初速度的关系为

$$\frac{V_2}{V_1}=\left(\frac{P_2}{P_1}\right)^{K_{vp}} \tag{8-4}$$

式（8-3）、式（8-4）中，V_1、V_2分别为P_1和P_2压力下的瓦斯放散初速度，cm³/(g · min)；K_{vp}为瓦斯放散初速度的压力特性指数。

王兆丰（2001）认为：

$$V_1 = B \cdot P^{K_p} \tag{8-5}$$

式中，V_1为对应于吸附平衡压力P下的瓦斯放散初速度，cm³/(g · min)；B为回归常数，其值为P=1MPa时的瓦斯解吸初速度，cm³/(g · min)；P为煤样吸附平衡压力，MPa；K_p为瓦斯放散初速度的压力特性指数，物理意义与K_{vp}相同。

卢平认为：

$$\frac{V_2}{V_1}=\left(\frac{P_2-0.1}{P_1-0.1}\right)^{K_{vp}} \tag{8-6}$$

K_t值变化较小，为考察V_1值的变化规律，同一煤样固定K_t值，即K_t值取平均值，见表8-2，重新拟合方程，回归参数见表8-2，相关指数为0.9471～0.9916，V_1值随吸附平衡压力单调递增。利用不同吸附平衡压力的回归V_1值和实验实测V_1值，考察了V_1值与吸附平衡压力的关系，如图8-3所示，软煤的瓦斯解吸初速度受吸附平衡瓦斯压力的影响要大于硬煤，见表8-3，通过实验数据拟合式（8-3）～式（8-6）或其变换形式，相关指数最高的为式（8-5），即式（8-5）最符合煤粒瓦斯解吸初速度与吸附平衡瓦斯压力的关系。

表8-2　吸附平衡压力对瓦斯解吸初速度的影响

煤样名称	瓦斯压力	Q_∞/(cm³/g)	V_1/[cm³/(g · min)]	K_t	相关指数R^2
车集软煤样	0.45	6.32	0.85378	0.7367	0.9902
	0.74	8.80	1.06483	0.7367	0.9738
	1.05	10.72	1.11444	0.7367	0.9549
	1.50	12.70	1.31513	0.7367	0.9622
车集硬煤样	0.45	5.72	0.11034	0.5624	0.9916
	0.74	8.22	0.14821	0.5624	0.9542
	1.05	10.27	0.17442	0.5624	0.9645
	1.50	12.51	0.19378	0.5624	0.9471

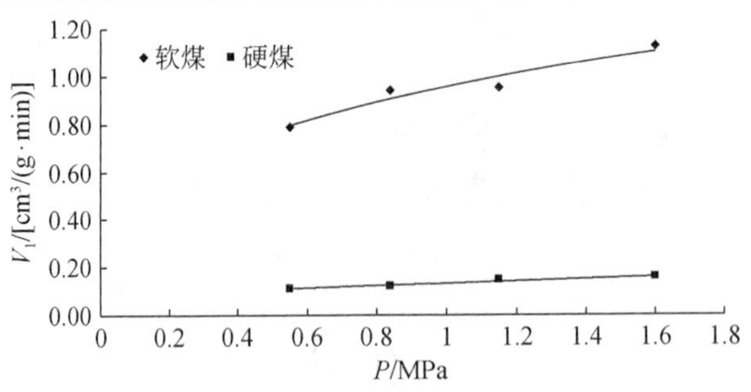

图8-3　吸附平衡压力与瓦斯解吸初速度的关系

表 8-3　解吸初速度与吸附平衡压力关系拟合优度检验

煤样名称	回归方程	$B/[cm^3/(g \cdot min)]$	K_p	相关指数 R^2
车集软煤样	$V_1=B \cdot P^{K_p}$	0.9558	0.30670	0.93160
	$V_1=B \cdot (P-0.1)^{K_p}$	0.9872	0.27558	0.92699
	$V_1=B \cdot (P-1)^{K_p}$	1.1989	0.12308	-25.65000
车集硬煤样	$V_1=B \cdot P^{K_p}$	0.1339	0.35640	0.93972
	$V_1=B \cdot (P-0.1)^{K_p}$	0.1389	0.31745	0.93866
	$V_1=B \cdot (P-1)^{K_p}$	0.1599	0.04373	-17.16000

对于同一煤样瓦斯放散过程来说，变质程度、破坏类型、粒度、水分等煤样本身物性参数一般不变化，温度、气压环境因素一般情况下变化也较小，将式（8-5）代入式（8-2），即可获得不同吸附平衡压力下的瓦斯放散速度与放散时间的关系，见式（8-7），但 V_1 值拟合值具有随放散时间延长而偏差增大的趋势。

$$V=B \cdot P^{K_p} \cdot t^{-K_t} \tag{8-7}$$

8.1.3　平衡压力对瓦斯放散系数的影响

瓦斯放散系数这里指瓦斯扩散系数，即认为煤粒瓦斯放散模式符合 Fick 扩散定律，煤粒瓦斯扩散量和扩散速度主要由扩散系数和浓度差（质量浓度）决定，因此，扩散系数是影响瓦斯在煤粒内扩散的重要动力学参数，与瓦斯扩散量的关系直接影响煤层瓦斯含量损失量和 K_1 值的测定，主要由煤粒的物性和瓦斯气体性质决定。关于吸附平衡压力对扩散系数的影响，一直存在争议，一种观点认为，瓦斯扩散系数与吸附平衡压力无关；另一种观点认为，瓦斯扩散系数随吸附平衡压力增大，并认为主要是煤粒对瓦斯的非线性吸附造成。

杨其銮和王佑安（1986）、聂百胜等（2001）、吴世跃（2005）、渡边伊温和辛文（1985）等学者均做过扩散系数的测定和计算，计算理论基础为均质煤粒球形瓦斯扩散模型，实验测定不同时间的瓦斯解吸量，拟合时间与扩散率的关系，具体有三种计算方法：①根据杨其銮和王佑安（1986）的理论近似式（以下称杨其銮式），$\ln[1-(Q_t/Q_\infty)^2]$ 与时间 t 呈直线关系，求直线斜率 KB，计算扩散系数 D。②根据聂百胜等（2001）、吴世跃（2005）等的理论近似式，$\ln(1-Q_t/Q_\infty)$ 与时间 t 呈直线关系，求直线斜率和截距，计算扩散系数和表面质交换系数，该公式主要应用于煤粒内部阻力小于或与表面传质阻力相当时，研究表明，瓦斯压力一开始就降到相对压力 0MPa，即煤粒内部阻力远大于煤粒表面阻力，后者可忽略不计，即为简化方法①。③多位学者根据均质煤粒模型简化形式——巴雷尔公式，即 Q_t 与$\sqrt{t}$呈直线关系，求斜率，再根据煤粒表面积和比热容，计算扩散系数，但 Smith 和 Williams（1984b）、Crosdale 等（1998）研究表明，该扩散系数计算公式仅适用于 $Q_t/Q_\infty<0.5$，且短时间（$t<10$min）的条件。因此，本章计算扩散系数选用方法①，按时间分段计算煤粒的瓦斯扩散系数。

如图 8-4 ~ 图 8-6 所示，硬煤按照杨其銮式和巴雷尔式处理后，可近似为直线，按聂百胜式计算为曲线，与计算扩散系数方法矛盾，这验证了杨其銮式和巴雷尔式更适合用于计算扩散系数；对于软煤来说，三种方法计算的扩散系数均为变扩散系数，呈现出随时间增加逐渐减小的规律，扩散系数减小的原因初步分析有两个：①扩散系数可能随瓦斯浓度的降低逐渐减小；②从瓦斯扩散机理分析，初期煤外表面和大孔吸附的瓦斯放散量占比重较大，因为这部分瓦斯放散较快，几乎不经过扩散，造成扩散系数较大，后期的放散瓦斯源主要来自微孔、过渡孔等，煤粒内表面、孔隙直径小，路径长，阻力更大，造成扩散系数减小。

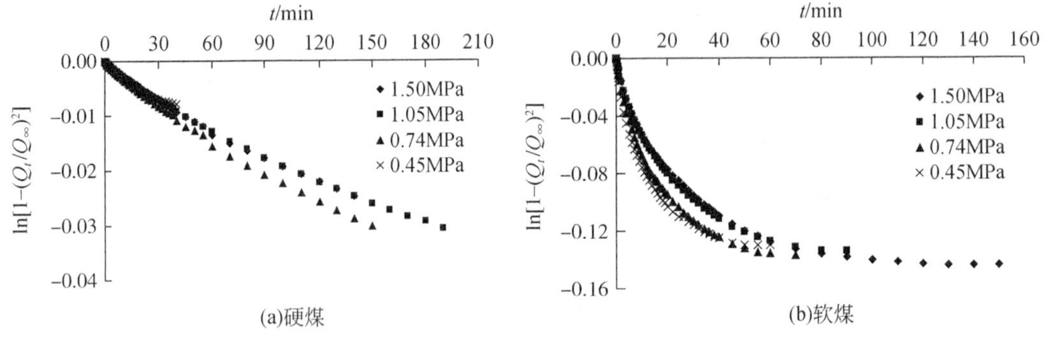

图 8-4 车集煤样瓦斯扩散规律（按杨其銮式计算）

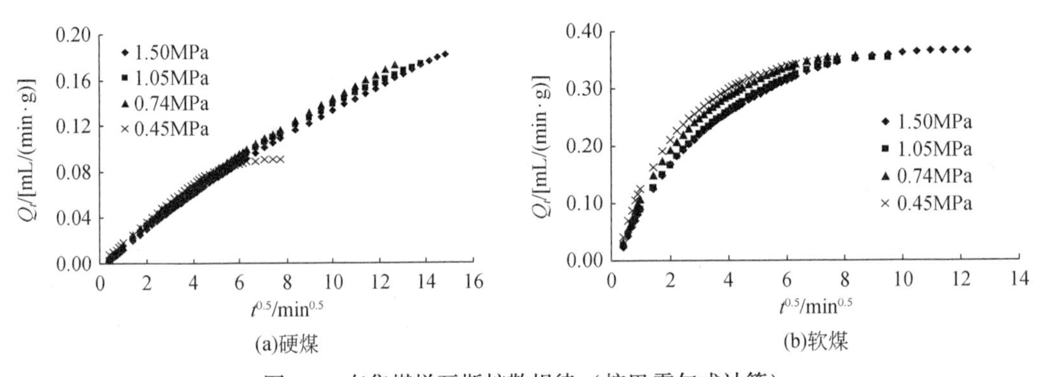

图 8-5 车集煤样瓦斯扩散规律（按巴雷尔式计算）

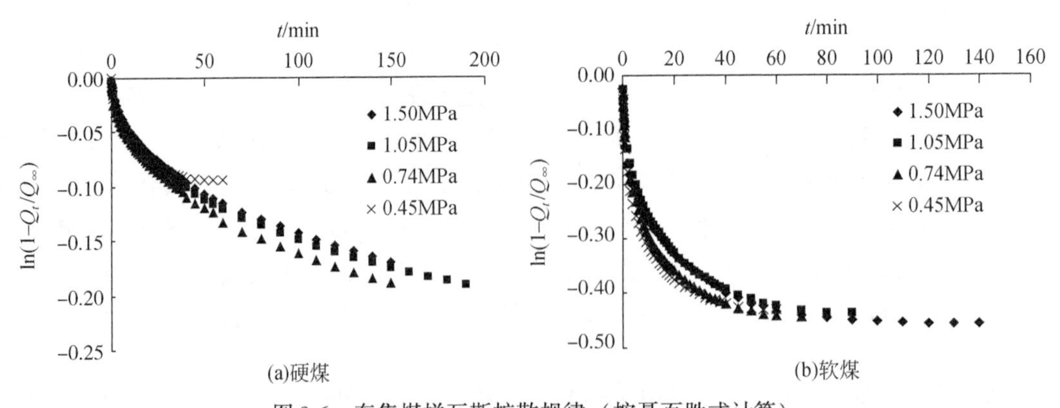

图 8-6 车集煤样瓦斯扩散规律（按聂百胜式计算）

车集煤样吸附平衡压力对瓦斯扩散系数的影响，如图 8-4 ~ 图 8-6 和表 8-4 所示，软煤的扩散系数明显高于硬煤，存在 1 ~ 2 个数量级的差别；硬煤不同时段的瓦斯扩散系数均比较接近，均在同一数量级，甚至前 60min 不发生变化，软煤不同时段的瓦斯扩散系数差别较大，差别在 1 个数量级左右，初期瓦斯扩散系数衰减相对更大；同一煤样相同时段不同吸附平衡瓦斯压力的瓦斯扩散系数总体比较接近，均在同一数量级，但有随吸附平衡瓦斯压力减小的趋势，分析可能是随瓦斯压力升高，吸附瓦斯分子增多，甚至发生多层吸附，煤粒孔隙减小所致，因为扩散系数本身数值很小，差值更小，所以相对于瓦斯放散速度的影响，对扩散系数的影响可以忽略，即吸附平衡瓦斯压力对扩散系数没有影响。

表 8-4　吸附平衡压力对煤粒瓦斯扩散参数的影响

煤样名称	P /MPa	5min			30min			60min		
		KB /s^{-1}	D /(cm^2/s)	R^2	KB /s^{-1}	D /(cm^2/s)	R^2	KB /s^{-1}	D /(cm^2/s)	R^2
车集软煤	0.45	1.92×10^{-4}	2.02×10^{-7}	0.9707	8.50×10^{-5}	8.98×10^{-8}	0.7530	5.67×10^{-5}	5.99×10^{-8}	0.4089
	0.74	1.57×10^{-4}	1.66×10^{-7}	0.9805	8.00×10^{-5}	8.45×10^{-8}	0.8217	5.50×10^{-5}	5.81×10^{-8}	0.5762
	1.05	1.18×10^{-4}	1.25×10^{-7}	0.9924	6.67×10^{-5}	7.04×10^{-8}	0.8980	4.83×10^{-5}	5.11×10^{-8}	0.7516
	1.50	1.17×10^{-4}	1.23×10^{-7}	0.9927	6.50×10^{-5}	6.87×10^{-8}	0.8758	4.83×10^{-5}	5.11×10^{-8}	0.7455
车集硬煤	0.45	5.00×10^{-6}	5.28×10^{-9}	0.9994	5.00×10^{-6}	5.28×10^{-9}	0.9677	3.33×10^{-6}	3.52×10^{-9}	0.7788
	0.74	5.00×10^{-6}	5.28×10^{-9}	0.9625	5.00×10^{-6}	5.28×10^{-9}	0.9863	5.00×10^{-6}	5.28×10^{-9}	0.9855
	1.05	6.67×10^{-6}	7.04×10^{-9}	0.9887	5.00×10^{-6}	5.28×10^{-9}	0.9964	3.33×10^{-6}	3.52×10^{-9}	0.9901
	1.50	5.00×10^{-6}	5.28×10^{-9}	0.9752	3.33×10^{-6}	3.52×10^{-9}	0.9954	3.33×10^{-6}	3.52×10^{-9}	0.9952

注：按杨其銮式计算

8.2　变质程度对瓦斯放散规律的影响

变质程度对瓦斯放散规律影响的考察是在等温（30±1℃）常压环境下进行的，考察对象为中低变质程度气肥煤的淮南丁集 11-2 煤层、中高变质程度烟煤的鹤壁八矿二$_1$煤层和高变质程度无烟煤的晋城 3#煤层的软煤样（粒度 1 ~ 3mm），破坏类型相近，f 值在 0.10 ~ 0.22，为排除水分的影响，分别对煤样进行了干燥和平衡水处理，吸附平衡压力分别为 0.5MPa、0.74MPa、1.5MPa、2.5MPa 条件下的瓦斯放散量、瓦斯放散速度和瓦斯扩散系数三个方面随时间的变化，篇幅所限，仅列出 0.74MPa 吸附平衡瓦斯压力下的瓦斯解吸规律，至于其他吸附平衡压力下，有相同结论。

8.2.1　变质程度对瓦斯放散量的影响

变质程度对瓦斯放散量的影响，如图 8-7 ~ 图 8-9 所示，分别为 3 组干煤样、平衡水煤样在 0.74MPa 吸附平衡压力下的瓦斯放散量随时间的变化，无论干煤样或是平衡水煤样，相同时间段，绝对瓦斯放散量 Q_t 随煤阶的提高而增大，而相对瓦斯放散量（放散率）

(Q_t/Q_∞，其中 Q_∞ 为理论极限放散量)，则是鹤壁煤样软煤的最大；同压、同粒度和变质程度相近的鹤壁、车集煤样的绝对瓦斯放散量也相近。

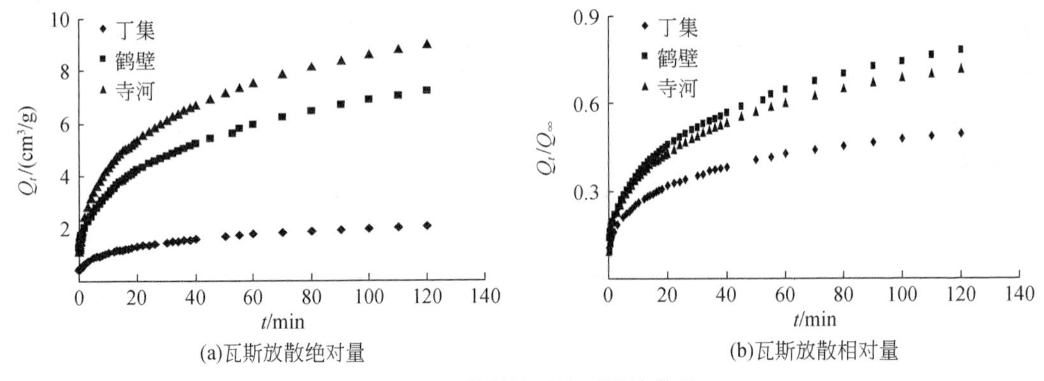

(a)瓦斯放散绝对量
(b)瓦斯放散相对量

图 8-7 不同变质程度干煤样的累计瓦斯放散量（0.74MPa）

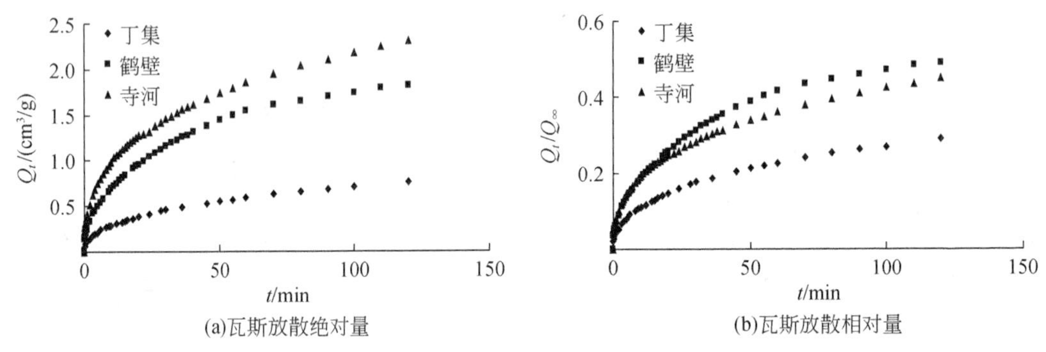

(a)瓦斯放散绝对量
(b)瓦斯放散相对量

图 8-8 不同变质程度平衡水煤样的累计瓦斯放散量（0.74MPa）

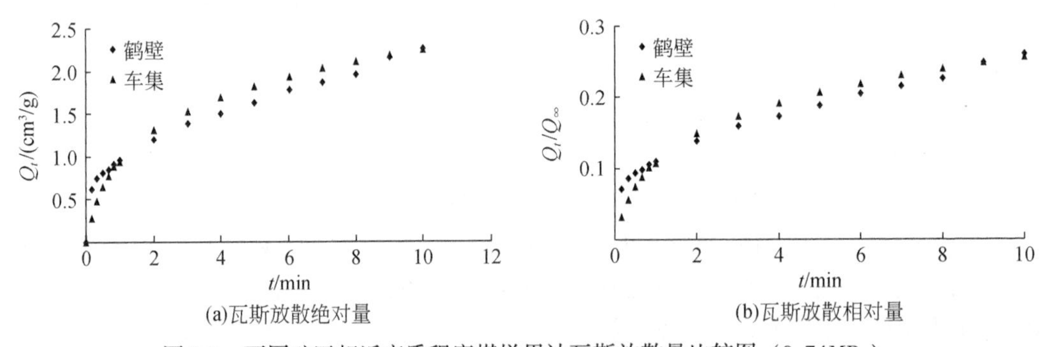

(a)瓦斯放散绝对量
(b)瓦斯放散相对量

图 8-9 不同矿区相近变质程度煤样累计瓦斯放散量比较图（0.74MPa）

8.2.2 变质程度对瓦斯放散速度的影响

不同变质程度的干煤样和平衡水煤样瓦斯放散速度随时间均呈幂函数衰减，如图 8-10、图 8-11 所示，无论长时间（前 120min）还是初始段（前 5min），相关系数分别达到 0.997

以上和 0.995 以上，即符合前述的瓦斯放散速度式，但 V_1 拟合值随放散时间的延长偏差更大；干煤样和平衡水煤样不同时间段的瓦斯放散速度均随煤阶的提高而增大，分析原因如下：①相同吸附平衡瓦斯压力下，高变质程度煤对瓦斯吸附量大，根据 Fick 扩散定律，浓度梯度大，造成瓦斯放散速度快；②高变质程度煤的瓦斯扩散系数相对较大。

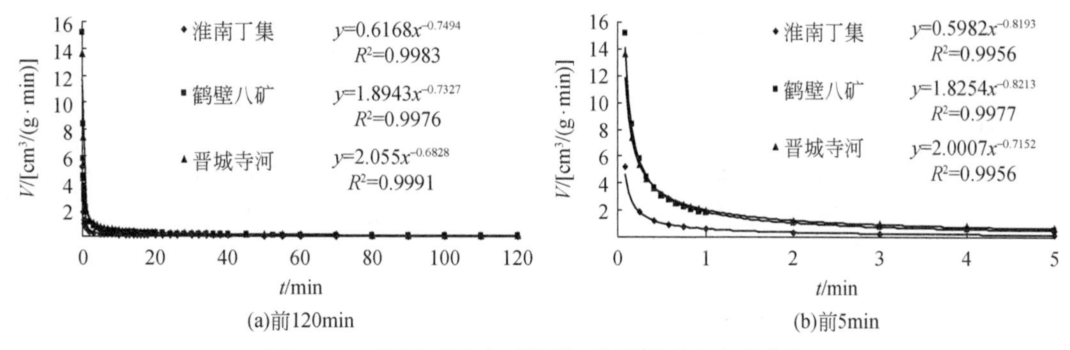

(a)前120min　(b)前5min

图 8-10　不同变质程度干煤样瓦斯放散速度衰减曲线

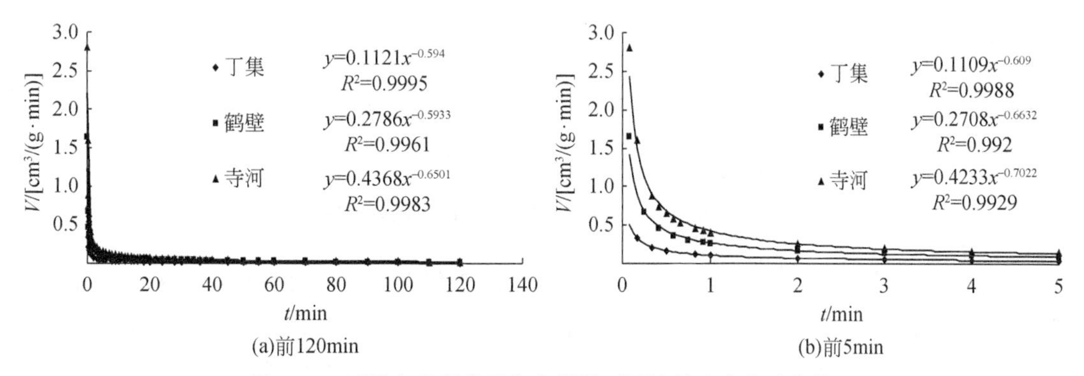

(a)前120min　(b)前5min

图 8-11　不同变质程度平衡水煤样瓦斯放散速度衰减曲线

8.2.3　变质程度对瓦斯放散系数的影响

软硬煤干煤样和平衡水煤样的瓦斯放散参数随时间变化曲线，如图 8-12、图 8-13 所示，曲线斜率为扩散参数 KB，然后计算出扩散系数 D，三个煤样瓦斯放散率随时间变化的曲线均不是直线，而是随着放散时间的延长斜率逐渐减小，与杨其銮和王佑安（1986）的理论近似式不一致，从长时间看，无论软、硬煤，鹤壁煤样的瓦斯扩散参数和系数最大，晋城寺河煤样次之，淮南丁集煤样最小，与瓦斯放散绝对量和瓦斯放散速度的大小顺序不一致，即瓦斯放散速度和瓦斯放散量不能单纯反映瓦斯含量的大小，而是瓦斯含量和扩散系数大小的综合反映，而这两个方面对煤与瓦斯突出均有贡献。

如前所述，瓦斯扩散系数随放散时间的延长逐渐变小，为全面反映煤粒的瓦斯扩散系数的变化规律，取前 5min 和前 120min 的瓦斯放散数据，扩散参数和系数计算采用杨其銮和王佑安（1986）的理论近似式，见表 8-5，无论干煤样还是平衡水煤样，鹤壁煤样的瓦

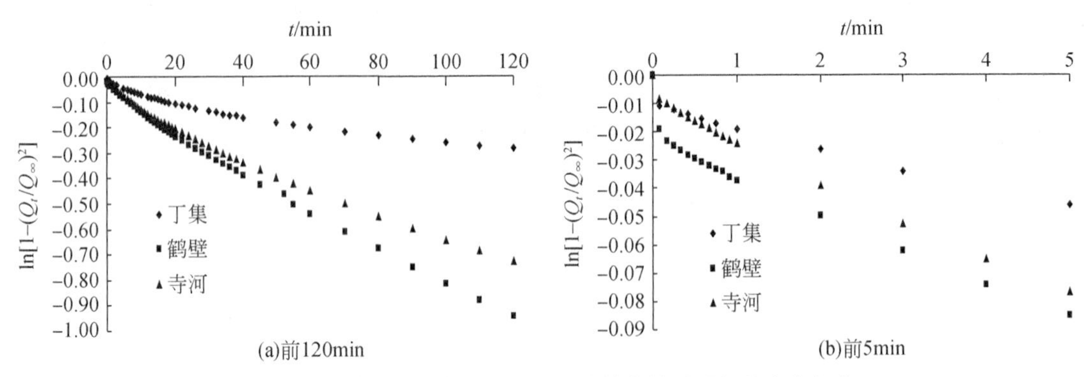

图 8-12　不同变质程度干煤样瓦斯放散参数随时间的变化规律

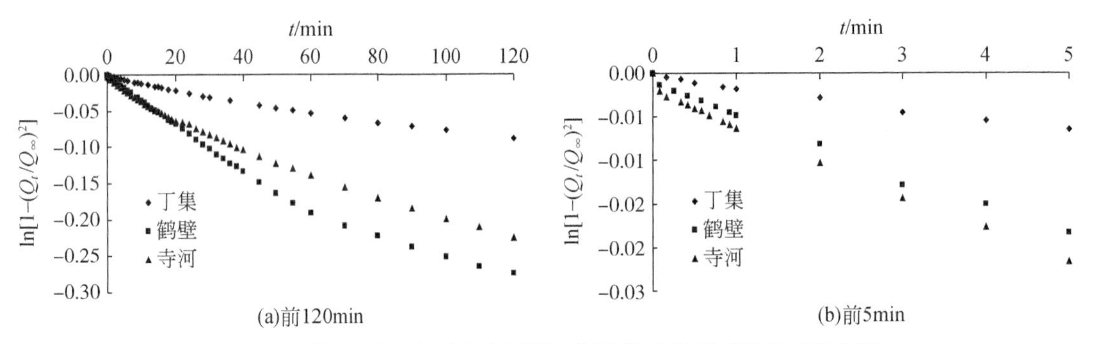

图 8-13　不同变质程度平衡水煤样瓦斯放散参数随时间的变化规律

斯放散参数和系数最大、晋城寺河煤样次之，淮南丁集煤样扩散参数最小，差值在 1 个数量级左右；相同变质程度的车集和鹤壁煤样，瓦斯扩散系数非常相近，由此看出，瓦斯扩散系数的变化规律受变质程度影响，但并不是随着变质程度的增加呈正比增加。

表 8-5　不同变质程度煤样瓦斯放散参数表（压力为 0.74MPa、粒度为 1～3mm）

煤样名称	f	M_{ad} /%	V_{daf} /%	120min			5min		
				KB /s^{-1}	D /(cm^2/s)	R^2	KB /s^{-1}	D /(cm^2/s)	R^2
丁集干煤样	0.22	0.96	36.84	5.00×10^{-5}	5.28×10^{-8}	0.7716	1.82×10^{-4}	1.92×10^{-7}	0.9302
鹤壁干煤样	0.10	0.34	14.09	1.45×10^{-4}	1.53×10^{-7}	0.9625	3.47×10^{-4}	3.66×10^{-7}	0.9865
寺河干煤样	0.11	0.90	6.16	1.18×10^{-4}	1.25×10^{-7}	0.9295	2.87×10^{-4}	3.03×10^{-7}	0.9279
丁集平衡水	0.22	4.21	36.84	1.33×10^{-5}	1.41×10^{-8}	0.9695	2.33×10^{-5}	2.47×10^{-8}	0.9767
鹤壁平衡水	0.10	5.18	14.09	4.67×10^{-5}	4.93×10^{-8}	0.9523	7.83×10^{-5}	8.28×10^{-8}	0.9372
寺河平衡水	0.11	6.25	6.16	3.67×10^{-5}	3.87×10^{-8}	0.9376	6.50×10^{-5}	6.87×10^{-8}	0.9741
鹤壁原煤样	0.10	1.25	14.09	7.83×10^{-5}	8.28×10^{-8}	0.9290	1.18×10^{-4}	1.25×10^{-7}	0.9666
车集原煤样	0.16	0.92	8.64	5.17×10^{-5}	5.46×10^{-8}	0.4890	1.27×10^{-4}	1.34×10^{-7}	0.9579

另外，从表 8-5 可看出，瓦斯扩散系数随时间的延长而衰减，前 5min 段的扩散系数是

前 120min 段扩散系数的 2～3 倍；实验结果也显示，干煤样、原始煤样和平衡水煤样的扩散系数依次减小。

8.3　破坏程度对瓦斯放散规律的影响

不同破坏程度煤粒的瓦斯放散规律是在不同吸附平衡瓦斯压力、常温（30±1℃）条件下进行的，考察对象为车集、鹤壁、丁集、龙山、晋城等煤样。篇幅有限，仅列出 0.74MPa 吸附平衡瓦斯压力的瓦斯放散曲线。

8.3.1　破坏程度对瓦斯放散量的影响

不同破坏程度煤粒瓦斯放散量随时间的变化，如图 8-14 所示，在不同变质程度的煤粒瓦斯放散初期，相同时间内，累计瓦斯放散量均随破坏程度的提高（f 值减小）而增大。根据实测煤的瓦斯吸附常数，见表 3-3，相同吸附瓦斯平衡压力下，软硬煤粒的吸附瓦斯量相差不大，而软硬煤在瓦斯放散初期的放散量相差显著，见表 8-6，前 30min 瓦斯放散累计量在前 60min 累计量中所占比例达 64.89% 以上，其中，软煤达到 78.53% 以上，基本都高于硬煤，前 5min 所占比例软煤均比硬煤高，这反映了软煤比硬煤初期放散速度快，衰减速度也相对更快。

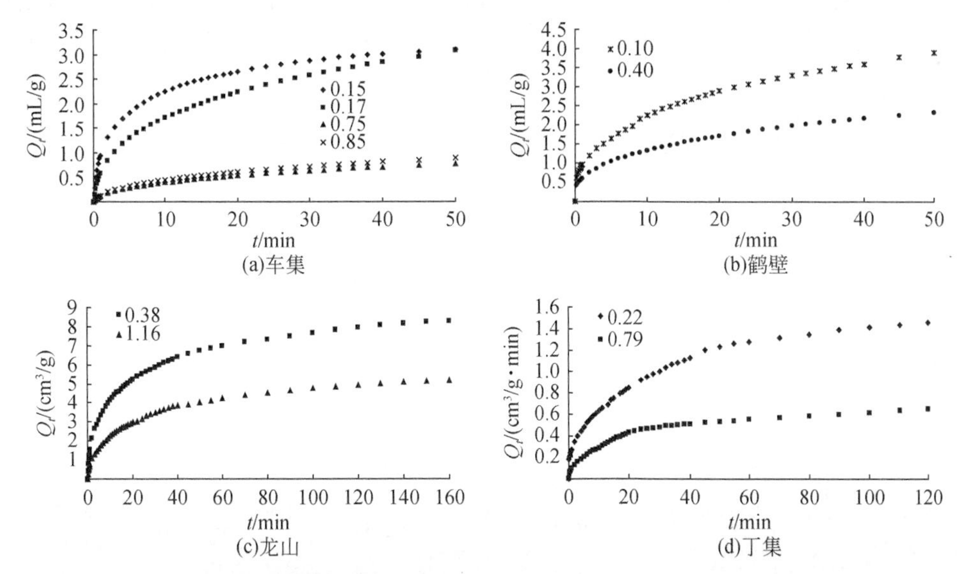

图 8-14　不同破坏程度煤粒瓦斯放散量随时间的变化（压力为 0.74MPa，粒度为 1～3mm）

表 8-6　不同破坏程度软煤初始段解吸量与累计量的关系

煤样名称	f	ΔP	Q_1/Q_{60} /%	Q_3/Q_{60} /%	Q_5/Q_{60} /%	Q_{10}/Q_{60} /%	Q_{30}/Q_{60} /%
车集硬煤	0.85	7.0	12.56	26.57	34.30	46.86	75.85

续表

煤样名称	f	ΔP	Q_1/Q_{60} /%	Q_3/Q_{60} /%	Q_5/Q_{60} /%	Q_{10}/Q_{60} /%	Q_{30}/Q_{60} /%
车集软煤	0. 15	31. 5	30. 00	48. 59	58. 03	71. 83	91. 83
鹤壁硬煤	0. 40	11. 0	19. 75	27. 87	34. 12	43. 94	64. 89
鹤壁软煤	0. 10	21. 0	23. 37	33. 93	40. 06	55. 23	80. 91
龙山硬煤	1. 16	25. 5	19. 15	30. 31	37. 86	53. 06	82. 06
龙山软煤	0. 38	36. 0	22. 04	37. 50	44. 08	59. 21	83. 82
丁集硬煤	0. 79	3. 5	17. 82	28. 10	36. 25	51. 66	87. 31
丁集软煤	0. 22	9. 5	21. 32	31. 35	37. 62	50. 00	78. 53

软硬煤的瓦斯放散量随时间变化规律的差异比较大，是否符合前人建立的经验公式，按照9个经验公式回归了车集软硬煤样的瓦斯放散规律，见表8-7、表8-8和图8-15～图8-22，从相关指数看，无论软硬煤，前60min内的不同时段，文特式、乌斯基诺夫式、王佑安式、孙重旭式和艾黎式均取得较好的拟合效果，其余公式在10～30min的时间段，相关指数就降低到90%以下，甚至是负数；但从拟合出的相关参数看，除乌斯基诺夫式外，所有公式随时间均有较大变化，即利用不同时间段实测数据推算出的损失量差别较大，乌斯基诺夫式相对稳定性相对较好，但相关指数R^2相对偏低，软煤的相关参数R^2仅为0. 8999～0. 9236。关于以上公式在时间为零时刻、时间趋于无穷大和K_t大于1等条件下的适用性问题，已有多位学者做过评述，不再赘述。总之，目前的经验公式应用于软煤时偏差仍较大。

表8-7　车集软煤不同时间的累计扩散瓦斯量回归分析结果

序号	公式名称	回归公式形式	5min 回归系数	5min 相关指数	10min 回归系数	10min 相关指数	30min 回归系数	30min 相关指数	60min 回归系数	60min 相关指数
1	巴雷尔式	$Q_t=k\sqrt{t}$	$k=0.8664$	0. 9861	$k=0.7812$	0. 9683	$k=0.6263$	0. 8778	$k=0.5369$	0. 7229
2	文特式	$Q_t=\frac{v_1}{1-K_t}t^{1-K_t}$	$v_1=0.4575$ $k_t=0.4738$	0. 9722	$v_1=0.3976$ $k_t=0.5303$	0. 9720	$v_1=0.3403$ $k_t=0.6001$	0. 9623	$v_1=0.3185$ $k_t=0.6364$	0. 9457
3	乌斯基诺夫式	$\frac{Q_t}{Q_\infty}=(1+t)^{1-n}-1$	$n=0.8823$ $Q_\infty=8.8$	0. 9051	$n=0.8962$ $Q_\infty=8.8$	0. 9215	$n=0.9094$ $Q_\infty=8.8$	0. 9236	$n=0.9148$ $Q_\infty=8.8$	0. 8999
4	博特式	$\frac{Q_t}{Q_\infty}=1-Ae^{-\lambda t}$	$Q_\infty=8.8$ $A=0.94233$ $\lambda=0.03857$	0. 9262	$Q_\infty=8.8$ $A=0.9234$ $\lambda=0.0251$	0. 9123	$Q_\infty=8.8$ $A=0.88722$ $\lambda=0.0111$	0. 8232	$Q_\infty=8.8$ $A=0.8314$ $\lambda=0.0061$	0. 7217

续表

序号	公式名称	回归公式形式	5min		10min		30min		60min	
			回归系数	相关指数	回归系数	相关指数	回归系数	相关指数	回归系数	相关指数
5	王佑安式	$Q_t=\frac{ABt}{1+Bt}$	$A=2.2306$ $B=0.7864$	0.9968	$A=2.5374$ $B=0.6043$	0.9948	$A=3.0349$ $B=0.3575$	0.9948	$A=3.0285$ $B=0.2754$	0.9966
6	孙重旭式	$Q_t=at^i$	$a=0.8695$ $i=0.5262$	0.9722	$a=0.8465$ $i=0.4697$	0.9720	$a=0.8510$ $i=0.3999$	0.9623	$a=0.8760$ $i=0.3636$	0.9457
7	指数式	$\frac{Q_t}{Q_\infty}=1-e^{-bt}$	$b=0.0571$ $Q_\infty=8.8$	0.5407	$b=0.0369$ $Q_\infty=8.8$	0.5542	$b=0.0185$ $Q_\infty=8.8$	0.2233	$b=0.0118$ $Q_\infty=8.8$	−0.348
8	艾黎式(Airey)	$\frac{Q_t}{Q_\infty}=1-e^{-(t/t_0)^n}$	$Q_\infty=8.8$ $t_0=90.93681$ $n=0.49212$	0.9922	$Q_\infty=8.8$ $t_0=141.98788$ $n=0.4449$	0.9923	$Q_\infty=8.8$ $t_0=311.45624$ $n=0.3684$	0.9866	$Q_\infty=8.8$ $t_0=541.01405$ $n=0.32198$	0.9755
9	理论近似式（杨其銮式）	$\frac{Q_t}{Q_\infty}=\sqrt{1-e^{-KBt}}$	$KB=1.57\times10^{-4}$	0.9622	$KB=1.27\times10^{-4}$	0.9828	$KB=8.00\times10^{-5}$	0.8374	$KB=5.50\times10^{-5}$	0.5284

表 8-8　车集硬煤不同时间的累计扩散瓦斯量回归分析结果

序号	公式名称	回归公式形式	5min		10min		30min		60min	
			回归系数	相关指数	回归系数	相关指数	回归系数	相关指数	回归系数	相关指数
1	巴雷尔式	$Q_t=k\sqrt{t}$	$k=0.1392$	0.9732	$k=0.1426$	0.9898	$k=0.1369$	0.9941	$k=0.1319$	0.9901
2	文特式	$Q_t=\frac{v_1}{1-K_t}t^{1-K_t}$	$v_1=0.0797\infty$ $k_t=0.3359$	0.9915	$v_1=0.0731$ $k_t=0.3788$	0.9912	$v_1=0.0665$ $k_t=0.4365$	0.9880	$v_1=0.0649$ $k_t=0.4612$	0.9858
3	乌斯基诺夫式	$\frac{Q_t}{Q_\infty}=(1+t)^{1-n}-1$	$n=0.9782$ $Q_\infty=8.22$	0.9972	$n=0.9780$ $Q_\infty=8.22$	0.9989	$n=0.9769$ $Q_\infty=8.22$	0.9913	$n=0.9758$ $Q_\infty=8.22$	0.9823
4	博特式	$\frac{Q_t}{Q_\infty}=1-Ae^{-\lambda t}$	$Q_\infty=8.22$ $A=0.9937$ $\lambda=0.0075$	0.9669	$Q_\infty=8.22$ $A=0.9904$ $\lambda=0.0053$	0.9485	$Q_\infty=8.22$ $A=0.9809$ $\lambda=0.0028$	0.9116	$Q_\infty=8.22$ $A=0.9721$ $\lambda=0.0019$	0.8899
5	王佑安式	$Q_t=\frac{ABt}{1+Bt}$	$A=0.4869$ $B=0.3767$	0.9735	$A=0.5823$ $B=0.2867$	0.9767	$A=0.8141$ $B=0.1518$	0.9767	$A=0.9520$ $B=0.0979$	0.9718

续表

序号	公式名称	回归公式形式	5min		10min		30min		60min	
			回归系数	相关指数	回归系数	相关指数	回归系数	相关指数	回归系数	相关指数
6	孙重旭式	$Q_t=at^i$	$a=0.1120$ $i=0.6641$	0.9915	$a=0.1176$ $i=0.6212$	0.9912	$a=0.1181$ $i=0.5635$	0.9880	$a=0.1210$ $i=0.5388$	0.9858
7	指数式	$\frac{Q_t}{Q_\infty}=1-e^{-bt}$	$b=0.0094$ $Q_\infty=8.22$	0.8468	$b=0.067$ $Q_\infty=8.22$	0.8257	$b=0.0039$ $Q_\infty=8.22$	0.7058	$b=0.0028$ $Q_\infty=8.22$	0.5805
8	艾黎式（Airey）	$\frac{Q_t}{Q_\infty}=1-e^{-(t/t_0)^n}$	$Q_\infty=8.22$ $t_0=780.55979$ $n=0.62873$	0.9952	$Q_\infty=8.22$ $t_0=1512.9495$ $n=0.56597$	0.99489	$Q_\infty=8.22$ $t_0=3862.42232$ $n=0.48704$	0.99518	$Q_\infty=8.22$ $t_0=5194.82$ $n=0.46366$	0.9965
9	理论近似式（杨其銮式）	$\frac{Q_t}{Q_\infty}=\sqrt{1-e^{-KBt}}$	KB= 5.00×10^{-6}	0.9892	KB= 5.00×10^{-6}	0.9961	KB= 5.00×10^{-6}	0.9925	KB= 3.33×10^{-6}	0.9841

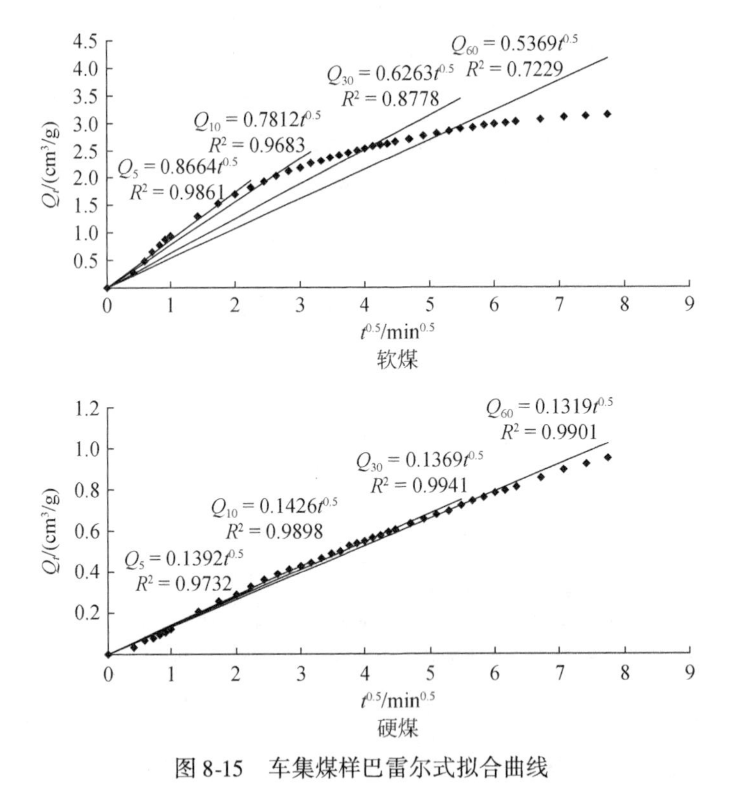

图 8-15　车集煤样巴雷尔式拟合曲线

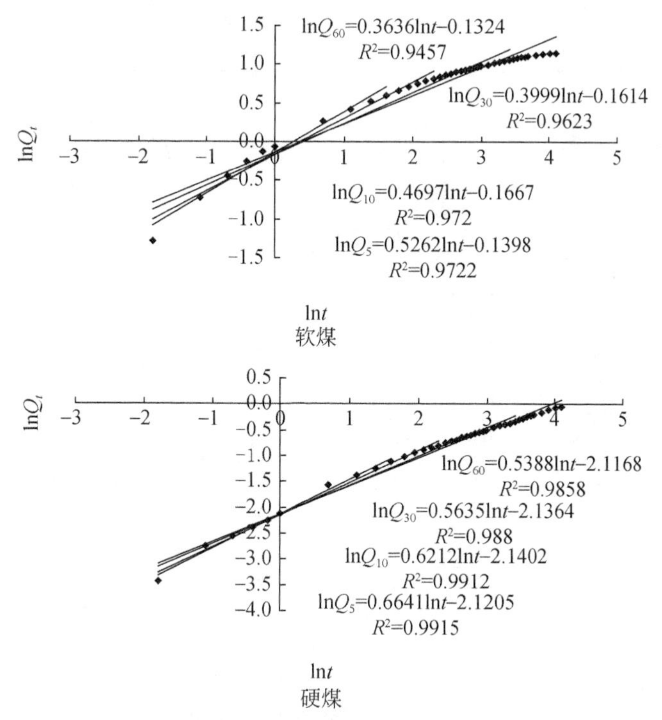

图 8-16　车集煤样文特式（孙重旭式）拟合曲线

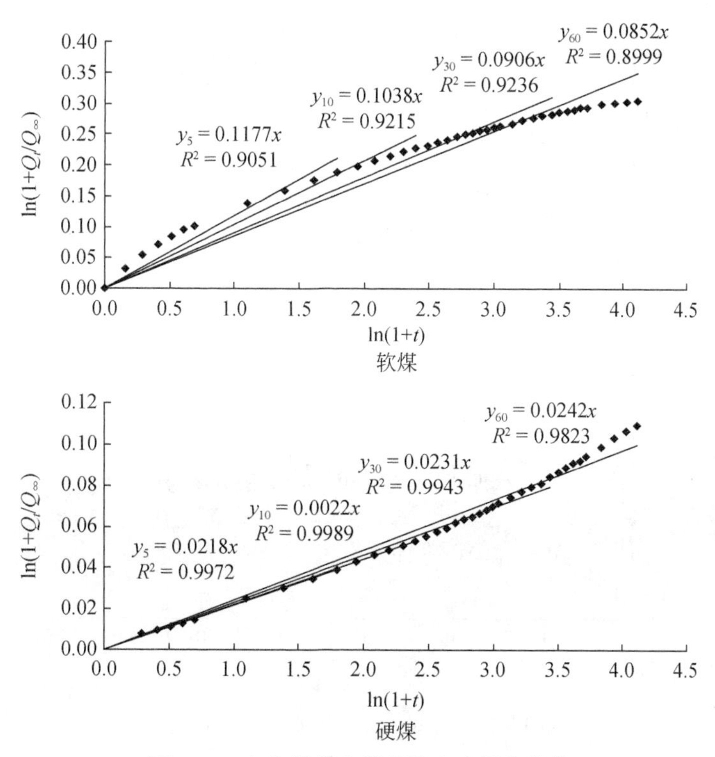

图 8-17　车集煤样乌斯基诺夫式拟合曲线

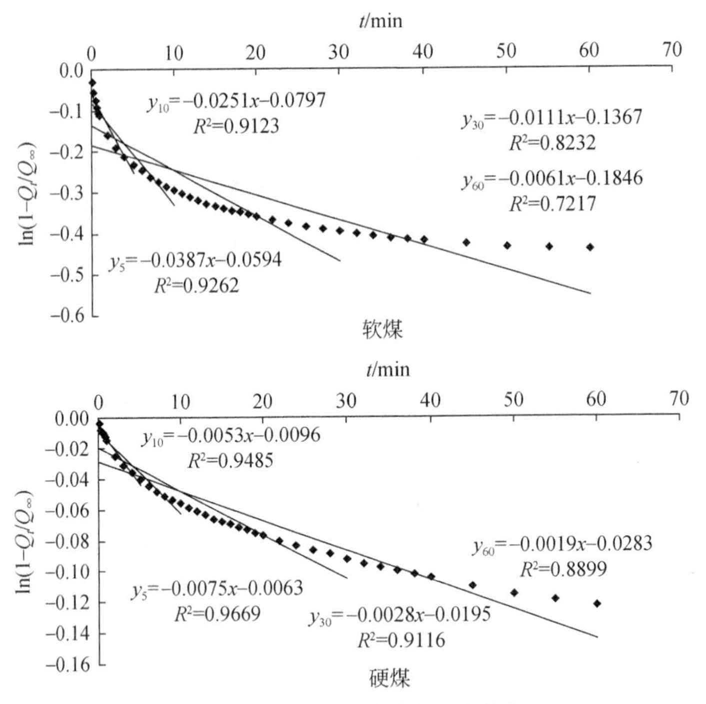

图 8-18　车集煤样博特式拟合曲线

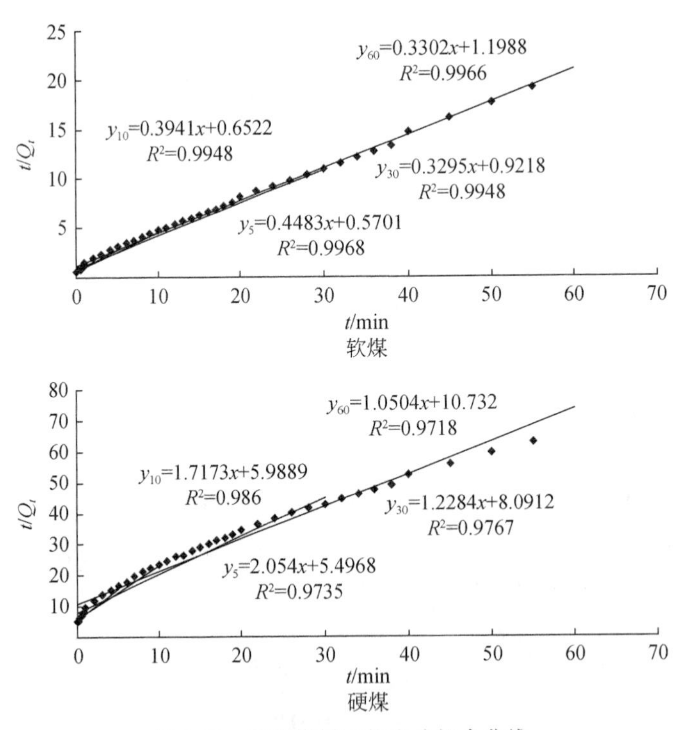

图 8-19　车集煤样王佑安式拟合曲线

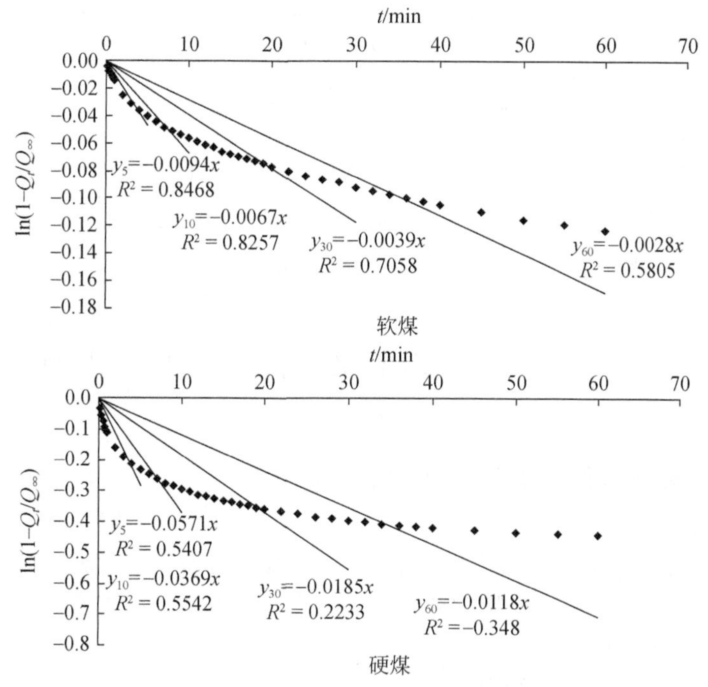

图 8-20　车集煤矿二$_2$煤层煤样指数式拟合曲线

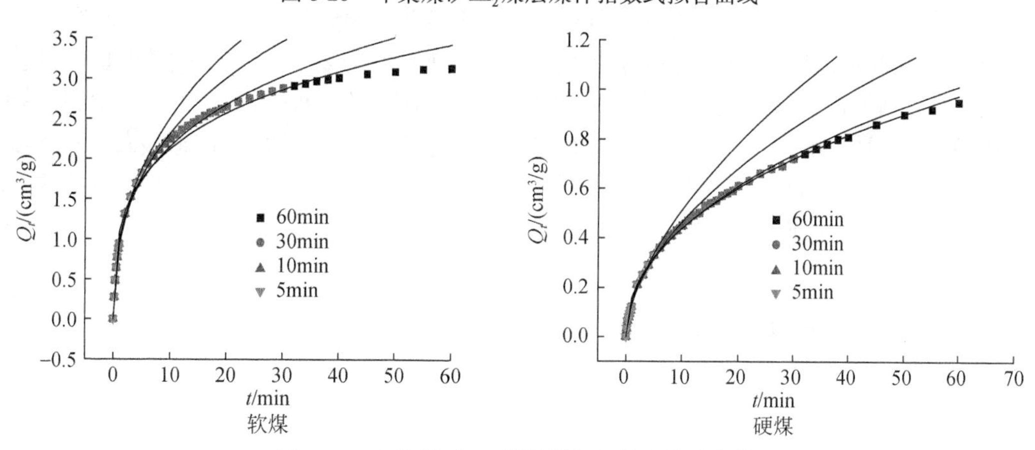

图 8-21　车集煤矿二$_2$煤层煤样艾黎式拟合曲线

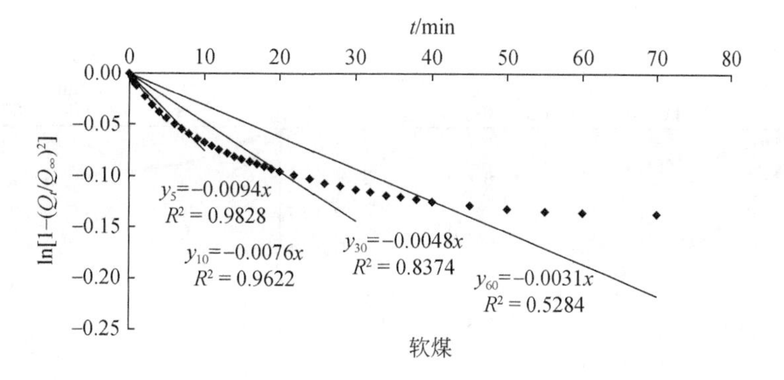

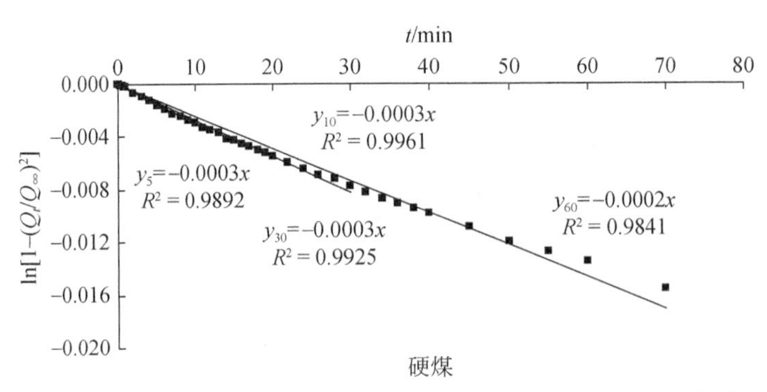

图 8-22　车集煤矿二$_2$煤层煤样理论近似式（杨其銮式）拟合曲线

8.3.2　破坏程度对瓦斯放散系数的影响

前已述及，瓦斯扩散初期，相同时间段内，软煤的瓦斯扩散量大于硬煤，但是由吸附瓦斯浓度引起，还是由煤粒瓦斯扩散动力学参数引起还不清楚，本节通过考察煤的瓦斯扩散动力学特性参数来说明该问题。

通过整理分析实验数据，采用杨其銮式计算了车集、鹤壁、龙山和丁集等不同矿区软硬煤的瓦斯扩散参数 KB 和扩散系数 D，并绘制了以上两参数随时间的变化曲线，如图 8-23 和表 8-9 所示，软煤的扩散参数和扩散系数均明显大于硬煤，为 2 ~ 10 倍，具有随破坏程度（f 值）差异增大特征；另外，软煤的扩散系数与时间呈曲线变化，而不是均质模型中假设的与时间无关，而且如图 8-23 所示，软煤破坏越强烈，扩散系数随时间衰减越显著（表 8-9），实验煤样的扩散系数 D 的值域在 3.52×10^{-9} ~ $2.61\times10^{-7}\mathrm{cm}^2/\mathrm{s}$，软煤前 5min 的瓦斯扩散系数基本上是前 60min 瓦斯扩散系数的 2 倍。

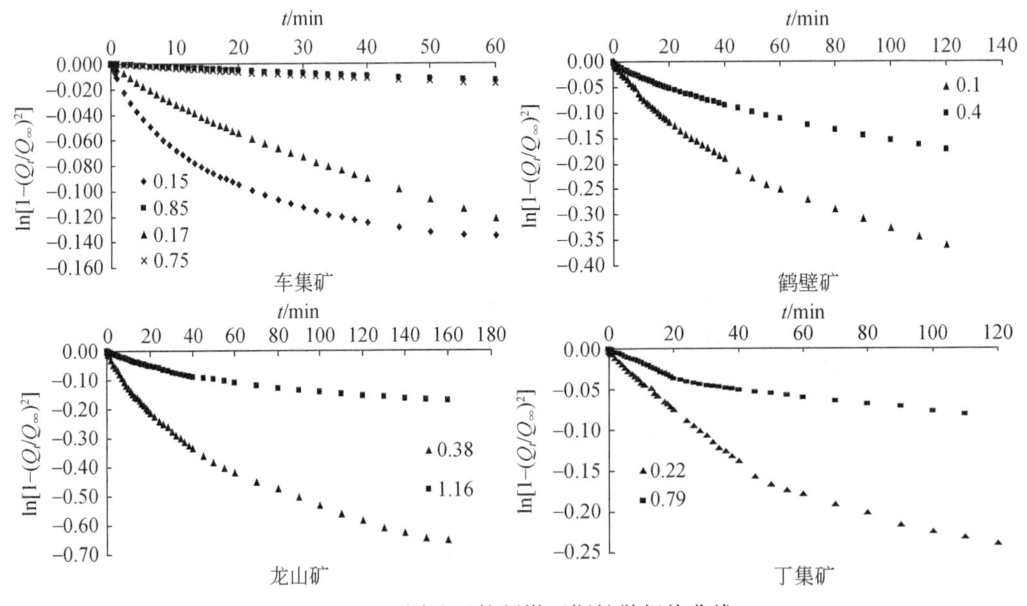

图 8-23　不同矿区软硬煤瓦斯扩散规律曲线

表 8-9　不同破坏程度煤样不同时间段的瓦斯扩散动力学参数

煤样名称	f	60min		30min		10min		5min	
		KB /s^{-1}	D /(cm^2/s)	KB /s^{-1}	D /(cm^2/s)	KB /s^{-1}	D /(cm^2/s)	KB /s^{-1}	D /(cm^2/s)
丁集	0. 22	5.67×10^{-5}	5.99×10^{-8}	6.17×10^{-5}	6.52×10^{-8}	7.33×10^{-5}	7.75×10^{-8}	8.50×10^{-5}	8.98×10^{-8}
	0. 79	2.00×10^{-5}	2.11×10^{-8}	2.67×10^{-5}	2.82×10^{-8}	2.50×10^{-5}	2.64×10^{-8}	2.50×10^{-5}	2.64×10^{-8}
鹤壁	0. 10	8.17×10^{-5}	8.63×10^{-8}	9.83×10^{-5}	1.04×10^{-7}	1.18×10^{-4}	1.25×10^{-7}	1.37×10^{-4}	1.44×10^{-7}
	0. 40	3.67×10^{-5}	3.87×10^{-8}	4.33×10^{-5}	4.58×10^{-8}	5.67×10^{-5}	5.99×10^{-8}	7.00×10^{-5}	7.40×10^{-8}
车集	0. 15	5.50×10^{-5}	5.81×10^{-8}	8.00×10^{-5}	8.45×10^{-8}	1.27×10^{-4}	1.34×10^{-7}	1.57×10^{-4}	1.66×10^{-7}
	0. 17	3.83×10^{-5}	4.05×10^{-8}	4.50×10^{-5}	4.75×10^{-8}	5.67×10^{-5}	5.99×10^{-8}	6.00×10^{-5}	6.34×10^{-8}
	0. 75	5.00×10^{-6}	5.28×10^{-9}	5.00×10^{-6}	5.28×10^{-9}	6.67×10^{-6}	7.04×10^{-9}	6.67×10^{-6}	7.04×10^{-9}
	0. 85	3.33×10^{-6}	3.52×10^{-9}	5.00×10^{-6}	5.28×10^{-9}	5.00×10^{-6}	5.28×10^{-9}	5.00×10^{-6}	5.28×10^{-9}
龙山	0. 38	1.43×10^{-4}	1.51×10^{-7}	1.75×10^{-4}	1.85×10^{-7}	2.23×10^{-4}	2.36×10^{-7}	2.47×10^{-4}	2.61×10^{-7}
	1. 16	3.67×10^{-5}	3.87×10^{-8}	4.33×10^{-5}	4.58×10^{-8}	5.00×10^{-5}	5.28×10^{-8}	5.17×10^{-5}	5.46×10^{-8}

8. 4　粒度对瓦斯放散规律的影响

关于粒度对瓦斯放散规律的影响，王兆丰（2001）、渡边伊温和辛文（1985）、杨其銮（1986b）等开展过相关研究，但在以下几个方面存在争议或没有深入研究：①关于极限放散量与粒度的关系存在以下争议，渡边伊温和辛文（1985）认为，在相同瓦斯压力下，吸附量随着粒度是发生变化的，提出采用渐近线的方式求极限放散量；杨其銮（1986b）认为，相同瓦斯压力下，极限放散量与粒度无关，采用最小粒度瓦斯解吸曲线的渐近线求得极限放散量；王兆丰（2001）提出极限放散量分为理论极限放散量和回归极限放散量，当 t 趋于∞时，回归极限放散量等于理论极限放散量，认为采用瓦斯解吸曲线的渐近线求极限放散量的方法是不切实际的。②煤的瓦斯放散速度随粒度的增大而减小，粒度增大到一定程度，瓦斯放散速度几乎不再变化，由此提出极限粒度的概念，并认为煤体由极限粒度组成，极限粒度随破坏程度的增加而减小，但关于软硬煤瓦斯放散速度差值随粒度的变化规律还没有人深入研究，这也是软硬煤差别的本质问题之一。③软硬煤的瓦斯扩散系数差值随粒度的变化规律不清，粒度对软硬煤瓦斯放散规律影响的机理不完善。

8. 4. 1　粒度对瓦斯放散量的影响

为查明上述问题，实验研究了永城车集二$_2$煤层软硬煤样不同粒度（0. 2mm 以下、0. 2 ~ 0. 5mm，0. 5 ~ 1mm、1 ~ 3mm 和 3 ~ 6mm）的瓦斯放散规律，如图 8-24、图 8-25 所示，煤样粒度越小，同一时间内累计瓦斯放散量越大，达到极限瓦斯放散量的时间越短；无论软硬煤样，取不同瓦斯放散时间，瓦斯放散量的回归极限不相同，因此，采用最小粒度回归极限粒度作为理论极限放散量的方法不可行；相同时间内，不同粒度软煤的瓦斯放散量均大于硬煤的放散量，但软煤达到极限瓦斯放散量所用时间相对硬煤较短；随着粒度增大到一定值后，相同时间内瓦斯放散量差值变小，车集的软硬煤 1～3mm 粒度和 3～6mm 粒度的瓦斯放散量均非常接近，这与杨其銮和王佑安（1988）提出的煤由极限煤粒组成的观点一致，存在极限粒度。

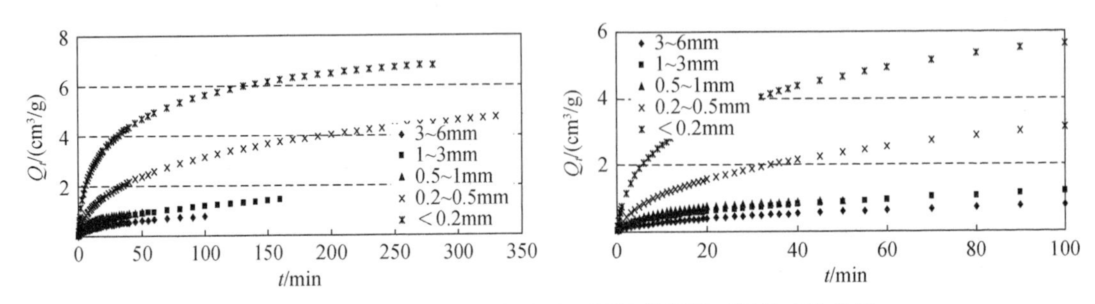

图 8-24　车集硬煤在不同时间段内瓦斯放散量随时间的变化曲线

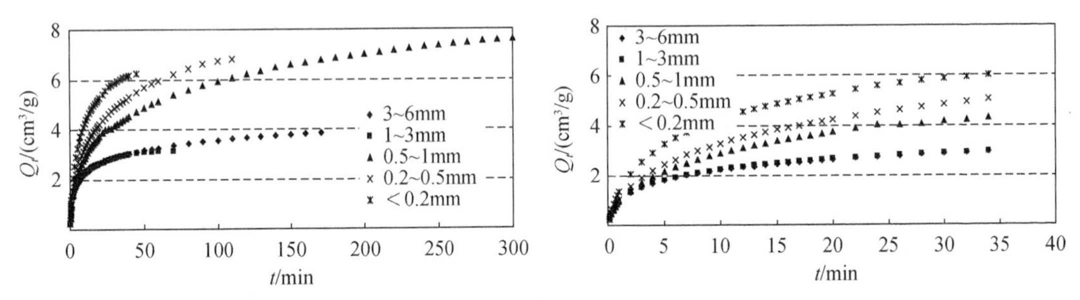

图 8-25　车集二$_2$煤层软煤在不同时间段内瓦斯放散量随时间的变化曲线

煤对瓦斯吸附理论（Ruppel，1974）研究表明，粒度对干煤样吸附性能没有影响；粒度对含平衡水煤样吸附能力的影响并不大，在通过煤的吸附实验评价其吸附能力时，为了加快吸附进度，实验中可采用粒度较小的煤样作为实验用样（张晓东等，2005b）。多位学者研究表明（张天军等，2009），粒度变小，并不影响孔隙比表面积，只是增加了煤粒的外比表面积，而外比表面积相对孔隙比表面积可忽略不计，因此，可以认为不同粒度的煤粒瓦斯吸附量相同。

基于以上认识，不同粒度的理论吸附量可采用 Langmuir 方程按式（8-8）计算：

$$X = \frac{abp}{1+bp}\frac{1}{1+0.31M_{ad}}e^{n(t_s-t)}\frac{(100-A_{ad}-M_{ad})}{100} \tag{8-8}$$

式中，X 为纯煤（煤中可燃质）的瓦斯含量，m³/(t · r)；p 为煤粒吸附瓦斯平衡压力，MPa；a 为吸附常数，为实验温度下煤的极限吸附量，m³/t；b 为吸附常数，MPa^{-1}；t_s为实验室吸附实验的温度,℃；t 为煤粒的瓦斯吸附实验温度,℃；A_{ad}为空气干燥基灰分的质量分数,%；M_{ad}为煤中水分含量,%；n 为系数，$n=\frac{0.02}{0.993+0.07p}$。

在环境温度恒定的情况下，煤粒的瓦斯解吸放散主要采用变压解吸的方法，在解吸过程中可认为大气压 P_0是不变的常数，煤粒的理论极限放散量可采用 Langmuir 方程的改进式计算，见式（8-9）。

$$X=\left(\frac{abp}{1+bp}e^{n(t_s-t)}-\frac{abp_0}{1+bp_0}e^{n(t_s-t_0)}\right)\frac{1}{1+0.31M_{ad}}\frac{(100-A_{ad}-M_{ad})}{100} \tag{8-9}$$

式中，p_0为做煤粒瓦斯放散实验时的大气压；t_0为做煤粒瓦斯放散实验时的环境温度。

8.4.2　粒度对瓦斯放散速度的影响

不同粒度瓦斯放散速度随时间的变化如图8-26所示，均呈幂函数曲线衰减，不再赘述衰减规律，对比软硬煤瓦斯放散速度衰减曲线，软煤初期的瓦斯放散度比硬煤快，不同粒度硬煤之间的瓦斯放散速度差值比不同粒度软煤之间的瓦斯放散速度差值明显。

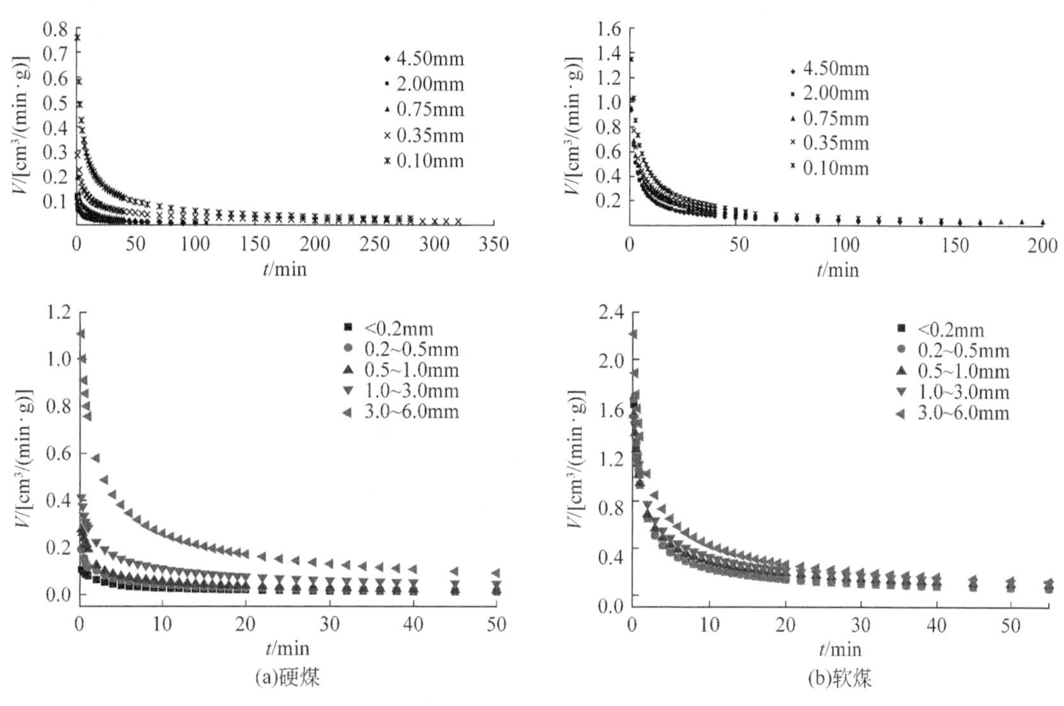

图8-26　车集煤样瓦斯放散速度随时间的衰减曲线

1）粒度对K_t值的影响

关于支配瓦斯放散速度随时间变化的指数K_t值与粒度的关系，一直有争议，Winter和Janas（2003）认为K_t值与粒度无关；孙重旭（1983）、渡边伊温和辛文（1985）的实验结果表明，K_t值随粒度的减小而增大；杨其銮（1986a）实验结果表明，K_t值随粒度的减小略有增大，但不太明显。由表8-10和图8-26可知，软煤K_t值为0.3986～0.4632，硬煤K_t值为0.3555～0.4053。软硬煤的K_t值均随粒度的减小呈增大趋势。另外，不同粒度的软煤V_1值和K_t值均大于硬煤的V_1值和K_t值，反映了软煤的瓦斯放散初速度比硬煤大，放散速度衰减得也比硬煤快（图8-27）。

表 8-10　不同粒度的瓦斯放散初速度与时间特性指数

粒度/mm	平均粒度/mm	软煤		硬煤	
		V_1/[cm³/(min·g)]	K_t	V_1/[cm³/(min·g)]	K_t
3.0～6.0	4.50	0.93	0.4145	0.08	0.3822
1.0～3.0	2.00	0.94	0.3986	0.12	0.3555
0.5～1.0	0.75	0.95	0.4178	0.19	0.4053
0.2～0.5	0.35	1.03	0.4632	0.30	0.3872
<0.2	0.10	1.35	0.4597	0.76	0.3674

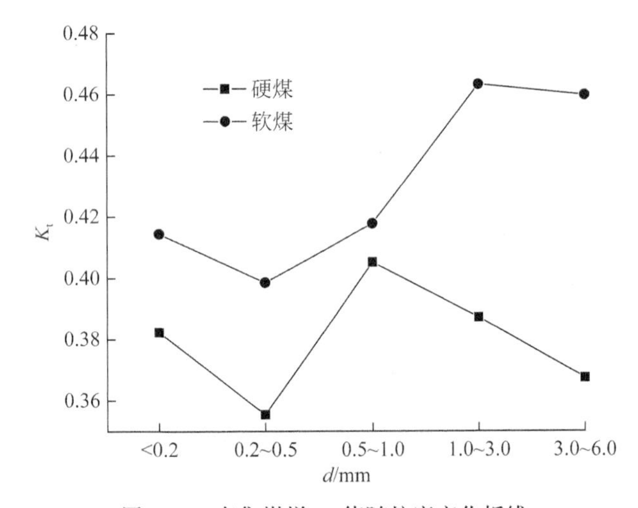

图 8-27　车集煤样 K_t 值随粒度变化折线

2）粒度对瓦斯放散初速度的影响

随着粒度增大，V_1值逐渐减小，当粒度增大到一定值 d_0时，瓦斯放散初速度 V_1值几乎不变，该粒度 d_0称为极限粒度，极限粒度是煤的固有粒度，它与煤的破坏程度、变质程度有关，根据目前的实验研究，极限粒度在 0.5～6mm（杨其銮，1986a；周世宁，1990；曹垚林和仇海生，2007）。如图 8-28 和表 8-11 所示，车集软煤在粒度大于 0.75mm 之后，瓦斯放散初速度基本不再变化，确定软煤极限粒度为 0.75mm，车集硬煤的瓦斯放散初速度随粒度增大一直减小，初步确定硬煤的极限粒度为 4.50mm。

当粒度小于极限粒度时，瓦斯放散初速度与粒度的关系基本符合式（8-10）：

$$\frac{V_1}{V_2}=\left(\frac{d_1}{d_2}\right)^{-K_d} \tag{8-10}$$

式中，V_1为平均粒度为 d_1的煤样瓦斯解吸初速度，(cm³/g)·min；V_2为平均粒度为 d_2的煤样瓦斯解吸初速度，(cm³/g)·min；d 为煤样的平均粒度，mm；K_d为瓦斯解吸初速度的粒度特性指数。

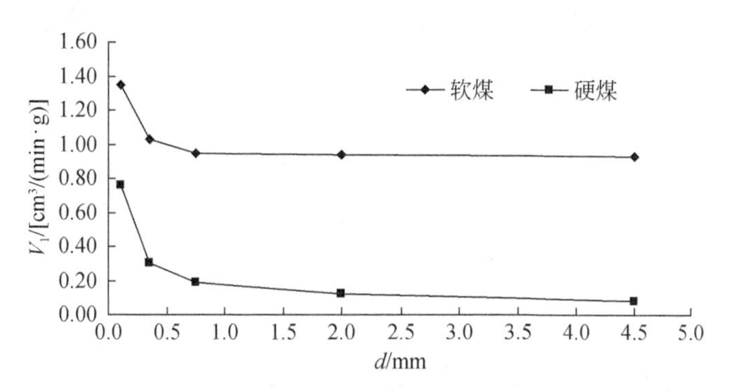

图 8-28　车集煤样瓦斯放散初速度随粒度变化曲线

表 8-11　车集煤样粒度特性指数与煤样极限粒度

煤样名称	吸附压力/MPa	极限粒度/mm	粒度特性指数 K_d
车集二$_2$煤层软分层	0.74MPa	0.75	0.0897
车集二$_2$煤层硬分层	0.74MPa	4.50	0.5823

3）不同粒度软硬煤瓦斯放散初速度差值的变化规律

煤粒的瓦斯放散初速度随粒度增加呈负指数衰减，见表 8-11，极限粒度越小，粒度特性指数越小，即煤破坏越严重，粒度增大时，瓦斯放散初速度减小得幅度越小，因此，同一煤层，软煤与硬煤的瓦斯放散初速度差值随粒度减小而减小，如图 8-29 所示，车集软硬煤粒瓦斯放散初速度差值由 3～6mm 粒度的 0.86m^3/(g·min) 逐渐减少，至 0.2mm 以下粒度的 0.59m^3/(g·min)。

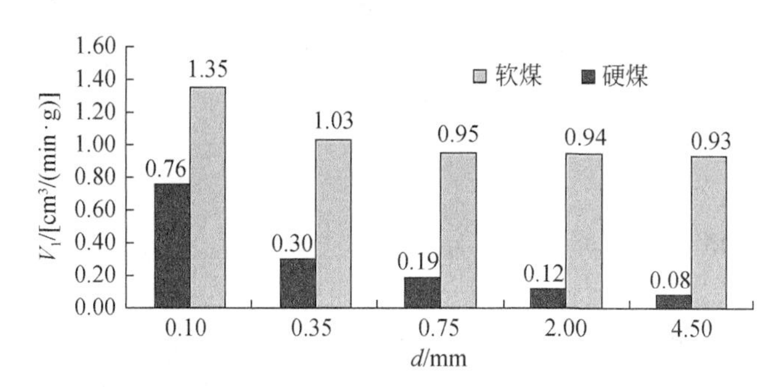

图 8-29　车集软硬煤样瓦斯放散初速度差值随粒度变化柱状图

杨其銮（1986a）的实验数据如图 8-30 所示，抚顺龙凤矿和阳泉一矿当时为非突出矿井，北票三宝矿和红卫里王庙矿为突出矿井，突出煤样瓦斯放散初速度与非突出煤样的差值也随粒度的减小而减小，但他没有关注这方面的变化规律，这规律说明了软煤与硬煤的差别是具有尺度效应的，当软煤与硬煤的粒度均被磨细到一定尺寸时，软硬煤的瓦斯放散速度几乎没有差别，对同一种煤来说，存在一个与破坏程度无关的粒度，这个粒度可称为煤的原始粒度，该粒度的瓦斯放散速度只与变质程度、煤的组分有关，小于该粒度，软硬煤的瓦斯放散速度几乎没有差别，只有大于该粒度时，由于孔隙结构的差异，软硬瓦斯放散初速度存在差别，且差值在软硬煤粒度均达到极限粒度之后，基本稳定于最大值。

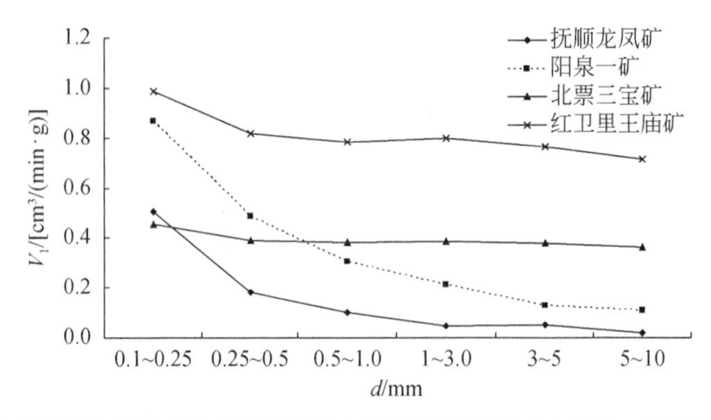

图 8-30　突出煤样与非突出煤样瓦斯放散初速度随粒度的变化规律（杨其銮，1986a）

张晓东等（2005b）对不同粒度煤粒的压汞实验结果表明，粒度的变化，主要影响了中孔和大孔的孔容、比表面积，对过渡孔和微孔基本没有影响，粒度大的孔容相反则小。而构造软煤与硬煤的差别也主要在中孔和大孔的孔容及表面积，因此，通过对煤的人为破坏，粒度变小会增加单位质量硬煤中的大孔和中孔的孔容，相当于增加了单位质量硬煤中的大孔和中孔孔容比例，缩小了软煤与硬煤的差别，使二者扩散系数逐渐接近，出现放散速度差值逐渐减小的趋势。该结论主要适用于煤样粒度小于硬煤样极限粒度时，当大于等于硬煤样极限粒度时，软硬煤样瓦斯放散速度差值几乎不变，说明粒度的变化是软硬煤差别的本质特征之一。

许江等（2010）采用物理模拟实验的方法，研究了煤样粒度对煤与瓦斯突出影响规律，研究结果表明，从煤与瓦斯突出的煤粉量和抛出距离看，随着煤样粒度的减小，突出强度有增大的趋势，而突出的粉碎效果则呈减小趋势，这与井下软分层煤最易发生突出和突出强度相对较大较为吻合。该实验结论佐证了粒度变化是软硬煤差别的本质特征之一的认识。

8.4.3　粒度对扩散系数的影响

为查明软硬煤粒放散规律的差异性，根据车集软、硬煤样瓦斯放散实验结果，考察了不同时间的瓦斯扩散率随粒度的变化规律，如图 8-31 所示，不同粒度硬煤的瓦斯扩散率 $\ln[1-(Q_t/Q_\infty)^2]$ 与时间 t 基本呈直线关系，粒度减小到 0.2mm 以下时，瓦斯扩散率 $\ln[1-(Q_t/Q_\infty)^2]$随时间有衰减趋势；而软煤瓦斯扩散率 $\ln[1-(Q_t/Q_\infty)^2]$ 与时间 t 的关系均不是直线，呈现出明显的衰减曲线的趋势，曲线斜率逐渐减小，瓦斯扩散参数逐渐减小。

为查明扩散参数和系数随粒度的变化规律，根据软硬煤 60min 内瓦斯扩散率随时间的变化曲线，采用杨其銮的理论近似式，分段计算了软硬煤不同粒度的瓦斯扩散参数和扩散系数，如图 8-32 和表 8-12 所示，不同时间段的 KB 参数均随粒度增大而减小，达到一定粒度后，瓦斯扩散参数 KB 不再减小，同一粒度，软煤的扩散参数大于硬煤；扩散系数则

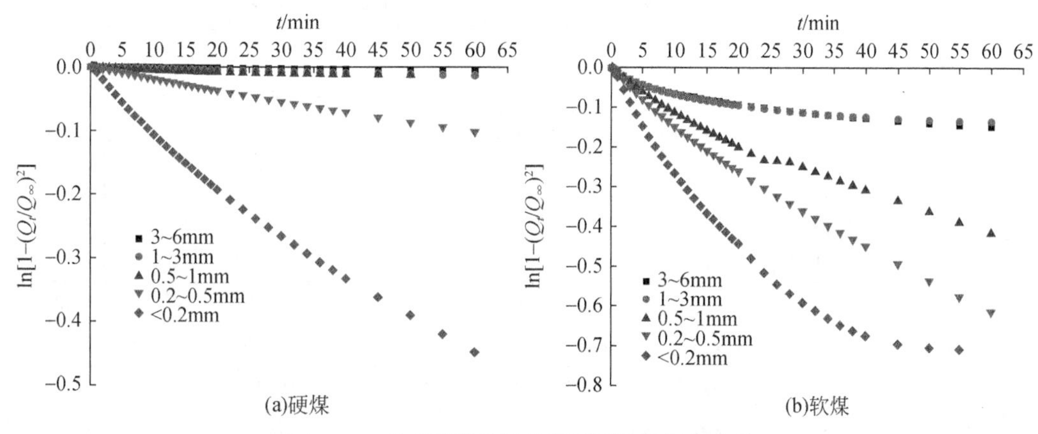

图 8-31　车集煤样不同粒度瓦斯放散规律曲线

随粒度的增大而增大，反映了粒度的减小，颗粒内部的大、中孔比例减少，同样，软煤的扩散系数大于硬煤的扩散系数。如图 8-33 所示，软煤与硬煤的扩散参数 KB（软煤 KB_r，硬煤 KB_y）和扩散系数 D（软煤 D_r，硬煤 D_y）比值随粒度的减小，呈明显的减小趋势，粒度减小到 0. 2mm 以下时，软煤扩散动力参数仅为硬煤的 2 倍左右。这说明了软、硬煤瓦斯扩散初速度差值随粒度减小是由扩散参数 KB 值和扩散系数 D 值变化规律决定的。

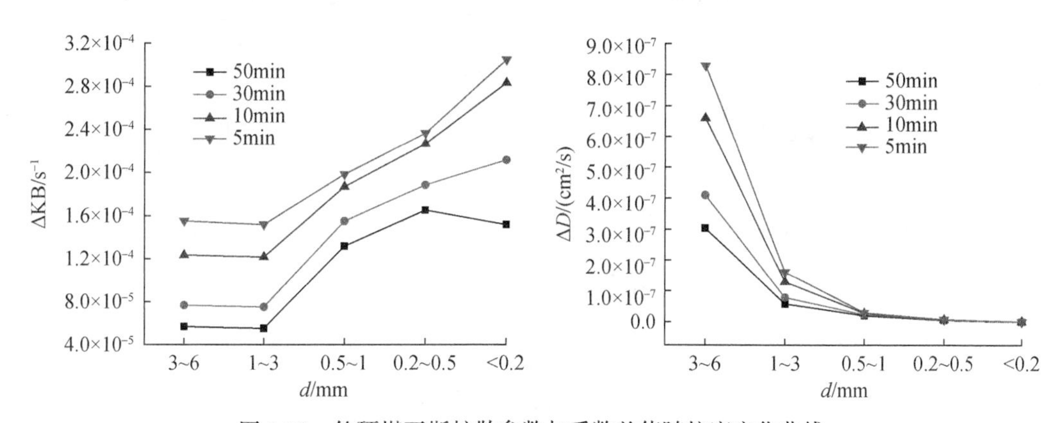

图 8-32　软硬煤瓦斯扩散参数与系数差值随粒度变化曲线

以上规律反映了相同浓度情况下，KB 是瓦斯放散快慢的决定因素，而 $KB=4K\pi^2D/d^2$，即扩散系数的减小使瓦斯扩散参数 KB 线性减小，粒度的减小使瓦斯扩散参数 KB 增大，增大量为粒度减小量的平方。

相同粒度的煤样相同吸附平衡瓦斯压力下，瓦斯扩散的快慢主要取决于扩散系数，如图 8-32 所示，软、硬煤样的瓦斯扩散系数差值随粒度的减小而减小，当平均粒度均达到两者的原始粒度后，扩散系数差值基本为零。另外，图 8-32 反映了不同时间段的瓦斯扩散系数不同，即瓦斯扩散系数随放散时间是变化的。

表 8-12　车集煤样不同粒度不同时间段的瓦斯放散参数

煤样	粒度/mm	50min		30min		10min		5min	
		KB/s^{-1}	D/(cm^2/s)	KB/s^{-1}	D/(cm^2/s)	KB/s^{-1}	D/(cm^2/s)	KB/s^{-1}	D/(cm^2/s)
车集软煤	3.0~6.0	5.83×10^{-5}	3.12×10^{-7}	7.83×10^{-5}	4.19×10^{-7}	1.25×10^{-4}	6.69×10^{-7}	1.57×10^{-4}	8.38×10^{-7}
	1.0~3.0	6.00×10^{-5}	6.34×10^{-8}	8.00×10^{-5}	8.45×10^{-8}	1.27×10^{-4}	1.34×10^{-7}	1.57×10^{-4}	1.66×10^{-7}
	0.5~1.0	1.37×10^{-4}	2.03×10^{-8}	1.62×10^{-4}	2.40×10^{-8}	1.95×10^{-4}	2.90×10^{-8}	2.07×10^{-4}	3.07×10^{-8}
	0.2~0.5	1.95×10^{-4}	6.31×10^{-9}	2.18×10^{-4}	7.06×10^{-9}	2.57×10^{-4}	8.30×10^{-9}	2.65×10^{-4}	8.57×10^{-9}
	<0.2	2.97×10^{-4}	7.84×10^{-10}	3.72×10^{-4}	9.82×10^{-10}	4.63×10^{-4}	1.22×10^{-9}	4.83×10^{-4}	1.28×10^{-9}
车集硬煤	3.0~6.0	1.67×10^{-6}	8.91×10^{-9}	1.67×10^{-6}	8.91×10^{-9}	1.67×10^{-6}	8.91×10^{-9}	1.67×10^{-6}	8.91×10^{-9}
	1.0~3.0	5.00×10^{-6}	5.28×10^{-9}	5.00×10^{-6}	5.28×10^{-9}	5.00×10^{-6}	5.28×10^{-9}	5.00×10^{-6}	5.28×10^{-9}
	0.5~1.0	5.00×10^{-6}	7.43×10^{-10}	6.67×10^{-6}	9.90×10^{-10}	8.33×10^{-6}	1.24×10^{-9}	8.33×10^{-6}	1.24×10^{-9}
	0.2~0.5	3.00×10^{-5}	9.71×10^{-10}	3.00×10^{-5}	9.71×10^{-10}	3.00×10^{-5}	9.71×10^{-10}	2.83×10^{-5}	9.17×10^{-10}
	<0.2	1.45×10^{-4}	3.83×10^{-10}	1.60×10^{-4}	4.23×10^{-10}	1.80×10^{-4}	4.75×10^{-10}	1.78×10^{-4}	4.71×10^{-10}

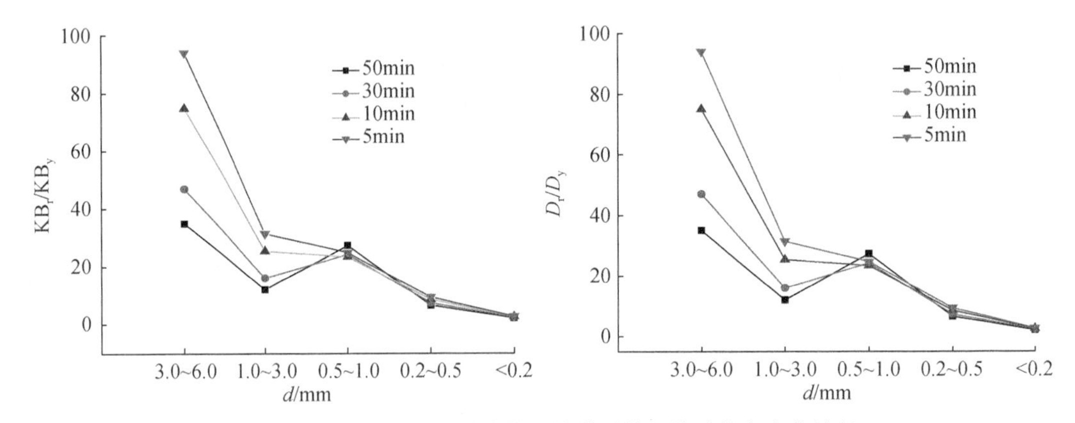

图 8-33　软硬煤瓦斯扩散参数和扩散系数比值随粒度变化特征

8.5　水分对瓦斯放散规律的影响

关于水分对煤粒瓦斯吸附、放散规律的影响，目前研究成果主要集中在气态水和液态水分别对吸附瓦斯量的影响及液态水对瓦斯放散速度的影响，关于气态水对瓦斯放散规律和瓦斯扩散动力学方面的研究几乎没有，而不同矿区、不同变质程度、同一矿区不同采深、甚至同一采深不同采区的煤体中水分变化比较大，水分的变化通过影响煤的瓦斯放散规律，对煤与瓦斯突出危险性产生重大影响，特别是在煤与瓦斯突出预测方面，因此，查明水分对煤粒瓦斯放散规律和机理的影响，对煤与瓦斯突出的预测与防治有重要意义。

水分对煤的吸附瓦斯性能有较大影响，水分会降低煤对瓦斯的吸附量，水为极性分子，比甲烷更易于被煤表面吸附，占据甲烷的位置，这一观点已被多数学者接受和应用，根据式（8-9），煤的瓦斯吸附量减少，理论极限瓦斯放散量也会相应减少，即瓦斯放散初始浓度（质量浓度）减少，必然影响煤粒瓦斯放散速度，但水分与瓦斯扩散参数和扩散系数的变化规律不清，张时音和桑树勋（2009）通过对四种煤阶煤样的平衡水和注水等温吸附实验，研究了吸附扩散的规律，研究表明，液态水对煤的润湿性随煤阶增高而降低，对吸附扩散过程的影响逐渐减小，大孔和中孔发育的煤扩散速率较快，扩散系数高，过渡孔和微孔发育的煤相对扩散速率较慢，扩散系数低。但水分小于平衡水分的气态水对瓦斯扩散系数的影响还没有相关研究报道。

8.5.1　水分对瓦斯放散量的影响

相关学者（Joubert *et al.*，1973；Joubert，1974）曾研究过气态水分含量对煤吸附瓦斯量的影响问题，认为水分含量存在一个临界值，在达到临界值前，煤的吸附瓦斯量随水分含量的增加而减小；超出临界值，即气态水达到相对饱和，并出现液态水时，煤吸附瓦斯量随水分的增加变化很小或基本上不变化，并提出水分含量临界值就是最大平衡水分含量。Clarkson 和 Bustin（2000）研究表明水分的存在会降低煤的瓦斯吸附量。

在水分影响瓦斯吸附量的定量计算方面，目前国家的相关规定、标准和相关教材书上主要采用俄罗斯煤化学家艾琴格尔（Ettinger）的经验公式来确定煤的天然水分对甲烷吸附量的影响，见式（8-11）：

$$X_M = X_g \frac{1}{1 + 0.31M} \tag{8-11}$$

式中，X_M为含有水分为 M 的湿煤的甲烷吸附量，m^3/t；M 为煤中的天然水分的质量含量,%；X_g为不含水分干燥的甲烷吸附量，m^3/t。

原煤炭科学研究总院抚顺分院通过对 3 个煤种各种水分下瓦斯吸附量的实验研究，得出了考虑煤挥发分影响的经验公式，见式（8-12）：

$$X_M = X_g \frac{1}{1 + (0.10 + 0.0058V_r)M} \tag{8-12}$$

式中，V_r 为煤的挥发分含量,%。

张占存和马丕梁（2008）考察了不同变质程度煤、不同水分含量下吸附量的变化程度，运用最佳平方逼近曲线拟合等数学方法，提出了经验公式［式（8-13）］。

$$X_M = X_g \frac{1}{1 + (0.147e^{0.022V_r})M} \tag{8-13}$$

式（8-11）~式（8-13）均表明，煤对瓦斯吸附量与水分呈反比，计算极限瓦斯放散量时，水分对瓦斯吸附量影响的经验公式仍选用目前广泛应用的式（8-11）。对瓦斯放散过程而言，相同吸附平衡瓦斯压力下，煤粒的初始浓度（差）与水分呈反比，如果瓦斯扩散系数不变，则瓦斯放散速度必然降低。

为了研究水分对煤样瓦斯解吸规律的影响，通过前期的煤样制备把同种煤样做成 4 种不同水分含量的煤样，分别是干煤样、原始水分煤样、湿煤样和平衡水分煤样，保持环境条件和煤样条件，如煤样粒度（1 ~ 3mm）、实验环境温度（30±1℃）、煤样吸附平衡压力（0.5MPa、0.74MPa、1.5 MPa、2.5MPa）等条件相同的情况下进行瓦斯吸附-解吸模拟实验，吸附平衡压力为 0.74MPa 的实验结果如图 8-34 ~ 图 8-36 所示，图中括号内的数据为水分值，单位为%，其他瓦斯吸附平衡压力下具有类似结果，不再赘述。

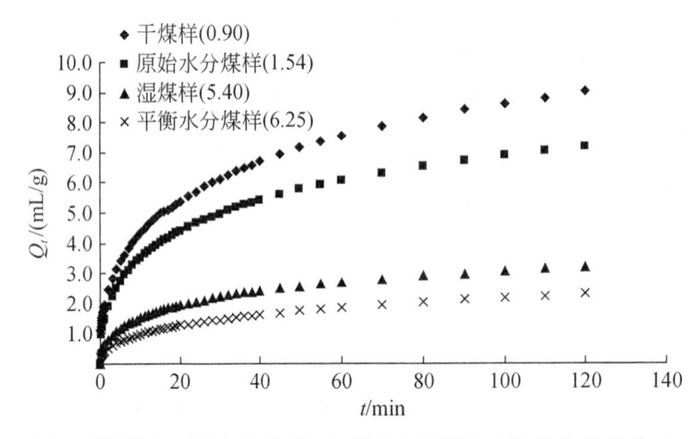

图 8-34　寺河矿煤样在不同水分条件下瓦斯解吸量随时间的变化规律（0.74MPa）

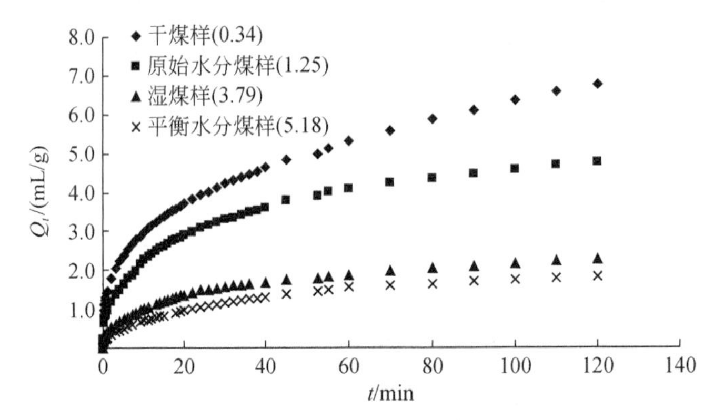

图 8-35　鹤壁矿软煤在不同水分条件下瓦斯解吸量随时间的变化规律（0.74MPa）

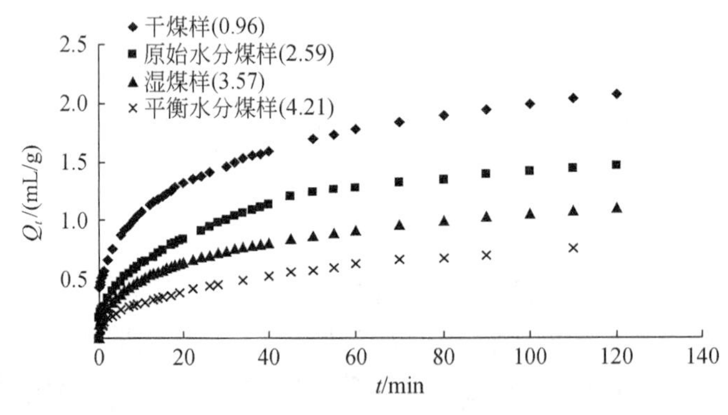

图 8-36　丁集矿软煤在不同水分条件下瓦斯解吸量随时间的变化规律（0.74MPa）

如图 8-34 ~ 图 8-36 所示，在恒温 30±1℃、粒度 1 ~ 3mm 和相同的吸附平衡压力下，煤样在不同水分含量的条件下瓦斯气体有如下解吸规律：①相同时间内，不同水分煤样瓦斯气体的累计解吸量与时间的关系曲线仍然是有限单调增函数，即不同水分的瓦斯放散量随时间变化规律与干煤样的基本一致，水分的增加并没有改变瓦斯放散规律。②无论何种变质程度的煤样，随着煤中水分含量的增加，在相同时间段，累计解吸量和解吸速度均减小了。③同一个煤样在相同的吸附解吸环境，随着水分的增加，极限瓦斯放散量 Q_∞ 均减小。④在不同的吸附平衡压力（0.5MPa、0.74MPa、1.5MPa、2.5MPa）的实验结果表明，在不同的吸附平衡压力的情况下，不同变质程度煤样，吸附平衡压力一定时，随着煤中水分含量的增加，均具有以上瓦斯放散规律。

8.5.2　水分对瓦斯扩散系数的影响

如前所述，同一煤样在相同实验环境条件下，瓦斯放散量和瓦斯放散速度均随水分的增加而减小，由 Fick 扩散定律可知，两方面原因会造成以上实验结果，一方面是煤粒内瓦斯浓度随水分增加变小，即吸附煤粒内瓦斯吸附量（极限瓦斯放散量）减小了，这个原因在本节已分析，肯定存在，并与多数学者的研究结论一致。另一方面就是扩散参数和扩散系数如何变化的，这是煤粒物质特性决定的，即水分增加是否改变了煤粒瓦斯的扩散动力学特性。

为查明水分对扩散系数的影响，计算了瓦斯扩散率随时间的变化，如图 8-37 ~ 图 8-39 所示，淮南丁集、鹤壁八矿和晋城寺河煤矿的软煤的瓦斯放散率 ln［1-（Q_t/Q_∞）^{2}］与时间 t 呈非直线关系，斜率绝对值随时间延长逐渐减小，即扩散参数 KB 逐渐减小，与前述瓦斯放散规律一致。

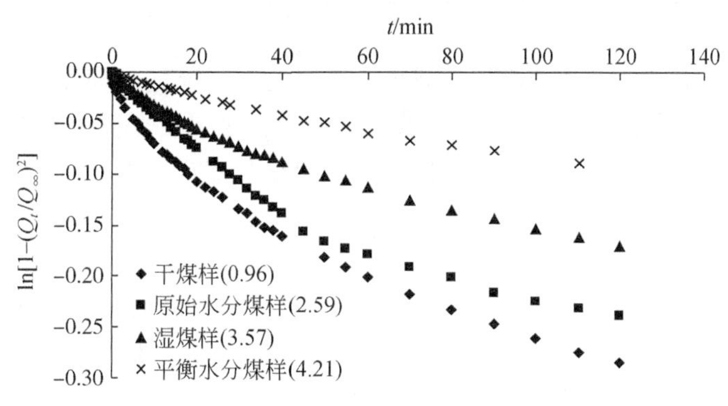

图 8-37　淮南丁集软煤不同水分条件下的瓦斯放散规律曲线

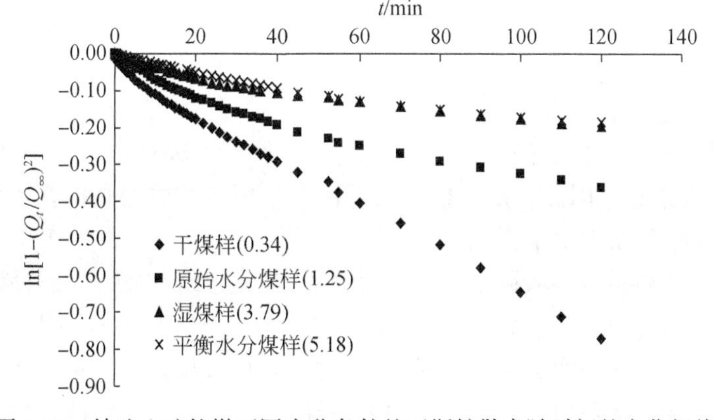

图 8-38　鹤壁八矿软煤不同水分条件的瓦斯扩散率随时间的变化规律

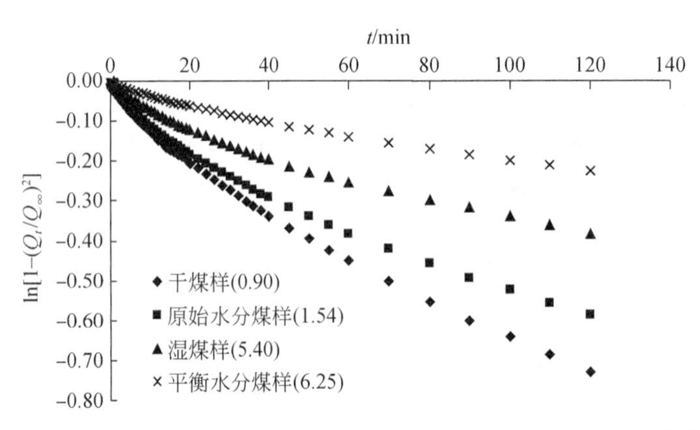

图 8-39 晋城寺河煤矿软煤不同水分条件下瓦斯放散率随时间的变化曲线

如图 8-37 ~ 图 8-39 所示，高、中、低变质程度煤样的瓦斯扩散参数 KB 均随水分的增加而变小，由于粒度相同，随水分增加扩散系数逐渐减小，具体值见表 8-13，3 种变质程度的煤不同水分的瓦斯扩散系数在 1.58×10^{-8} ~ 3.03×10^{-7} cm^2/s，同一种变质程度干煤样的瓦斯扩散系数基本是平衡水分煤样的 3 ~ 5 倍。

8.5.3 水分对瓦斯放散规律的影响机理

根据以上实验结果，水分的增加既减小了煤对瓦斯吸附量（即瓦斯放散的初始浓度降低了），也降低了瓦斯在煤粒中的扩散系数，瓦斯放散速度必然减小，这两个参数减小的原因目前还没有完全查明，本节试从水分在煤中的存在方式、水分对煤的瓦斯吸附量的影响机理和水分对瓦斯扩散系数的影响机理等方面探讨水分对瓦斯放散规律的影响机理。

1）水分在煤中的存在方式

煤中的水分一般按存在状态分为外在水分、内在水分和化合水，另外也称为表面水（或自由水）、吸收水（或湿存水分）、结晶水（或结合水）（李祥春和聂百胜，2006），外在水分是附着在煤的表面和被煤的表面大毛细管吸附的水，外在水分以机械的方式与煤相结合，仅与外界条件有关，而与煤质本身无关。把煤放在空气中干燥时，煤的外在水分很容易蒸发，蒸发到煤表面的水蒸气压和空气的相对湿度平衡时为止；内在水分是煤的内部小毛细管所吸附的水，在常温下这部分水不能失去，只有加热到一定温度才能失去，煤的内表面积越大，小毛细管越多，内在水分也越高。在煤的游离水分中，内在水分是影响煤吸附甲烷的主要因素，化合水是和煤中矿物成分呈化合形态存在的水，可认为不影响煤的瓦斯吸附量和扩散系数。因此，对瓦斯放散规律产生影响的主要是内在水分。

2）水分对煤的瓦斯吸附量影响机理

水分增加会减小煤的瓦斯吸附量机理方面的研究已经开展很多（聂百胜等，2004；降文萍等，2007），吸附机理也比较明确，在平衡水的水分以下，气态水与甲烷竞争吸附时，由于水分子有极性，煤分子与水分子间吸附力（范德华力）以葛生（Keeson）力为主，与甲烷分子之间的吸附力主要为伦敦（London）力和诱导（Debye）力，Keeson 力要比 London 力和

表 8-13　水分对煤粒瓦斯扩散动力学参数的影响

煤样名称	水分/%	120min			60min			30min			10min			5min		
		KB/s^{-1}	D/(cm^2/s)	R^2	KB/s^{-1}	D/(cm^2/s)	R^2	KB/s^{-1}	D/(cm^2/s)	R^2	KB/s^{-1}	D/(cm^2/s)	R^2	KB/s^{-1}	D/(cm^2/s)	R^2
晋城寺河软煤	0.96	1.18×10^{-4}	1.25×10^{-7}	0.9295	1.45×10^{-4}	1.53×10^{-7}	0.9436	1.73×10^{-4}	1.83×10^{-7}	0.9524	2.33×10^{-4}	2.47×10^{-7}	0.9543	2.87×10^{-4}	3.03×10^{-7}	0.8839
	2.59	9.83×10^{-5}	1.04×10^{-7}	0.8799	1.25×10^{-4}	1.32×10^{-7}	0.9184	1.53×10^{-4}	1.62×10^{-7}	0.9443	2.05×10^{-4}	2.17×10^{-7}	0.9715	2.38×10^{-4}	2.52×10^{-7}	0.9456
	3.57	6.50×10^{-5}	6.87×10^{-8}	0.8737	8.33×10^{-5}	8.80×10^{-8}	0.9289	1.02×10^{-4}	1.07×10^{-7}	0.9617	1.30×10^{-4}	1.37×10^{-7}	0.9692	1.48×10^{-4}	1.57×10^{-7}	0.9049
	4.21	3.67×10^{-5}	3.87×10^{-8}	0.9360	4.50×10^{-5}	4.75×10^{-8}	0.9554	5.17×10^{-5}	5.46×10^{-8}	0.9648	6.67×10^{-5}	7.04×10^{-8}	0.9740	7.83×10^{-5}	8.28×10^{-8}	0.9302
鹤壁八矿软煤	0.96	1.13×10^{-4}	1.20×10^{-7}	0.971	1.25×10^{-4}	1.32×10^{-7}	0.9381	1.48×10^{-4}	1.57×10^{-7}	0.9343	2.05×10^{-4}	2.17×10^{-7}	0.9175	2.62×10^{-4}	2.76×10^{-7}	0.8529
	2.59	6.33×10^{-5}	6.69×10^{-8}	0.8877	8.17×10^{-5}	8.63×10^{-8}	0.9525	9.83×10^{-5}	1.04×10^{-7}	0.9759	1.18×10^{-4}	1.25×10^{-7}	0.9629	1.38×10^{-3}	1.46×10^{-6}	0.8505
	3.57	3.33×10^{-5}	3.52×10^{-8}	0.874	4.33×10^{-5}	4.58×10^{-8}	0.9275	5.33×10^{-5}	5.63×10^{-8}	0.9894	6.00×10^{-5}	6.34×10^{-8}	0.9824	6.67×10^{-5}	7.04×10^{-8}	0.9311
	4.21	3.17×10^{-5}	3.35×10^{-8}	0.9464	3.83×10^{-5}	4.05×10^{-8}	0.9954	4.00×10^{-5}	4.23×10^{-8}	0.9988	4.17×10^{-5}	4.40×10^{-8}	0.0017	4.50×10^{-5}	4.75×10^{-8}	0.9737
淮南丁集软煤	0.96	5.00×10^{-5}	5.28×10^{-8}	0.7830	7.00×10^{-5}	7.40×10^{-8}	0.8460	9.00×10^{-5}	9.51×10^{-8}	0.8790	1.30×10^{-4}	1.37×10^{-7}	0.8540	1.82×10^{-4}	1.92×10^{-7}	0.6162
	2.59	4.33×10^{-5}	4.58×10^{-8}	0.8817	5.67×10^{-5}	5.99×10^{-8}	0.9823	6.17×10^{-5}	6.52×10^{-8}	0.9836	7.33×10^{-5}	7.75×10^{-8}	0.9666	8.50×10^{-5}	8.98×10^{-8}	0.9060
	3.57	3.00×10^{-5}	3.17×10^{-8}	0.8929	3.67×10^{-5}	3.87×10^{-8}	0.9416	4.50×10^{-5}	4.75×10^{-8}	0.9729	5.83×10^{-5}	6.16×10^{-8}	0.9762	6.67×10^{-5}	7.04×10^{-8}	0.9316
	4.21	1.50×10^{-5}	1.58×10^{-8}	0.9692	1.67×10^{-5}	1.76×10^{-8}	0.9835	2.00×10^{-5}	2.11×10^{-8}	0.9816	2.50×10^{-5}	2.64×10^{-8}	0.9632	3.00×10^{-5}	3.17×10^{-8}	0.9615

Debye 力强得多，因此，气态水分子更容易占据煤基质表面吸附位，并与含氧官能团通过氢键结合，煤对瓦斯吸附量减少。

常压的液态水对煤的瓦斯吸附量几乎没有影响，而高压液态水与气态水的吸附机理相近，不同的是高压液态水可以克服界面张力使煤基质孔隙内表面被润湿，在煤表面形成水膜，水膜对瓦斯具有吸附势能，使瓦斯吸附量稍有提高，高于平衡水煤样的瓦斯吸附量，低于干煤样的瓦斯吸附量。

3）水分对瓦斯扩散系数的影响机理

前述实验结果表明，在平衡水的水分以下，水分的增加降低了煤的瓦斯扩散系数，至于为什么会降低，目前关于水分对瓦斯扩散系数的影响机理研究较少，特别是未饱和气态水对瓦斯放散系数的影响机理研究更少，本节根据物理模拟实验结果，主要从内在水分对气体分子在多孔介质中的不同扩散方式的影响，初步探讨未饱和气态水对瓦斯放散系数的影响机理。

内在水分和部分外在水分通过润湿作用和煤表面相结合占据了煤表面上一定数量的吸附空位，甲烷分子吸附在水分子未占据的空位和第一层水分子表面，前者由于水分子与煤表面的吸附热较大，比较稳定，对甲烷发生表面扩散产生堵塞作用；后者在一定程度上缩小了孔径，增加了解吸后瓦斯分子的扩散阻力，特别是发生克努森扩散的孔隙，受该因素影响较大，因为水分子直径为4Å，与甲烷分子直径相当，水分子可发生多层吸附。

在自由水不能达到的小孔隙内，由于水有一定的蒸气压，有少量的水分子以气体状态存在于煤小孔隙中，阻塞了甲烷分子扩散通道或增加了甲烷气体分子在中孔和大孔中的过渡扩散和分子扩散的阻力，减小了扩散系数。

8.6 环境温度对瓦斯放散规律的影响

随着矿井开采深度不断增加，矿井地温和热害问题越来越突出。据我国煤田地温观测资料统计，矿井地温增高梯度为 2 ~ 4℃/100m。如平顶山八矿 -430m 水平的原始岩温为 33.2 ~ 36.6℃，据 1994 年数据显示，该矿区平均地温梯度为 3.4℃/100m，采掘工作面的气温为 29 ~ 32℃，气温最高已达 34℃（李惠娟，1994）；淮南矿区矿井每延深 110m，地温要升高 2℃，其中潘集矿区地温梯度为 2.8 ~ 3.8℃/100m，潘三矿区西翼平均地温梯度为 3.43℃/100m，据 2007 年数据显示，整个矿区的最高温度达到 40.2℃，平均温度为 36.8℃（李红阳等，2007）。德国伊本比伦煤矿现采深达 1530m，地温梯度为 1℃/43m，井底岩温可达 60℃；德国鲁尔煤田在采深 1000 ~ 2000m 处岩温已达 50 ~ 60℃。随着开采深度增加，高温高湿等热害问题越来越突出。

受地温、煤体自燃和气候等因素的影响，不同矿井井下环境温度和煤层温度差异很大，环境温度低的时候只有 10℃左右，甚至 10℃以下，如晋城寺河煤矿冬天的井下环境温度。随着采掘深度的增加，高温矿井更是比比皆是，如淮南丁集井下环境温度夏天达到 40℃左右。煤层温度变化也比较大，据我国煤田地温观测资料统计，矿井地温增高梯度为 2 ~ 4℃/100m，而多个矿区的采深达到 1000m 以下，个别矿井温度达到 60℃以上；另外，现场测定煤层瓦斯含量、钻屑解吸指标时，多采用取钻屑的方法，打钻时，钻头和煤样的摩擦产生热量，往往使煤样温度升高，以致煤样的瓦斯解吸放散过程是在变温条件下进行的，但国内外关于温度对瓦斯放散规律影响方面的研究还很少，导致现场应用过程中存在两个问题：一是煤层温度与环境温度不相同时的煤样瓦斯解吸过程，瓦斯损失量如何推算，钻屑解吸指标 K_1 值如何修正；二是煤层温度与环境温度相同时，温度的变化对瓦斯解吸的影响规律，如钻屑解吸指标的突出危险性预测临界值是否需要变化。为查明以上问题，采用理论分析和物理模拟实验开展相关研究。

8.6.1　理论分析

根据气体在多孔介质中的扩散理论（近藤精一等，2005），煤粒瓦斯的扩散过程包括细孔扩散和表面扩散，总体受细孔扩散控制，瓦斯在煤粒中的细孔扩散包括分子扩散、克努森扩散和过渡扩散，扩散系数均可采用过渡扩散系数 D，D 是绝对温度 T 的幂函数，其中分子扩散系数 D_f 是绝对温度 T 的 1.5 次幂，克努森扩散系数是温度 T 的 0.5 次幂，过渡区的瓦斯扩散系数与温度幂函数指数应该为 0.5 ~ 1.5，因此，扩散系数 D 与温度 T 的关系式为

$$D = D_0 T^n \tag{8-14}$$

式中，D_0 为扩散常数，cm^2/s，与气体种类和煤的孔隙结构有关；T 为绝对温度，K；n 为幂指数。

不同环境温度下的扩散系数的关系为

$$\frac{D_1}{D_2} = \left(\frac{T_1}{T_2}\right)^n \tag{8-15}$$

根据扩散参数与扩散系数的关系，可知对同一个煤样，$\mathrm{KB} = \dfrac{k4\pi^2 D_0 T^n}{d^2}$，且 $\dfrac{k4\pi^2 D_0}{d^2}$ 为常数，则

$$\frac{\mathrm{KB}_1}{\mathrm{KB}_2} = \left(\frac{T_1}{T_2}\right)^n \tag{8-16}$$

根据瓦斯放散理论近似式（杨其銮式），将式（8-16）推导的 KB 代入得

$$\frac{Q_t}{Q_\infty} = \sqrt{1 - \mathrm{e}^{\mathrm{KB}t}} \Rightarrow Q_t = Q_\infty \sqrt{1 - \exp\left(\frac{-k4\pi^2 D_0 t}{d^2} \cdot T^n\right)} \tag{8-17}$$

同一煤样的 Q_∞ 可视为定值，固定时间 t，由式（8-18）可看出，不同温度 T 的 Q_t 见式（8-18）：

$$\frac{Q_{t1}}{Q_{t2}} = \sqrt{\frac{1 - \exp\left(\dfrac{-k4\pi^2 D_0 t}{d^2} \cdot T_1^n\right)}{1 - \exp\left(\dfrac{-k4\pi^2 D_0 t}{d^2} \cdot T_2^n\right)}} \tag{8-18}$$

由式（8-18）可看出，Q_t 与温度 T 呈指数函数关系，但由于关系式复杂，相关参数多，不适合工程应用。

8.6.2 物理模拟实验

为模拟井下不同环境温度对瓦斯解吸扩散规律的影响，实验过程为煤样在30±1℃条件下吸附瓦斯，瓦斯吸附平衡后，将水浴温度调节为指定温度，模拟考察不同环境温度下软煤粒瓦斯放散量、瓦斯放散速度和煤粒瓦斯扩散系数随时间的变化规律。

1）环境温度对瓦斯放散量的影响

由于实验是在恒定温度（30±1℃）条件下吸附平衡的，煤粒瓦斯吸附量相同，即初始瓦斯浓度相同，但由于不同温度条件下，常压对应的吸附量不同，极限放散量即 Q_∞ 不同。本节研究了不同环境温度条件下淮南丁集、鹤壁八矿和晋城寺河3个煤样软煤粒（粒度为1～3mm）瓦斯放散量与时间的关系，如图8-40～图8-42所示，不同变质程度、不同温度的软煤瓦斯放散量 Q_t 随时间呈有限单调递增函数；随温度升高，相同时间内，瓦斯放散量 Q_t 逐渐增大，由于瓦斯放散初始浓度相同，相对瓦斯放散量 Q_t/Q_∞ 也随温度的提高而提高。在瓦斯含量和钻屑解吸指标测定过程中，由于打钻时和取出煤样后的温度存在较大差别，环境温度与煤层温度也有差别，需对不同温度的瓦斯放散量进行量化修正。

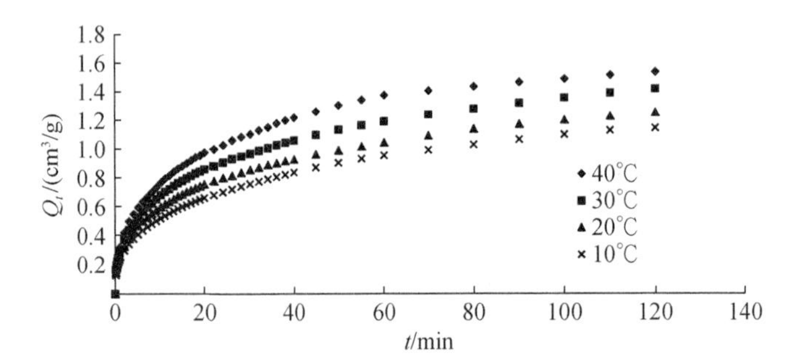

图8-40　丁集软煤不同环境温度下的瓦斯放散量随时间变化散点图

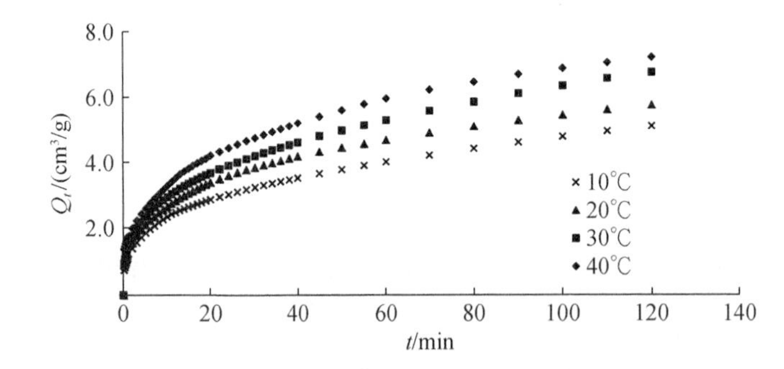

图8-41　鹤壁软煤不同环境温度下的瓦斯放散量随时间变化散点图

温度对瓦斯吸附量修正方法，可用经验公式［式（8-19）］表示。

$$X_T = X_{T_1} e^{n(T_1 - T)} \tag{8-19}$$

式中，X_T、X_{T_1} 分别为温度在 T 和 T_1 时煤的吸附瓦斯含量，m³/t；T、T_1 分别为井下煤体温

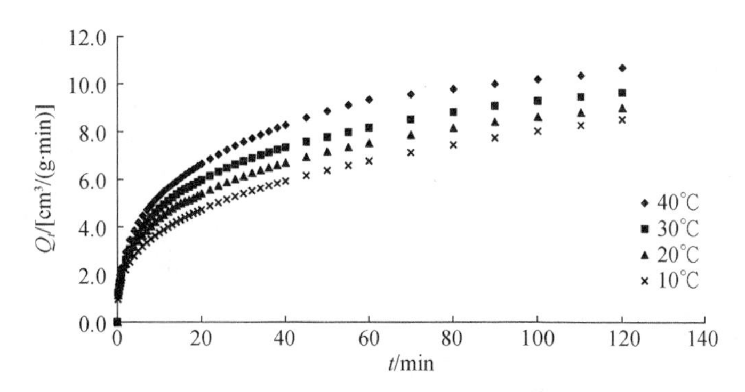

图8-42　寺河软煤不同环境温度下的瓦斯放散量随时间变化散点图

度和实验室做吸附实验的温度,℃；n 为与瓦斯压力有关的常数，$n=\dfrac{0.02}{0.993+0.07p}$，$p$ 为瓦斯压力，MPa。

为方便现场工程应用，结合理论分析瓦斯放散量与温度 T 呈指数函数关系，参照温度对瓦斯吸附量影响经验公式的形式进行拟合，见式（8-20）。

$$Q_{T_h}=Q_{T_x}\exp[a(T_h-T_x)] \tag{8-20}$$

式中，Q_{T_h}、Q_{T_x}分别为环境温度为 T_h时的瓦斯解吸量和吸附温度为 T_x时的瓦斯解吸量；a 为回归系数。

本节统计计算了不同变质程度、不同瓦斯压力，不同解吸环境温度的瓦斯解吸量与吸附温度30℃时的解吸量比值随温度的变化关系，篇幅所限，仅列出了0.74MPa平衡压力下不同变质程度的拟合数据，如图8-43～图8-45所示，比值随温差的增大而增大，不同时间段瓦斯放散量的比值基本一致。根据两者关系拟合出的公式和相关参数见表8-14，不同变质程度的煤样在不同时间段的瓦斯解吸量，与吸附温度30℃的瓦斯解吸量比值，均符合式（8-20）的关系，各类经验或理论公式拟合实测数据采用配曲线最小二乘法方式进行，拟合效果用以剩余平方和作为衡量标准的相关指数 R^2 来度量，拟合数据的相关指数 R^2 基本在0.90以上。

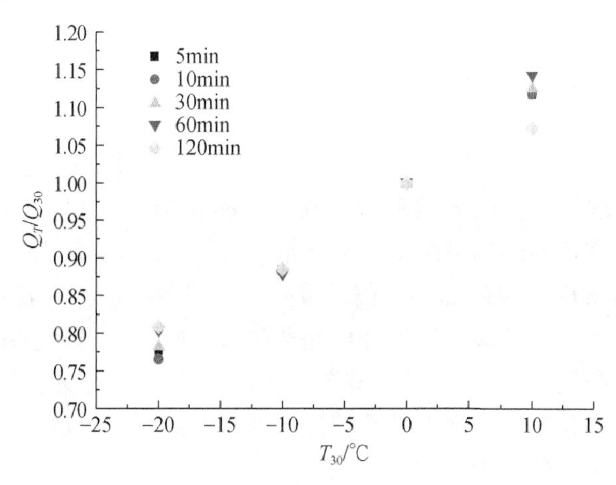

图8-43　淮南丁集软煤不同时间段瓦斯放散量与温度的定量关系图

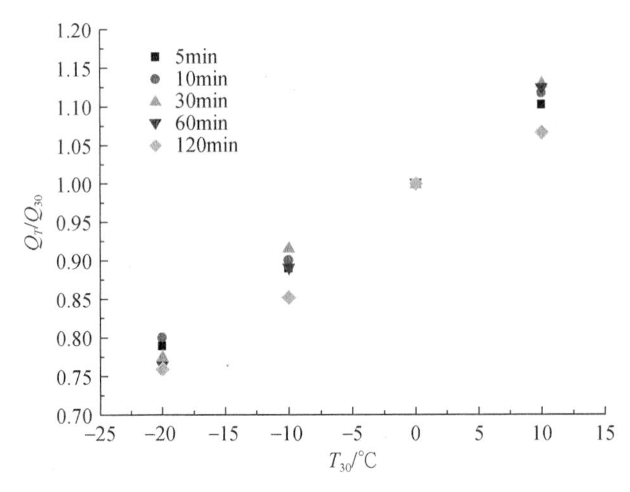

图 8-44　鹤壁八矿软煤不同时间段瓦斯放散量与温度的定量关系图

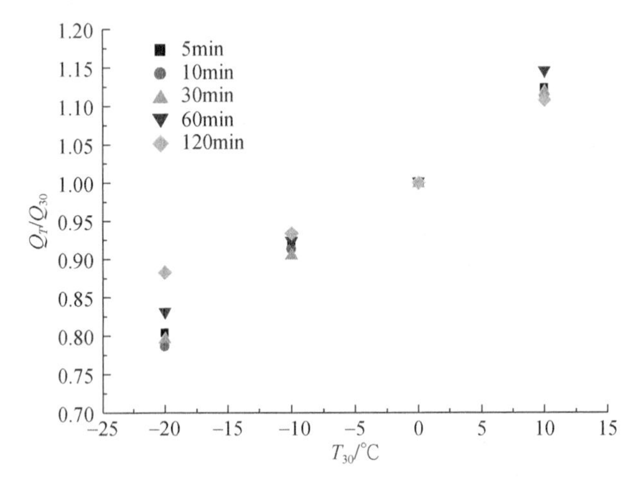

图 8-45　晋城寺河软煤不同时间段瓦斯放散量与温度的定量关系图

由表 8-14 可知，前 60min 的瓦斯放散比例系数与温度 T 的回归系数 a 基本趋近于 0.011 和 0.012，其中晋城煤样趋近于 0.011，平均值为 0.0108；鹤壁煤样基本趋近于 0.0115，平均值为 0.0117；淮南煤样基本趋近于 0.012，平均值为 0.0122。何志刚（2010）、李宏（2011）对晋城成庄煤矿煤样在 10℃、20℃吸附温度的不同环境温度下瓦斯放散规律实验研究表明，回归系数趋近于 0.012 和 0.011。综合以上分析，可直接用环境温度与吸附温度差修正不同温度的解吸瓦斯量。

3 个煤样在 120min 时，温度影响回归系数开始出现不稳定，见表 8-14，晋城和淮南煤样的回归系数明显减小，这可能是高温环境瓦斯放散规律与低温环境瓦斯放散规律的差异性导致，同样的瓦斯吸附量，高温环境煤样初期瓦斯放散速度快、瓦斯放散速度衰减也快，而低温环境下初期瓦斯放散速度衰减较慢，因此，达到一定放散时间后，高温环境和低温环境的瓦斯放散量逐渐趋于一致。

综合以上分析，可用式（8-20）修正不同环境温度下的瓦斯放散量，前 60min 的温度影响回归系数 a 可在 0.011～0.012 取值，无烟煤取 0.0110，高变质烟煤可取 0.0115，低变质烟煤可取 0.0120。

表 8-14　不同时间段不同变质程度煤样瓦斯放散量与温度关系拟合结果表

时间段 /min	晋城寺河矿煤样		鹤壁八矿煤样		淮南丁集矿煤样	
	关系式	R^2	关系式	R^2	关系式	R^2
0～5	$\frac{Q_T}{Q_{30}}=e^{0.0107(T-30)}$	0.9907	$\frac{Q_T}{Q_{30}}=e^{0.01124(T-30)}$	0.9926	$\frac{Q_T}{Q_{30}}=e^{0.01215(T-30)}$	0.9969
0～10	$\frac{Q_T}{Q_{30}}=e^{0.01114(T-30)}$	0.9899	$\frac{Q_T}{Q_{30}}=e^{0.01103(T-30)}$	0.9995	$\frac{Q_T}{Q_{30}}=e^{0.01263(T-30)}$	0.9938
0～30	$\frac{Q_T}{Q_{30}}=e^{0.01107(T-30)}$	0.9973	$\frac{Q_T}{Q_{30}}=e^{0.01187(T-30)}$	0.9848	$\frac{Q_T}{Q_{30}}=e^{0.01213(T-30)}$	0.9993
0～60	$\frac{Q_T}{Q_{30}}=e^{0.0102(T-30)}$	0.9628	$\frac{Q_T}{Q_{30}}=e^{0.01264(T-30)}$	0.9943	$\frac{Q_T}{Q_{30}}=e^{0.012(T-30)}$	0.9875
0～120	$\frac{Q_T}{Q_{30}}=e^{0.00725(T-30)}$	0.9502	$\frac{Q_T}{Q_{30}}=e^{0.01211(T-30)}$	0.9032	$\frac{Q_T}{Q_{30}}=e^{0.00997(T-30)}$	0.96213

2）环境温度对瓦斯扩散系数的影响

根据前述理论，细孔扩散的瓦斯扩散参数与温度呈幂函数关系，而表面扩散系数与温度呈指数关系，为考察瓦斯扩散参数和系数随温度的变化规律，利用煤粒瓦斯放散量、瓦斯放散时间等实验数据和近似理论公式的瓦斯扩散参数计算方法，计算了不同变质程度煤样在不同环境温度下，不同时间段的瓦斯扩散参数和扩散系数，绘制了 $\ln[1-(Q_t/Q_\infty)^2]$ 与时间 t 的对应关系，如图 8-46～图 8-48 所示，不同变质程度不同温度的瓦斯放散率与时间 t 在 120min 内均不呈直线关系，反映了瓦斯扩散参数或扩散系数是随时间变化的，再次说明煤粒的均质、常扩散系数模型不能准确描述煤粒的瓦斯过程；相同时间内，瓦斯放散率随温度的升高而增大，即扩散参数随温度升高而增大。

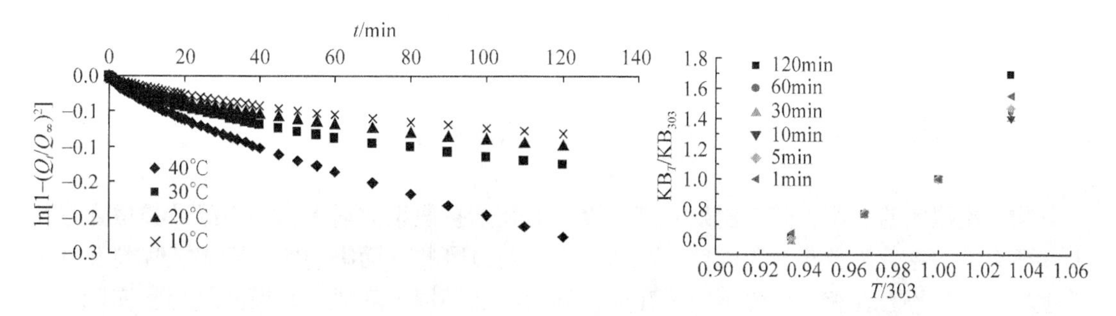

图 8-46　不同环境温度下淮南丁集矿瓦斯扩散规律与扩散动力学参数

为考察扩散参数随温度变化的量化关系，计算了 3 种煤样不同环境温度不同时间段的瓦斯扩散参数和瓦斯扩散系数，见表 8-15，瓦斯扩散参数和瓦斯扩散系数均随温度的升高

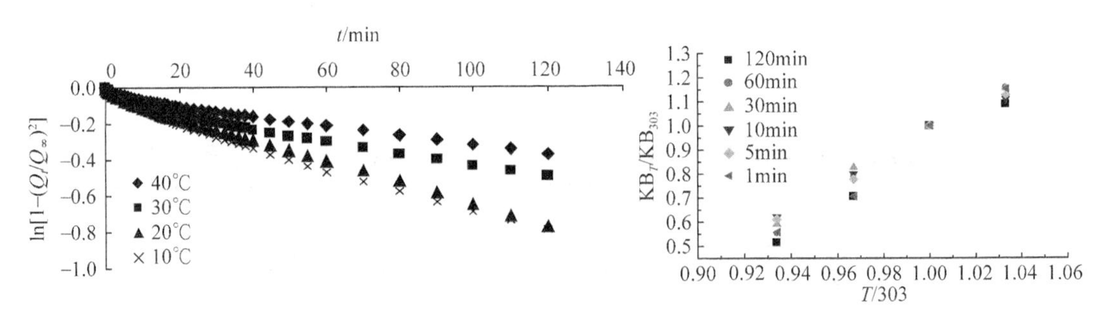

图 8-47　不同环境温度下鹤壁八矿瓦斯扩散规律与扩散动力学参数

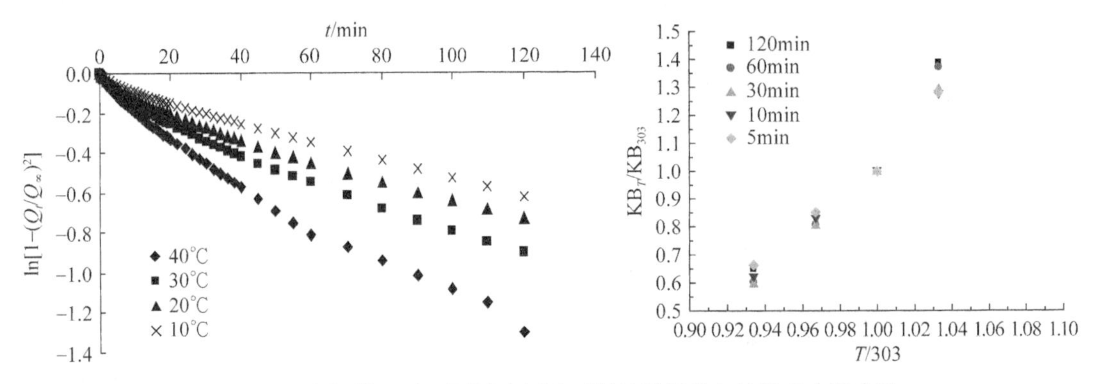

图 8-48　不同环境温度下晋城寺河矿瓦斯扩散规律与扩散动力学参数

而增大，然后按照式（8-20）拟合了不同环境温度［283K（10℃）、293K（20℃）、303K（30℃）和 313K（40℃）］与吸附温度（303K）之间的瓦斯扩散参数 KB 比值与温度比值的关系，见表 8-15，相关指数为 0.7863～0.9955，除鹤壁八矿煤样和淮南丁集煤样在 120min 内关系式的相关系数小于 0.90 以外，其他关系式的相关系数均在 0.90 以上，表明用式（8-20）中瓦斯扩散参数是准确的，剔除两个相关系数偏低的关系式，公式中的 n 值基本在 5.6～9.7，其中，晋城寺河矿无烟煤的 n 值在 7.3～8.3，基本趋近于 7.5；鹤壁八矿贫煤的 n 值在 5.6～6.7，基本趋近于 6.0；淮南丁集气肥煤的 n 值在 8.9～9.7，基本趋近于 9.3。

8.6.3　环境温度对瓦斯放散规律的影响机理

物理模拟实验表明，随着温度升高，煤粒的瓦斯扩散系数增大，进而导致扩散通量增大，那么扩散系数为什么会随温度升高而增大，通过哪些方面影响的，则需从煤粒瓦斯放散过程分析。煤粒在相同条件下吸附瓦斯，然后改变环境温度放散瓦斯的过程，实际是一个变温变压解吸扩散过程，解吸过程前已述及，速度非常快，解吸时间可以忽略不计，扩散过程主要包括瓦斯气体分子在细孔内扩散和吸附瓦斯分子在煤粒内表面的表面扩散，而这两个过程主要受瓦斯分子活性和孔隙结构决定。

表 8-15　温度对煤粒瓦斯扩散参数与扩散系数的影响

煤样名称	温度/K	120min			60min			30min			10min			5min		
		KB/s^{-1}	D/(cm^2/s)	R^2	KB/s^{-1}	D/(cm^2/s)	R^2	KB/s^{-1}	D/(cm^2/s)	R^2	KB/s^{-1}	D/(cm^2/s)	R^2	KB/s^{-1}	D/(cm^2/s)	R^2
晋城寺河软煤	283	9.50×10^{-5}	1.00×10^{-7}	0.9579	1.08×10^{-4}	1.14×10^{-7}	0.9423	1.28×10^{-4}	1.36×10^{-7}	0.9423	1.73×10^{-4}	1.83×10^{-7}	0.9371	2.17×10^{-4}	2.29×10^{-7}	0.9023
	293	1.18×10^{-4}	1.25×10^{-7}	0.9188	1.45×10^{-4}	1.53×10^{-7}	0.9318	1.73×10^{-4}	1.83×10^{-7}	0.9418	2.32×10^{-4}	2.45×10^{-7}	0.9635	2.78×10^{-4}	2.94×10^{-7}	0.9410
	303	1.47×10^{-4}	1.55×10^{-7}	0.9177	1.80×10^{-4}	1.90×10^{-7}	0.9325	2.15×10^{-4}	2.27×10^{-7}	0.9564	2.80×10^{-4}	2.96×10^{-7}	0.9748	3.27×10^{-4}	3.45×10^{-7}	0.9593
	313	2.03×10^{-4}	2.15×10^{-7}	0.9398	2.47×10^{-4}	2.61×10^{-7}	0.9708	2.78×10^{-4}	2.94×10^{-7}	0.9665	3.57×10^{-4}	3.77×10^{-7}	0.9727	4.18×10^{-4}	4.42×10^{-7}	0.9604
		$\frac{KB_T}{KB_{303}}=\left(\frac{T}{303}\right)^{7.9956}$		0.9522	$\frac{KB_T}{KB_{303}}=\left(\frac{T}{303}\right)^{8.3063}$		0.9773	$\frac{KB_T}{KB_{303}}=\left(\frac{T}{303}\right)^{7.5313}$		0.9955	$\frac{KB_T}{KB_{303}}=\left(\frac{T}{303}\right)^{7.6596}$		0.9927	$\frac{KB_T}{KB_{303}}=\left(\frac{T}{303}\right)^{7.3989}$		0.9763
鹤壁八矿软煤	283	5.83×10^{-5}	6.16×10^{-8}	0.9120	7.00×10^{-5}	7.40×10^{-8}	0.8864	8.83×10^{-5}	9.33×10^{-8}	0.9069	1.27×10^{-4}	1.34×10^{-7}	0.9324	1.60×10^{-4}	1.69×10^{-7}	0.8787
	293	8.00×10^{-5}	8.45×10^{-8}	0.9027	1.00×10^{-4}	1.06×10^{-7}	0.9151	1.23×10^{-4}	1.30×10^{-7}	0.9496	1.63×10^{-4}	1.73×10^{-7}	0.9287	2.03×10^{-4}	2.15×10^{-7}	0.8565
	303	1.13×10^{-4}	1.19×10^{-7}	0.9711	1.27×10^{-4}	1.34×10^{-7}	0.9414	1.48×10^{-4}	1.57×10^{-7}	0.9343	2.05×10^{-4}	2.17×10^{-7}	0.9715	2.62×10^{-4}	2.76×10^{-7}	0.8529
	313	1.23×10^{-4}	1.30×10^{-7}	0.9468	1.47×10^{-4}	1.55×10^{-7}	0.9427	1.72×10^{-4}	1.81×10^{-7}	0.9404	2.27×10^{-4}	2.39×10^{-7}	0.8522	2.95×10^{-4}	3.12×10^{-7}	0.5902
		$\frac{KB_T}{KB_{303}}=\left(\frac{T}{303}\right)^{6.9779}$		0.7863	$\frac{KB_T}{KB_{303}}=\left(\frac{T}{303}\right)^{6.7605}$		0.9335	$\frac{KB_T}{KB_{303}}=\left(\frac{T}{303}\right)^{6.0939}$		0.9530	$\frac{KB_T}{KB_{303}}=\left(\frac{T}{303}\right)^{5.6479}$		0.9012	$\frac{KB_T}{KB_{303}}=\left(\frac{T}{303}\right)^{6.0048}$		0.9237
淮南丁集软煤	283	1.33×10^{-5}	1.41×10^{-8}	0.8652	1.83×10^{-5}	1.94×10^{-8}	0.9273	2.17×10^{-5}	2.29×10^{-8}	0.9444	3.00×10^{-5}	3.17×10^{-8}	0.9501	3.67×10^{-5}	3.87×10^{-8}	0.9305
	293	1.67×10^{-5}	1.76×10^{-8}	0.8234	2.33×10^{-5}	2.47×10^{-8}	0.8889	2.83×10^{-5}	2.99×10^{-8}	0.9401	3.83×10^{-5}	4.05×10^{-8}	0.9678	4.67×10^{-5}	4.93×10^{-8}	0.9541
	303	2.17×10^{-5}	2.29×10^{-8}	0.8204	3.00×10^{-5}	3.17×10^{-8}	0.8977	3.67×10^{-5}	3.87×10^{-8}	0.9406	5.00×10^{-5}	5.28×10^{-8}	0.9688	6.00×10^{-5}	6.34×10^{-8}	0.9589
	313	3.67×10^{-5}	3.87×10^{-8}	0.9307	4.33×10^{-5}	4.58×10^{-8}	0.9339	5.17×10^{-5}	5.46×10^{-8}	0.9443	7.00×10^{-5}	7.40×10^{-8}	0.9477	8.83×10^{-5}	9.33×10^{-8}	0.9261
		$\frac{KB_T}{KB_{303}}=\left(\frac{T}{303}\right)^{12.9618}$		0.8755	$\frac{KB_T}{KB_{303}}=\left(\frac{T}{303}\right)^{9.2942}$		0.9561	$\frac{KB_T}{KB_{303}}=\left(\frac{T}{303}\right)^{9.0994}$		0.9774	$\frac{KB_T}{KB_{303}}=\left(\frac{T}{303}\right)^{8.9386}$		0.9781	$\frac{KB_T}{KB_{303}}=\left(\frac{T}{303}\right)^{9.6513}$		0.9460

1）温度对瓦斯分子活性的影响

瓦斯气体分子在细孔内扩散过程包括分子扩散、克努森扩散和过渡扩散，根据气体分子运动学理论，温度对气体分子扩散的影响，主要是改变了气体分子的均方根速度和平均自由程，前者随温度的升高而增大，有利于瓦斯扩散；温度对后者的影响见式（8-3），常压情况下（实验系统一直与外面大气相通），随温度升高，分子平均自由程增加，也有利于提高瓦斯扩散速度，二者共同作用，使气体分子扩散系数与温度呈 1.5 次幂的函数关系；温度对克努森扩散的影响见式（8-6），在孔隙平均半径不变的情况下，扩散系数与温度 T 呈 0.5 次幂的关系。

煤粒对甲烷气体分子的吸附属于物理吸附，物理吸附的分子与细孔表面的作用力不强，可以朝浓度低的方向发生表面移动，若吸附量梯度是表面扩散的推动力，则表面扩散系数可按式（8-21）表示，扩散系数与温度 T 呈指数关系，对同一煤样来说，其他参数均为与温度无关的常数。

$$D_s = 1.6 \times 10^{-2}\exp(-0.45Q/mRT) \tag{8-21}$$

式中，D_s 为表面扩散系数；Q 为微分吸附热；m 为 D_s 与 Q 之间的相关系数；R 为气体常数，J/(mol · K)；T 为绝对温度，K。

2）温度对孔隙结构的影响

关于温度升高对孔隙结构的影响，张玉涛和王德明（2007）的实验研究表明，随着温度的升高，一方面原来的小孔隙周围慢慢受氧化或热膨胀的作用而逐渐变大；另一方面，随着煤中部分物质的氧化，新的孔隙产生并逐渐扩张。煤中的孔隙结构趋于均匀化，即小孔隙的扩张速度比大孔隙快。李志强（2008）的实验研究表明，煤体所受有效应力较低时，其受到较小的外围约束，温度升高，热应力大于有效应力，煤体向外膨胀，孔隙张开。而瓦斯在小孔中的扩散速度决定了瓦斯煤粒中的扩散速度，因此，温度对瓦斯在煤粒中扩散能力有更显著的影响。

综上所述，温度升高通过增强甲烷分子的活性、加强孔隙扩张，特别是小孔隙的扩张，大大提高了瓦斯在煤粒中的扩散能力，实验结果表明，扩散系数与温度 T 的幂指数为 5.6～9.7，均大于 1.5，正说明了温度升高不仅仅提高了细孔内气体瓦斯分子的活性，也提高了发生表面扩散的吸附瓦斯的活性，还使孔隙发生扩张。

8.7　本 章 小 结

本章采用物理模拟实验结合理论分析的方法，研究了吸附平衡压力、变质程度、破坏程度、粒度、水分和环境温度 6 个因素对煤粒瓦斯放散规律的影响，获得以下认识。

（1）不同吸附平衡压力的极限瓦斯放散量采用 Langmuir 改进公式计算［式（8-9）］；提出不同吸附平衡压力的瓦斯放散速度随时间的变化关系可表示为 $V = B \cdot P^{K_p} \cdot t^{-K_t}$；煤粒瓦斯扩散系数随吸附平衡瓦斯压力增大而稍有减小，与吸附平衡压力对瓦斯放散速度的影响量相比，减小量可忽略不计，即认为吸附平衡瓦斯压力对煤粒瓦斯扩散系数没有影响；硬煤的瓦斯扩散系数随放散时间基本不变化，可用均质模型描述，软煤的瓦斯扩散系数则随放散时间显著减小。

（2）变质程度对瓦斯极限放散量的影响与对吸附能力的影响一致，对于实验煤样来说，总体随变质程度的提高而增加；相同时间内，瓦斯放散量与瓦斯放散速度均随变质程度的提高而增大；变质程度对扩散系数的影响总体随变质程度的提高呈增大趋势，变质程度为贫瘦煤的鹤壁煤样高于无烟煤的晋城煤样，分析原因是受破坏程度或变质变形环境影响；不同变质程度软煤的扩散系数均随时间延长而减小。

（3）破坏程度对极限瓦斯放散量影响不大，软煤稍高于硬煤；相同时间，瓦斯放散量和瓦斯放散速度明显大于硬煤，通过实验数据回归，评价了 9 个经验公式，乌斯基诺夫式更合理，但相关系数偏低；软煤的扩散系数明显高于硬煤，基本在 2 ~ 10 倍变化，随破坏程度（f 值减小）提高扩散系数增大；瓦斯扩散系数随时间延长而衰减，破坏程度越高，衰减程度越大。

（4）软、硬煤瓦斯放散初速度差值随粒度的减小而减小，粒度减小到一定程度，软硬煤的瓦斯放散初速度没有差别，该粒度称为原始粒度，完善了粒度对瓦斯放散速度的影响规律，提出粒度差别是软硬煤差别的本质特征之一；瓦斯扩散参数 KB 随粒度的减小而增大，扩散系数随粒度减小而减小，查明了瓦斯扩散参数和扩散系数随粒度变化的原因。

（5）煤粒中气态水分的增加减小了极限瓦斯放散量，减小了相同时间内的瓦斯放散初速度和扩散系数，查明了水分瓦斯放散规律的影响机理。

（6）根据气体在多孔介质中理论，推导了瓦斯放散量与环境温度的关系式，瓦斯放散量随温度呈指数变化；通过实验研究，确定了理论公式中各项系数，提出了解吸环境温度对瓦斯放散量的修正公式，给出了不同变质程度煤的回归系数和适用条件；查明随温度升高瓦斯放散速度加快的主要原因是，扩散系数随温度升高而增大，拟合出扩散参数 KB 与温度 T 的关系，印证了瓦斯放散量温度修正公式；查明了温度对扩散系数的影响机理。

第9章　煤粒的瓦斯放散机理与模型研究

煤粒瓦斯放散动力学过程主要指在煤粒瓦斯吸附平衡压力被破坏后，煤粒内瓦斯流动至煤粒表面的过渡性不平衡过程，本质上属于气体在多孔介质的扩散与流动过程，主要受煤粒物理化学性质和瓦斯气体活性控制。根据第8章实验研究，6个影响因素均是通过改变这两方面来影响放散过程的。本章试图在实验研究的基础上，结合气体在多孔介质中的扩散理论，查明煤粒的瓦斯放散机理，建立更符合实际的煤粒瓦斯放散动力学的物理-数学模型。

9.1　煤粒的瓦斯放散机理

关于煤粒的瓦斯放散机理，仍存在以下问题没有解释清楚：①关于煤粒瓦斯放散的流动方式，是否存在渗透流动方式仍存争议；②煤粒瓦斯扩散系数随时间变化现象的本质原因，软煤扩散系数衰减相对更显著的原因；③各因素对煤粒瓦斯放散规律的影响机理，该问题在第3章和第4章已经分析。

9.1.1　煤粒内瓦斯流动方式探讨

煤粒中瓦斯放散过程目前被广泛认为包括解吸、扩散和渗透3个过程，但关于是否存在渗透的流动方式仍存争议。

解吸过程主要发生在孔隙、裂隙等的表面，根据吸附热的实验测定及量子化学从头计算结果，甲烷在煤表面上的吸附（解吸）属物理吸附（解吸），原则上可在瞬间完成（何学秋，1995；陈昌国，1996；近藤精一等，2005），基本为$10^{-10}\sim10^{-5}$s，相对于煤的瓦斯放散时间，可忽略不计。

扩散过程是瓦斯分子在煤粒表面、孔隙和晶格内，以浓度梯度驱动力发生的定向运动，很多学者在研究煤粒中瓦斯放散过程时，将其单纯看作扩散过程，并认为符合Fick扩散定律，说明扩散过程是煤粒瓦斯放散的主要物理过程。

瓦斯在煤中的渗透过程指瓦斯流在中孔和大孔内（孔径大于10^{-7}m），受压力梯度驱动发生的定向运动，一般认为符合达西定律，见式（9-1），瓦斯的流速与孔裂隙中压力梯度呈线性关系。在煤粒中是否存在该过程仍有争议，关键问题在于中孔、大孔中是否存在瓦斯压力梯度。根据煤粒瓦斯放散规律实验，煤粒瓦斯放散过程中，压力表一直保持为0MPa，宏观上，反映了瓦斯流在大孔内压力差很小，几乎为零；从理论上分析，不管是扩散或是渗透，瓦斯在大孔和中孔的流动速度比在微孔和过渡孔中扩散速度要快得多，很难在中孔和大孔中形成压力差。综上所述，可以认为，瓦斯在煤粒中的运动不具备发生渗透的力学条件。另外，周世宁（1990）在研究瓦斯在煤层中的流动机理时，对比分析了瓦斯在煤层中流动的扩散-渗透和低渗透-渗透规律，按照煤粒低渗透和煤粒扩散计算的流量准数相近，因此，即使有低渗流状态，也可等同视为扩散过程。

$$V = -\frac{k}{\mu}\frac{\partial p}{\partial n} \tag{9-1}$$

式中，k 为渗透率，$10^{-12}m^2$；V 为流速，m/s；μ 为瓦斯的绝对黏度，Pa·s；$\partial p/\partial n$ 为瓦斯压力在流动方向上的偏导数；p 为瓦斯压力，MPa。

综上所述，煤粒的放散过程主要受扩散过程控制，可简化扩散过程。

9.1.2　扩散模式

根据气体在多孔介质中扩散理论，气体在多孔介质中分为三种模式的扩散：细孔扩散、表面扩散和晶体扩散。气相吸附（解吸）中，粒子内扩散受细孔扩散控制，即使有表面扩散也可以采用细孔扩散系数研究扩散动力学。晶体扩散是当孔隙直径与瓦斯气体分子尺寸相差不大，压力足够大时，瓦斯气体就会进入微孔隙以固溶体存在，发生晶体扩散，煤晶体中的扩散阻力较大，扩散通量较小，可忽略不计。因此，煤粒内的扩散主要受细孔扩散控制。

细孔扩散包括 Fick 扩散、克努森扩散和过渡扩散 3 种扩散模型，见表 9-1，可用表示孔隙直径和分子运动平均自由程相对大小的克努森数来区分，克努森数可按照式（9-2）计算：

$$Kn = \frac{\lambda}{d} \tag{9-2}$$

式中，λ 为气体分子的平均自由程，m；d 为孔隙平均直径，m。

表 9-1　煤粒瓦斯扩散微观模型（T=293K，P=0.1MPa）

模型名称	示意图	适用范围	孔隙类型
Fick 扩散模型	d	$Kn \leqslant 0.1$；$d \leqslant 100Å$	大孔
克努森扩散模型		$Kn \geqslant 10$；$d \geqslant 10^4Å$	微孔
过渡扩散模型		$0.1<Kn<10$；$10^2<d<10^4Å$	过渡孔、中孔

根据分子运动论，对于理想气体，则平均自由程为

$$\lambda = \frac{k_b T}{\sqrt{2}\pi d_0^2 p} \tag{9-3}$$

式中，k_b 为玻尔兹曼常数，1.38×10^{-23}，J/K；d_0为分子有效直径，nm；p 为气体的压强，

MPa；T 为绝对温度，K。

按照式（9-3）计算，在常温常压下（20℃，0.1MPa）下，甲烷（CH_4）气体分子平均自由程为53.1nm，氮气（N_2）分子平均自由程为73.4nm，二氧化碳（CO_2）分子平均自由程为83.6nm。井下煤层中的瓦斯主要由这3种气体组成，为方便计算和分级，取瓦斯分子的平均自由程为100nm，按照霍多特的孔裂隙分类方法和克努森数，不同孔径中瓦斯扩散方式见表9-1，瓦斯流在大孔内属分子扩散，在微孔内属克努森扩散，在过渡孔和中孔内属过渡扩散。

1）菲克扩散

菲克（Fick）扩散，当 $Kn \geqslant 10$ 时，即孔直径较大时，孔内扩散属于正常扩散，与通常的气体扩散完全相同，又称分子扩散。扩散阻力主要是分子之间的相互碰撞所致。可以用经典的 Fick 扩散定律去描述，即

$$J = D_{\mathrm{f}} \frac{\partial C}{\partial x} \tag{9-4}$$

式中，J 为瓦斯气体通过单位面积的扩散速度，kg/(s·m^2)；$\frac{\partial C}{\partial x}$为沿扩散方向的浓度梯度；$D_{\mathrm{f}}$为 Fick 扩散系数，m^2/s；$C$ 为瓦斯气体的浓度，kg/cm^3。

假定孔隙两侧压力相同，扩散系数由式（9-5）计算（Houst and wittmann，1994）：

$$D_{\mathrm{f}} = \frac{1}{3}\bar{u}_{\mathrm{A}} \cdot \lambda \tag{9-5}$$

式中，D_{f}为 Fick 扩散时流体自由扩散系数，m^2/s；$\bar{u}_{\mathrm{A}}$ 为气体均方根速度，m/s。

根据分子运动学理论，气体均方根速度由式（9-6）计算（王绍亭和陈涛，1986）：

$$\bar{u}_{\mathrm{A}} = (8RT/\pi M_{\mathrm{A}})^{0.5} \tag{9-6}$$

式中，M_{A}为甲烷分子质量，kg/mol；R 为气体常数，8.314 N·m/(mol·K)。

由式（9-3）~式（9-6）可看出，瓦斯在大孔内的 Fick 扩散系数主要受温度和压力控制，与温度 T 的3/2次幂呈正比，与压力呈正比。

2）克努森扩散

当 $Kn \leqslant 0.1$ 时，即孔径很小时，孔内扩散为克努森扩散。扩散阻力主要是气体分子与孔壁的碰撞所致，而分子之间的相互碰撞可忽略不计。克努森扩散系数 D_{KA}的公式为

$$D_{\mathrm{KA}} = 97r\,(T/M_{\mathrm{A}})^{0.5} \tag{9-7}$$

式中，r 为孔隙半径，m。

由式（9-7）可知，瓦斯在微孔内的扩散系数与孔隙半径呈正比，与温度 T 的0.5次幂呈正比，而与气体压力没有关系。

3）过渡扩散

当 $0.1 \leqslant Kn \leqslant 10$ 时，菲克扩散与克努森扩散同时起作用。应使用复合系数 D_{N}，对于二组分扩散，过渡区的扩散系数 D_{N}由 Bosanquit 公式［式（9-8）］计算：

$$1/D_{\mathrm{N}} = 1/D_{\mathrm{KA}} + 1/D_{\mathrm{f}} \tag{9-8}$$

式（9-8）不仅适用于过渡区，而且可作为计算所有区域的扩散系数通式。式（9-8）说明两种扩散的贡献不是简单地加和。

4）实际煤粒的有效瓦斯扩散系数

实际煤粒孔隙结构的孔径范围宽广，同时存在微孔、过渡孔、中孔和大孔，即3种扩散模型在煤粒的瓦斯扩散过程中均可发生，甚至包括表面扩散和晶体扩散，但由于不同煤的孔隙结构差别很大，实际扩散必然是上述三种扩散模式（菲克扩散、克努森扩散、过渡扩散）综合作用的结果，假定煤粒中的孔隙全部为直的毛细孔，对于总孔隙率为 ε 的多孔介质材料，复合扩散系数 D_h 由式（9-9）计算（Houst and wittmann，1994；刘志勇等，2005）。

$$D_h \cdot \varepsilon = \varepsilon_1 D_f + \varepsilon_2 D_N + \varepsilon_3 D_{kA} \tag{9-9}$$

式中，ε_1为 Fick 扩散孔孔隙率；ε_2为过渡区扩散孔孔隙率；ε_3为克努森扩散孔孔隙率；ε 为多孔介质材料可扩散孔总孔隙率，可用孔隙面积分数表示，$\varepsilon=\varepsilon_1+\varepsilon_2+\varepsilon_3$。

实际煤粒孔隙结构十分复杂，扩散路径迂回曲折，扩散距离远大于两表面垂直距离，因此，瓦斯通过单位煤粒的扩散系数实际上是有效扩散系数，它不仅与气体在多孔介质材料中的扩散模式有关，而且在很大程度上取决于多孔介质的孔隙率、孔分布、孔曲折度和孔连通性，有效扩散系数可表示为

$$D_e = \frac{D_h \cdot \varepsilon}{r} \tag{9-10}$$

式中，D_e为气体在多孔材料中有效扩散系数；r 为与多孔材料孔结构有关的孔曲折度因子。

9.1.3　扩散系数随时间变化的机理

煤粒内瓦斯的扩散系数是煤的固有物性参数，本身是不会变化的，但根据第3章实验研究，大部分实验煤样的瓦斯扩散系数随时间衰减，且软煤的扩散系数随时间衰减更显著。出现该现象是各种因素综合影响的结果，而该现象是推算煤层瓦斯含量损失量或K_1值不准确的直接原因和根本原因，因此，需查明衰减机理，为建立更合理物理-数学模型奠定基础。

关于煤粒瓦斯扩散系数衰减的原因，国外部分学者推测有可能是瓦斯压力的降低和非线性吸附造成的，但没有深入研究。瓦斯压力对扩散系数的实验结果表明，实际上瓦斯压力对扩散系数的影响很小，相对于对瓦斯放散速度的影响，可忽略不计，因此，可排除瓦斯压力导致扩散系数衰减的情况。瓦斯扩散系数随时间减小的本质原因是煤粒内吸附瓦斯分布特征，瓦斯吸附于各类孔隙表面，各类孔隙均是杂乱无章地分布在煤粒内，导致煤粒内吸附瓦斯的扩散路径不同，扩散路径由具有不同扩散系数的孔隙组成，不同扩散路径的扩散阻力差异很大，路径短、扩散阻力小的吸附瓦斯气体优先扩散出来，而路径长、扩散阻力大的吸附瓦斯气体缓慢排出。因此，呈现出煤粒内瓦斯扩散系数随时间变化的现象。

9.1.4　软硬煤扩散系数差异特征机理

软煤的扩散系数大于硬煤，通过对比不同煤粒的孔隙结构参数，软煤相对于硬煤，总孔容、中孔孔容及其所占比例均显著增大；在不受地应力作用下，软煤的连通性也明显好于硬煤，这两方面是软煤瓦斯扩散系数相对硬煤明显增加的主要原因，在第4章已分析，

不再赘述。关于软硬煤瓦斯扩散系数随时间衰减特征的差异，主要是孔隙结构比表面积的差异，软煤相对于硬煤，过渡孔、中孔和大孔的比表面积及其所占比例明显增加。根据钟玲文（2002a）的实验结果，煤的瓦斯吸附量与煤的比表面积呈正比，即以上三类孔隙吸附瓦斯量明显增加，但仍小于微孔中吸附的瓦斯量，且三类孔隙吸附瓦斯量随孔径增大依次减小。根据 Fick 扩散定律，瓦斯从浓度高的位置向浓度低的位置扩散，大孔、中孔和过渡孔内的瓦斯分别向表面、连通的大孔、中孔扩散，很少量瓦斯经过微孔，致使大孔、中孔和过渡孔内的瓦斯扩散系数提高，依次从煤粒表面扩散出来，微孔中的瓦斯最后经扩散系数最小的路径扩散出来。以上过程造成不同时间段测定的煤粒瓦斯扩散系数不同，呈现出软煤瓦斯扩散系数随时间衰减更显著的现象。

9.2 煤粒瓦斯放散物理-数学模型

关于煤粒的瓦斯扩散理论，多位学者都基于 Fick 扩散定律开展过研究，但主要是欧美国家的研究者，我国的相关研究还很少。

9.2.1 均质煤粒瓦斯扩散模型

实际煤粒瓦斯的扩散是非稳态过程，Crank（1956）依据 Fick 扩散定律提出了煤粒的均质球形瓦斯扩散数学模型。

Airey（1968）、Crank（1956）、杨其銮和王佑安（1988）等学者通过对该模型求解、相关实验和数值计算等研究表明，瓦斯放散量与时间的关系呈级数解，但目前很少文献给出求解过程，在杨其銮和王佑安（1988）的推导过程中，关于瓦斯浓度分布、累计瓦斯放散量、极限瓦斯放散量和放散率等关系式有错误或不合理的地方，但结果是正确的，因此，本节重新对式（1-14）求解，过程如下。

令 $u=Cr$，代入式（1-14）中，则$\frac{\partial u}{\partial t}=D\frac{\partial^2 u}{\partial t^2}$，代入初始条件和边界条件，获得式（9-11）：

$$\begin{cases}\frac{\partial u}{\partial t}=D\frac{\partial^2 u}{\partial t^2}\\ u=0(r=0,\ t>0)\\ u=aC_1(r=a,\ t>0)\\ u=rC_0(0<r<a,\ t=0)\end{cases} \tag{9-11}$$

式中，a 为煤粒半径，cm。

令 $u(r,\ t)=\omega(r,\ t)+v(r)$，代入边界条件得

$$\begin{cases}\frac{\mathrm{d}^2 v}{\mathrm{d}r^2}=0\\ v(0)=0\\ v(a)=aC_1\end{cases} \tag{9-12}$$

$$\begin{cases}\dfrac{\partial \omega}{\partial t}=D\dfrac{\partial^2\omega}{\partial r^2}\\ \omega(0,\ t)=\omega(a,\ t)=0\\ \omega(r,\ 0)=rC_0-v(r)\end{cases}\tag{9-13}$$

$$\begin{cases}\dfrac{\partial \omega}{\partial t}=D\dfrac{\partial^2\omega}{\partial r^2}\\ \omega(0,\ t)=\omega(a,\ t)=0\\ \omega(r,\ 0)=rC_0-C_1r=(C_0-C_1)r\end{cases}\tag{9-14}$$

由式（9-12）得 $v=C_1r$ 代入式（9-13）得式（9-14），再用分离变量法求解式（9-14）：令 $\omega=R(r)T(t)$ 则

由 $\dfrac{\partial \omega}{\partial t}=D\dfrac{\partial^2\omega}{\partial r^2}$ 得 $R(r)T'(t)=DT(t)R''(r)$

记 $\dfrac{R''}{R}=\dfrac{T'}{DT}=-k^2(k>0)$

由 $R''+k^2R=0\Rightarrow R(r)=A\cos kr+B\sin kr$，$A$、$B$ 为 ∀ 常数

由初值条件 $\omega(0,\ t)=R(0)T(t)=0$，由 $T(t)$ 的任意性知 $R(0)=0\Rightarrow A=0$

由初值条件 $\omega(a,\ t)=R(a)T(t)=0$，由 $T(t)$ 的任意性知 $R(a)=0\Rightarrow B\sin ka=0\Rightarrow ka=n\pi\Rightarrow k=n\pi/a(n=1,\ 2,\ 3,\ \cdots)$

记 $R_n=B_n\sin\dfrac{n\pi r}{a}$

由 $T'+Dk^2T=0\Rightarrow T=Ce^{-Dk^2t}$，$C$ 为 ∀ 常数

记 $T_n=C_ne^{-\left(\frac{n\pi}{a}\right)^2Dt}$

$$\begin{aligned}\omega&=\sum_{n=1}^{\infty}R_n(r)T_n(t)\\&=\sum_{n=1}^{\infty}B_nC_ne^{-\left(\frac{n\pi}{a}\right)^2Dt}\sin\frac{n\pi r}{a}\\&=\sum_{n=1}^{\infty}a_nC_ne^{-\left(\frac{n\pi}{a}\right)^2Dt}\sin\frac{n\pi r}{a}\end{aligned}$$

再由初值条件 $\omega(r,\ 0)=(C_0-C_1)r$ 得

$$\sum_{n=1}^{\infty}a_n\sin\frac{n\pi r}{a}=(C_0-C_1)r$$

由傅里叶系数得

$$\begin{aligned}a_n&=\frac{2}{a}\int_0^a(C_0-C_1)r\sin\frac{n\pi r}{a}\mathrm{d}r\\&=\frac{2a}{n^2\pi^2}(C_0-C_1)[\sin(n\pi)-n\pi\cos(n\pi)]\end{aligned}$$

$$\begin{aligned}\therefore\quad\omega&=\sum_{n=1}^{\infty}\left\{\frac{2a}{n^2\pi^2}(C_0-C_1)[\sin(n\pi)-n\pi\cos(n\pi)]e^{-\left(\frac{n\pi}{a}\right)^2Dt}\sin\frac{n\pi r}{a}\right\}\\&=\frac{2a}{\pi}(C_0-C_1)\sum_{n=1}^{\infty}\left[\frac{(-1)^{n+1}}{n}e^{-\left(\frac{n\pi}{a}\right)^2Dt}\sin\frac{n\pi r}{a}\right]\end{aligned}$$

$$\therefore \quad \frac{C_0-C}{C_0-C_1}=\frac{C_0-\frac{u}{r}}{C_0-C_1}=\frac{C_0-\frac{w+v}{r}}{C_0-C_1}=\frac{C_0-\frac{w+C_1 r}{r}}{C_0-C_1}=1-\frac{w}{(C_0-C_1)r}$$

$$=1-\frac{2a}{\pi r}\sum_{n=1}^{\infty}\left[\frac{(-1)^{n+1}}{n}\mathrm{e}^{-\left(\frac{n\pi}{a}\right)^2 Dt}\sin\frac{n\pi r}{a}\right]$$

$$=1+\frac{2a}{\pi r}\sum_{n=1}^{\infty}\left[\frac{(-1)^{n}}{n}\mathrm{e}^{-\left(\frac{n\pi}{a}\right)^2 Dt}\sin\frac{n\pi r}{a}\right]$$

当 $r\to 0$ 时，$\lim\limits_{r\to 0}\frac{C_0-C}{C_0-C_1}=1+2\sum\limits_{n=1}^{\infty}\left[(-1)^n\mathrm{e}^{-D\left(\frac{n\pi}{a}\right)^2 t}\right]$

$$Q_t=4\pi a^2\int_0^t -D\left(\frac{\partial C}{\partial r}\right)_{r=a}\mathrm{d}t$$

$$\text{而}\left(\frac{1}{C_0-C_1}\right)\left(-\frac{\partial C}{\partial r}\right)\bigg|_{r=a}=\frac{2a}{\pi}\sum_{n=1}^{\infty}\left[\frac{(-1)^n}{n}\mathrm{e}^{-\left(\frac{n\pi}{a}\right)^2 Dt}\left(\frac{\sin\frac{n\pi r}{a}}{r}\right)'\right]\bigg|_{r=a}$$

$$=\frac{2a}{\pi}\sum_{n=1}^{\infty}\frac{(-1)^n}{n}\mathrm{e}^{-\left(\frac{n\pi}{a}\right)^2 Dt}\left(\frac{\frac{n\pi r}{a}\cos\frac{n\pi r}{a}-\sin\frac{n\pi r}{a}}{r^2}\right)\bigg|_{r=a}$$

$$=\frac{2a}{\pi}\sum_{n=1}^{\infty}\frac{(-1)^n}{n}\mathrm{e}^{-\left(\frac{n\pi}{a}\right)^2 Dt}\frac{n\pi(-1)^n}{a^2}$$

$$=\frac{2}{a}\sum_{n=1}^{\infty}\mathrm{e}^{-\left(\frac{n\pi}{a}\right)^2 Dt}$$

$$\therefore \quad -D\left(\frac{\partial C}{\partial r}\right)_{r=a}=D(C_0-C_1)\frac{2}{a}\sum_{n=1}^{\infty}\mathrm{e}^{-\left(\frac{n\pi}{a}\right)^2 Dt}$$

$$Q_t=4\pi a^2\int_0^t -D\left(\frac{\partial C}{\partial r}\right)_{r=a}\mathrm{d}t$$

$$=4\pi a^2\int_0^t D(C_0-C_1)\frac{2}{a}\sum_{n=1}^{\infty}\mathrm{e}^{-\left(\frac{n\pi}{a}\right)^2 Dt}\mathrm{d}t$$

$$=8\pi aD(C_0-C_1)\sum_{n=1}^{\infty}\int_0^t\mathrm{e}^{-\left(\frac{n\pi}{a}\right)^2 Dt}\mathrm{d}t$$

$$=8\pi aD(C_0-C_1)\sum_{n=1}^{\infty}\frac{\mathrm{e}^{-\left(\frac{n\pi}{a}\right)^2 Dt}}{-\left(\frac{n\pi}{a}\right)^2 D}\bigg|_0^t$$

$$=\frac{8}{\pi}a^3(C_1-C_0)\sum_{n=1}^{\infty}\frac{1}{n^2}\mathrm{e}^{-\left(\frac{n\pi}{a}\right)^2 Dt}-8\pi aD(C_0-C_1)\sum_{n=1}^{\infty}-\frac{1}{\left(\frac{n\pi}{a}\right)^2}$$

$$=\frac{8}{\pi}a^3(C_1-C_0)\sum_{n=1}^{\infty}\frac{1}{n^2}\mathrm{e}^{-\left(\frac{n\pi}{a}\right)^2 Dt}+\frac{8}{\pi}a^3(C_0-C_1)\frac{\pi^2}{6}$$

$$=\frac{8}{\pi}a^3(C_1-C_0)\sum_{n=1}^{\infty}\frac{1}{n^2}\mathrm{e}^{-\left(\frac{n\pi}{a}\right)^2 Dt}+\frac{4\pi a^3}{3}(C_0-C_1)$$

记 $Q_\infty=\frac{4\pi a^3}{3}(C_0-C_1)$，$Q=\frac{8}{\pi}a^3(C_0-C_1)\sum\limits_{n=1}^{\infty}\frac{1}{n^2}\mathrm{e}^{-\left(\frac{n\pi}{a}\right)^2 Dt}$

则 $Q_t = Q_\infty - Q$

$$\frac{Q_t}{Q_\infty} = \frac{Q_\infty - Q}{Q_\infty} = 1 - \frac{Q}{Q_\infty}$$

$$= 1 - \frac{\frac{8}{\pi} a^3 (C_0 - C_1) \sum_{n=1}^{\infty} \frac{1}{n^2} e^{-\left(\frac{n\pi}{a}\right)^2 Dt}}{\frac{4\pi a^3}{3}(C_0 - C_1)} \tag{9-15}$$

$$= 1 - \frac{6}{\pi^2} \sum_{n=1}^{\infty} \frac{1}{n^2} e^{-n^2 Bt}$$

式中，$B = \frac{\pi^2 D}{a^2}$。

当瓦斯放散时间小于 10min，并且扩散率 $Q_t/Q_\infty < 0.5$ 时，该无穷级数解可简化为

$$\frac{Q_t}{Q_\infty} = \frac{12}{d}\sqrt{\frac{Dt}{\pi}} = \frac{6}{\sqrt{\pi}}\sqrt{D_e t} = K\sqrt{t} \tag{9-16}$$

式中，D_e 为有效扩散系数，D/r^2，m^2/s。

利用式（9-16）可估算扩散系数和有效扩散系数，但仅适用于上述条件。

杨其銮和王佑安（1986）采用数值计算的方法求级数解，最大 n 值为 10，发现 $\ln[1-(Q_t/Q_\infty)^2]$ 与时间 t 呈线性关系，得出了均质煤粒瓦斯扩散的理论近似式。

$$\frac{Q_t}{Q_\infty} = \sqrt{1 - e^{-KBt}} \tag{9-17}$$

式中，K 为常数，0.96。

本章采用 Maple 软件求式（9-16）数值解验证式（9-17）的适应性，结果如图 9-1 所示，B 值取 6.5797×10^{-5}，n 分别取值为 1、10 和 10000，发现随着 n 值增大，对短时间实验结果的适应性越好。$n=10000$ 时的理论扩散率，即 $\ln[1-(Q_t/Q_\infty)^2]$ 与时间 t 的关系，如图 9-2 所示，发现无论 n 值取多大，上述关系均为线性，这个特性是由假设扩散系数为常数决定的，与煤的瓦斯解吸扩散实验规律明显不符。

杨其銮和王佑安（1986）通过数值模拟，认为均质煤粒瓦斯球向流动理论应用于描述低破坏类型煤的初期瓦斯放散规律是比较理想的。

聂百胜等（2001）、吴世跃（2005）考虑到煤粒表面的瓦斯传质阻力，建立并求解了第三类边界条件下的均质煤粒瓦斯扩散物理–数学模型，其简化式与博特式相吻合，方程与结果见式（9-18）~式（9-20）。

$$\begin{cases} \frac{\partial C}{\partial t} = D\left(\frac{\partial^2 C}{\partial r^2} + \frac{2}{r}\frac{\partial C}{\partial r}\right) \\ t = 0;\ 0 < r < r_0;\ C = C_0 = \frac{abp_0}{1 + bp_0} \\ t > 0;\ \frac{\partial C}{\partial t}\Big|_{r=0} = 0 \\ -D\frac{\partial C}{\partial r} = \alpha(C - C_f)\Big|_{r=r_0} \end{cases} \tag{9-18}$$

式中，a、b 分别为煤的瓦斯吸附常数，m^3/t、MPa^{-1}；α 为煤粒表面瓦斯与游离瓦斯的质交换系数，m/s；C_0、C_f分别为初始瓦斯浓度和煤粒间裂隙中游离瓦斯浓度，kg/m^3；P_0为初始平衡瓦斯压力，MPa。

由式（9-18）解得级数解

$$\frac{Q_t}{Q_\infty} = 1 - 6\sum_{n=1}^{\infty} \frac{(\beta_n \cos\beta_n - \sin\beta_n)^2}{\beta_n^2(\beta_n^2 - \beta_n \sin\beta_n \cos\beta_n)} e^{-\beta_n^2 F_0} \tag{9-19}$$

仅取式（9-19）第一项，化简得

$$\ln\left(1 - \frac{Q_t}{Q_\infty}\right) = -\lambda t + \ln A \tag{9-20}$$

对于煤粒瓦斯放散过程，Bi 准数（表征固体内部单位等热面积上的导热热阻与单位面积的换热热阻之比，提供了一个将固体中的温度与表面和流体之间的温度相比较的量）比较大，即煤表面的外部流动阻力相对于煤粒内部瓦斯流动阻力很小，可忽略不计，瓦斯扩散速率主要取决于煤粒内部阻力，因此，式（9-19）和式（9-16）本质是一致的，考虑后者形式相对简单，目前广泛应用的均质煤粒瓦斯扩散模型仍是式（9-16），但如果考虑煤层中的瓦斯扩散问题，式（9-19）应该更准确。

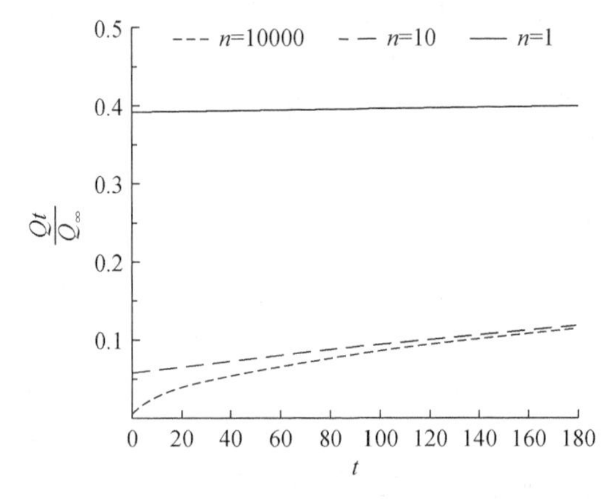

图 9-1　均质煤粒瓦斯扩散规律的数值解

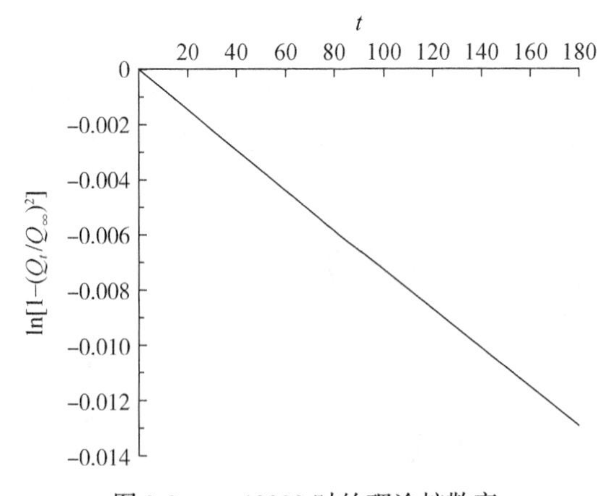

图 9-2　$n=10000$ 时的理论扩散率

9.2.2 均质煤粒存在的问题

均质煤粒瓦斯扩散模型及其解析解的共同特征是：假设煤粒为均质，不符合煤粒复杂的孔隙结构特点，实际煤粒的孔径变化范围很大，且不同孔径的孔隙在煤粒内分布也是杂乱无章的，前已述及，孔隙结构的差异不仅导致复合扩散系数大小变化，而且会导致煤粒内瓦斯分布特征的差异，致使不同煤粒的扩散系数随时间减小的特征也不同。因此，假设煤粒为均质，必然与实际煤粒的瓦斯扩散规律有较大差异。

另外，假设扩散系数 D 不随放散时间和瓦斯浓度变化，煤粒的瓦斯放散规律实验表明，瓦斯扩散系数随时间逐渐降低，特别是软煤，不但幅度降得大而且速度降得快，短时间内（5 ~ 10min）扩散系数减小到初始扩散系数的几分之一甚至几十分之一；扩散系数与瓦斯浓度的关系目前还有争议，不同的实验结果不一致。多位学者（Gan *et al.*, 1972；Bielicki *et al.*, 1972；渡边伊温和辛文，1985；李玉辉等，2005）的实验研究表明，瓦斯扩散系数随瓦斯压力（瓦斯浓度）的增加略有增大，由此，多数学者认为瓦斯扩散系数与瓦斯浓度有关，根据 Fick 扩散定律，扩散系数与瓦斯浓度相关的方程见式（9-21）（Crank，1975）。杨其銮和王佑安（1986）的实验研究也表明，扩散系数与瓦斯浓度无关。

$$\frac{1}{r^2}\frac{\partial}{\partial r}\left(r^2 D\frac{\partial C}{\partial r}\right)=\frac{\partial C}{\partial t} \tag{9-21}$$

式中，D 为瓦斯浓度的函数。

产生上述实验结论的不同原因如下，Smith 和 Williams（1984a）认为是线性吸附和非线性吸附差别造成的，另外，还有可能是煤粒瓦斯扩散系数计算方法的不统一和实验误差，第3章实验研究表明，煤粒的瓦斯扩散系数与浓度无关。

9.2.3 双孔隙结构煤粒瓦斯扩散模型

很多学者将煤粒看作由大孔和微孔组成的双孔隙结构，尝试建立双孔隙煤粒瓦斯扩散模型研究，前已述及，得到广泛应用的是并行扩散模型（平行孔模型）和连续性模型（随机模型）。并行扩散模型如图9-3所示，原理是气体分子在微孔和大孔内并行扩散，并在微孔和大孔之间保持平衡，数学模型见式（9-22），由于数学处理方便，该模型得到广泛应用，Gray 和 Do（1992）提出了包括细孔和表面扩散的简化双模型，易俊等（2009）引入国内用于煤层气开发方面的动力学参数测定。但存在连续性和扩散速率快的步骤控制整个扩散过程的情况与实际情况矛盾等问题。

$$\theta\frac{\partial C_r}{\partial t}+(1-\theta)\frac{\partial q}{\partial t}=\frac{\bar{D}_r\theta}{r^2}\frac{\partial}{\partial r}\left(r^2\frac{\partial C_r}{\partial t}\right)+\frac{\bar{D}_z(1-\theta)}{r^2}\frac{\partial}{\partial r}\left(r^2\frac{\partial q}{\partial r}\right) \tag{9-22}$$

式中，$\bar{D}_r$、$\bar{D}_z$ 分别为离子在大孔和固相中的扩散系数；q 为固相中反离子的浓度；C_r 为大孔中反离子的浓度；θ 为孔隙率。

连续性模型应用最广泛的是 Ruckenstein 等（1971）基于线性等温吸附理论，建立的

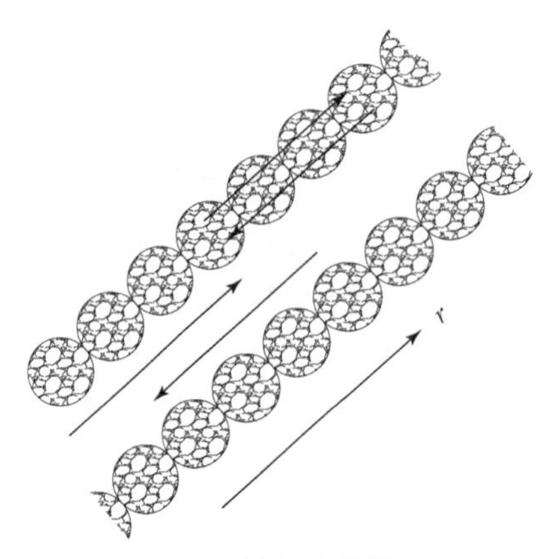

图 9-3　并行扩散模型

双孔隙结构球形瓦斯扩散模型，见式（9-23）。该模型认为不同孔隙是由不同粒度的颗粒组成，粒子通过微孔隙进入大孔隙，然后扩散至颗粒表面，其推导基于微元内质量守恒。

$$\frac{V_t}{V_\infty}=\frac{\sum_{k=1}^{\infty}\sum_{q=1}^{\infty}\dfrac{k^2[1-\exp(-\alpha\xi_{qk}^2\tau)]}{\xi_{qk}^4\left[\dfrac{\alpha}{\beta}+1+\cot^2\xi_{qk}-\left(1-\dfrac{k^2\pi^2}{\beta}\right)\dfrac{1}{\xi_{qk}^2}\right]}}{\sum_{k=1}^{\infty}\sum_{q=1}^{\infty}\dfrac{k^2}{\xi_{qk}^4\left[\dfrac{\alpha}{\beta}+1+\cot^2\xi_{qk}-\left(1-\dfrac{k^2\pi^2}{\beta}\right)\dfrac{1}{\xi_{qk}^2}\right]}} \tag{9-23}$$

式中，V 为吸附瓦斯体积；a 为最大吸附瓦斯量（Langmuir 体积），即 $\alpha=V_L$；V_t 为时间 t 内解吸瓦斯体积；V_∞ 为极限解吸瓦斯体积；α 为无量纲参数；β 为无量纲参数；τ 为无量纲时间；ξ_{qk} 为 $\sqrt{-s/\alpha}$ 。

Smith 和 Williams（1984b）直接更改了式（9-23），将其应用于煤层瓦斯含量的测定，实验结果表明，相对于均质模型，更适合描述煤的瓦斯扩散规律。Crosdale 等（1998）通过对澳大利亚煤的瓦斯解吸实验，验证了式（9-22）应用效果比单一孔隙模型更适合描述整个扩散过程。

但式（9-22）的建立是基于线性吸附理论（Henry 吸附式），不符合目前公认的煤对瓦斯吸附式——Langmuir 式，并导致与实验数据有偏差（Nandi and Walker，1970）；式（9-22）是基于国际理论与应用化学联合会对孔隙结构的划分方法，没有考虑瓦斯在不同孔径内扩散模式的差异；没有考虑软硬煤在孔隙结构方面主要差异——中孔的变化。

Clarkson 和 Bustin（1999）在 Ruckenstein 等（1971）模型的基础上建立了基于 Langmuir 吸附式的模型，认为边界浓度随时间变化，通过孔隙内气相密度来表达瓦斯浓度，但该模型只考虑了微孔对瓦斯的吸附，并且没有考虑吸附瓦斯的表面扩散量，也存在不能解释软硬煤的差异的问题。

艾鲁尼（1992）基于微孔填充理论和解吸扩散的多阶段性，建立了煤物质大结构模型，按照复杂放射性物质裂变过程相似的原则，建立了煤粒的瓦斯涌出过程数学模型，并逐级求解而得到一个通用吸附/解吸公式，但因其较为复杂，待定常数多而缺乏实用性。

陈昌国（1996）在均质煤粒瓦斯放散模型的基础上，考虑到煤样表面和大孔中吸附瓦斯的瞬间解吸，认为该部分瓦斯不经过扩散，提出三常数的解吸扩散控制模型：

$$Q_t = Q_0 + Q_\infty \sqrt{1 - e^{KBt}} \tag{9-24}$$

式中，Q_0为敞开大孔及煤样表面的瓦斯解吸量，cm^3/g。但Q_0的准确测定比较困难，不适用于瓦斯含量和钻屑解吸指标的测定。总之，以上模型基本上来源于化学工程和煤层气领域，没有考虑煤粒孔隙结构和吸附扩散的特殊性，而直接应用于煤的瓦斯吸附解吸中的扩散规律，概括起来存在以下问题：①同时考虑了吸附平衡时的游离瓦斯和吸附瓦斯，主要应用于煤层瓦斯扩散过程，而实验研究和现场测定实践表明，游离瓦斯会瞬间放掉，一般在几秒钟到几十秒内放散完（瓦斯压力表降为零），放散过程中煤样与外界仍有压差，放散速度极快，释放过程应属渗透，因此，对于煤粒来说，按照扩散过程考虑游离瓦斯不科学。②与瓦斯在煤粒内扩散模式结合不紧密，没有考虑软硬煤孔隙结构差异最显著的孔隙——中孔对瓦斯扩散规律的影响，无法解释两者瓦斯扩散规律的差异。③煤对瓦斯的吸附不符合 Langmuir 方程。

9.2.4　新模型的建立

前已述及，均质模型、双孔隙结构模型等以前建立的模型在描述煤粒瓦斯扩散规律时，均存在缺陷，对软硬煤瓦斯放散规律差异的描述还不够，因此，有必要根据不同孔隙结构的扩散模式和扩散规律实验结果，建立更合理的物理-数学模型，能够反映软硬煤瓦斯扩散规律的差异。

含瓦斯煤粒由煤岩组分、孔隙、瓦斯、水分和灰分等组成，煤岩组分和孔隙是瓦斯、水分和灰分存在的物质基础，决定了吸附瓦斯量和瓦斯扩散系数，但它们在煤粒内的分布是杂乱无章的。为简化问题，在多孔介质扩散过程连续性模型基础上，假设取单位体积的煤颗粒作为研究对象，并将煤颗粒的形状假设为球形，该煤颗粒由半径远小于它的均匀中颗粒组成，中颗粒又由远小于它的均匀小颗粒组成，中颗粒之间的间隙形成大孔，小颗粒之间的间隙形成中孔和过渡孔，小颗粒内部含有煤基质和微孔。如图9-4所示，非均质煤颗粒物理模型中，煤颗粒、中颗粒、小颗粒均为粒度一致的均质颗粒，各向同性。

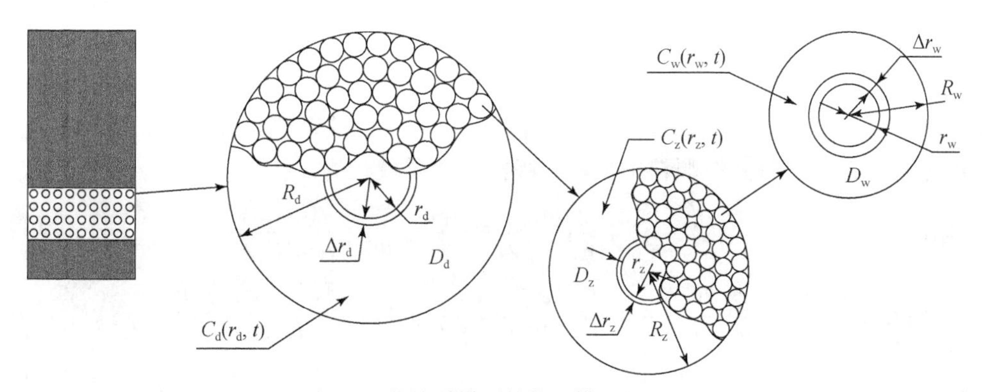

图9-4　非均质煤颗粒物理模型概念图

瓦斯以吸附态和游离态储存于煤表面和孔隙内，前已述及，吸附平衡时的游离瓦斯不符合扩散条件，且该部分瓦斯比例比较小，现场突出危险性预测过程中一般不考虑该部分瓦斯，因此，建立模型时不考虑煤粒瓦斯吸附平衡时的游离瓦斯，仅考虑煤粒内表面的吸附瓦斯；吸附瓦斯量符合 langmuir 方程，微孔、过渡孔、中孔和大孔内吸附瓦斯浓度（煤表面吸附位的覆盖度）一致，吸附量与其比表面积呈正比。

根据扩散机理分析，煤粒中吸附瓦斯的扩散主要受瓦斯分子在煤孔隙结构中的扩散行为控制，符合 Fick 扩散定律，即瓦斯扩散速度与瓦斯浓度差和煤粒的瓦斯扩散系数呈正比，扩散模式的差别只影响扩散系数计算方法，将过渡孔与中孔归结为中孔，因为它们的扩散模式相同。根据实验结果，吸附平衡瓦斯压力对扩散系数没有影响，因此，认为浓度差和扩散系数是两个相互独立的变量。

扩散过程大孔内瓦斯经大孔直接扩散至煤颗粒表面，中孔内瓦斯经中孔和大孔扩散至煤颗粒表面，微孔内的瓦斯经微孔、中孔和大孔扩散至煤颗粒表面，分布于煤粒内不同位置的瓦斯所经历孔径的长短不同，且在不同颗粒表面瓦斯扩散遵守质量守恒定律和连续性定律。

水分和灰分也储存于煤表面和孔隙内，主要通过改变煤的吸附性能和孔隙结构的连通性，对煤的吸附瓦斯量和扩散系数产生一定程度的影响，且存在方式比较复杂，因此，建模时将其影响归结为煤的吸附性能和孔隙结构的影响。

破坏程度和变质程度的影响前已分析，是通过控制孔隙结构的变化影响煤粒内瓦斯的扩散过程，因此，建模时可将其影响归结为孔隙结构的变化。

拟建模型为描述等温状态下的煤粒瓦斯扩散过程。因此，温度对瓦斯扩散的影响可通过第 3 章的温度修正系数反映对瓦斯扩散规律的修正。

根据实验结果，吸附平衡压力只影响煤的瓦斯吸附量，对扩散系数没有影响，即通过瓦斯浓度和浓度差可反映吸附平衡压力的影响。

根据以上分析，将煤粒瓦斯扩散模型简化如下：①煤粒瓦斯放散过程符合 Fick 扩散定律。②煤粒瓦斯扩散过程为等温等压状态。③煤粒对瓦斯吸附规律符合 Langmuir 方程，其物质的量的浓度形式可表示为 $C_s = a'b'C/(1+b'C)$，C_s 为表面吸附瓦斯浓度，mol/m^3；C 为解吸后孔隙内游离瓦斯浓度，mol/m^3；a' 为气体完全单层覆盖微孔隙固－气表面的浓度，mol/m^3；b' 为浓度形式表示的 Langmuir 常数，m^3/mol，且 $b' = bRT$，b 为 Langmuir 常数，MPa^{-1}，R 为气体常数，$R = 8.1314(\text{cm}^3 \cdot \text{MPa})/(\text{K} \cdot \text{mol})$，$T$ 为气体的温度，K（Yi *et al.*，2008）。④孔隙体积不可压缩。⑤瓦斯在煤粒中的流动遵循质量守恒定律和连续定理。取球坐标，可以得到煤颗粒中瓦斯解吸扩散数学模型为

微孔：
$$D_w\varphi_w\left(\frac{\partial^2 C_w}{\partial r_w} + \frac{2}{r_w}\frac{\partial C_w}{\partial r_w}\right) = a'b'S_w\frac{\partial}{\partial t}\left(\frac{C_w}{1+b'C_w}\right) \tag{9-25}$$

中孔：
$$D_z\varphi_z\left(\frac{\partial^2 C_z}{\partial r_z^2} + \frac{2}{r_z}\frac{\partial C_z}{\partial r_z}\right) = a'b'S_z\frac{\partial}{\partial t}\left(\frac{C_z}{1+b'C_z}\right) + D_w\frac{3(1-\varphi_{z.p})}{R_w\varphi_{z.p}}\frac{\partial C_w}{r_w}\Big|_{r_w=R_w} \tag{9-26}$$

大孔：
$$D_d\varphi_d\left(\frac{\partial^2 C_d}{\partial r_d^2} + \frac{2}{r_d}\frac{\partial C_d}{\partial r_d}\right) = a'b'S_d\frac{\partial}{\partial t}\left(\frac{C_d}{1+b'C_d}\right) + D_z\frac{3(1-\varphi_d)}{R_z\varphi_d}\frac{\partial C_z}{r_z}\Big|_{r_z=R_z} \tag{9-27}$$

初始条件：

$$C_{\mathrm{d}}(0,\ r_{\mathrm{d}}) = C_{\mathrm{z}}(0,\ r_{\mathrm{z}}) = C_{\mathrm{w}}(0,\ r_{\mathrm{w}}) = C_0 \tag{9-28}$$

边界条件：

$$\frac{\partial C_{\mathrm{d}}}{\partial r_{\mathrm{d}}} = 0,\ t \geqslant 0,\ r_{\mathrm{d}} = 0;\quad \frac{\partial C_{\mathrm{z}}}{\partial r_{\mathrm{z}}} = 0,\ t \geqslant 0,\ r_{\mathrm{z}} = 0;\quad \frac{\partial C_{\mathrm{w}}}{\partial r_{\mathrm{w}}} = 0,\ t \geqslant 0,\ r_{\mathrm{w}} = 0 \tag{9-29}$$

$$C_{\mathrm{d}}(t,\ R_{\mathrm{d}}) = C_1;\ C_{\mathrm{z}}(t,\ R_{\mathrm{z}}) = C_{\mathrm{d}}(t,\ r_{\mathrm{d}}),\ C_{\mathrm{w}}(t,\ R_{\mathrm{w}}) = C_{\mathrm{z}}(t,\ r_{\mathrm{z}}) \tag{9-30}$$

$$Q_t = \int_0^t -4\pi R_{\mathrm{d}}^2 D_{\mathrm{d}} \varphi_{\mathrm{d}} \frac{\partial C_{\mathrm{d}}}{\partial r_{\mathrm{d}}}\Big|_{r_{\mathrm{d}} = R_{\mathrm{d}}} \mathrm{d}t,\ t \geqslant 0,\ r_{\mathrm{d}} = R_{\mathrm{d}} \tag{9-31}$$

式中，D_{w}为小煤粒的扩散系数，$\mathrm{m^2/s}$；D_{z}为中煤粒中的中孔、过渡孔复合扩散系数，$\mathrm{m^2/s}$；D_{d}为煤颗粒中大孔的扩散系数，$\mathrm{m^2/s}$；C_{w}为微孔表面吸附瓦斯的物质的量浓度，$\mathrm{mol/m^3}$；C_{z}为中孔、过渡孔表面吸附瓦斯的物质的量浓度，$\mathrm{mol/m^3}$；C_{d}为大孔表面吸附瓦斯的物质的量浓度，$\mathrm{mol/m^3}$；C_0为煤颗粒内初始瓦斯物质的量浓度，$\mathrm{mol/m^3}$；C_1为煤颗粒表面的瓦斯物质的量浓度，$\mathrm{mol/m^3}$；r_{w}为小煤粒球坐标半径，m；r_{z}为中煤粒球坐标半径，m；r_{d}为煤颗粒球坐标半径，m；R_{w}为小煤粒半径，m；R_{z}为中煤粒半径，m；R_{d}为煤颗粒半径，m；t为放散时间，s；$\varphi_{\mathrm{z.p}}$为中孔和过渡孔在单个煤粒中的平均孔隙率，$\varphi_{\mathrm{z.p}} = \frac{\varphi_{\mathrm{z}}}{n}$，$\varphi_{\mathrm{z}}$为中孔孔隙率，$\mathrm{m^3/m^3}$（%）；$n$为煤粒内单位体积小一级煤粒的个数，$n = (1-\varphi)/\left(\frac{4}{3}\pi R^3\right)$；$\varphi_{\mathrm{d}}$为大孔孔隙率，$\mathrm{m^3/m^3}$（%）；$S_{\mathrm{w}}$为微孔比表面积，$\mathrm{m^2/m^3}$；$S_{\mathrm{z}}$为中孔和过渡孔比表面积，$\mathrm{m^2/m^3}$；$S_{\mathrm{d}}$为大孔比表面积，$\mathrm{m^2/m^3}$。

式（9-25）为瓦斯在微孔内的瓦斯扩散方程，其为Fick扩散定律在各向同性球坐标中的非稳态表达式，式左侧为扩散流沿球半径方向的变化，式右侧为扩散流随时间的变化。式（9-26）、式（9-27）为瓦斯在中孔和过渡孔内的扩散方程，前三项同式（9-25），第四项为由微孔进入中孔或过渡孔的扩散流，由Fick扩散定律求解，应为$n \cdot 4\pi R_{\mathrm{w}}{}^2 \cdot D_{\mathrm{w}} \cdot \frac{\partial C_{\mathrm{w}}}{r_{\mathrm{w}}}\Big|_{r_{\mathrm{w}}=R_{\mathrm{w}}}$，将$n$值代入式（9-25），再除以中孔和过渡孔的孔容即得式（9-26）；同理得出式（9-27）。

式（9-28）说明扩散时间t为零时，大孔、中孔和微孔内的瓦斯浓度初值分别在三种孔内均匀分布，为某瓦斯压力下的平衡瓦斯浓度，这里假设吸附瓦斯浓度与比表面积呈正比。式（9-29）为三种煤粒中心处的瓦斯浓度边界条件。式（9-30）为三种煤粒表面的瓦斯浓度边界条件。式（9-31）为某时刻煤颗粒表面扩散出的总瓦斯质量。

将初始条件和边界条件代入式（9-25）~式（9-27），借助Maple软件，经推导、计算，获得通过R_{d}表面扩散出来的瓦斯量Q_t与放散时间t的通解，见式（9-32），Q_t与时间t呈指数关系，为无穷级数解，并求出$t \to \infty$时的瓦斯扩散量极限值Q_∞和瓦斯扩散率Q_t/Q_∞与时间t的关系，见式（9-33）和式（9-34）：

$$Q_t = -16\pi^2 \varphi_{\mathrm{d}} R_{\mathrm{d}}^3 D_{\mathrm{d}} (C_1 - C_0) \varepsilon \sum_{k=1}^{\infty} \sum_{q=1}^{\infty} \frac{k^2 \pi R_{\mathrm{z}}^2 (1 - \mathrm{e}^{-\alpha\varepsilon\xi_{\mathrm{qk}}^2 t}) \delta}{\omega} \tag{9-32}$$

$$Q_{\infty} = -16\pi^2 \varphi_d R_d^3 D_d (C_1 - C_0) \varepsilon \sum_{k=1}^{\infty} \sum_{q=1}^{\infty} \frac{k^2 \pi R_z^2 \delta}{\omega} \tag{9-33}$$

$$\frac{Q_t}{Q_{\infty}} = \frac{\sum\limits_{k=1}^{\infty} \sum\limits_{q=1}^{\infty} \dfrac{k^2(1 - e^{-\alpha\varepsilon\xi_{qk}^2 t})\delta}{\omega}}{\sum\limits_{k=1}^{\infty} \sum\limits_{q=1}^{\infty} \dfrac{k^2 \delta}{\omega}} \tag{9-34}$$

式中，

$$\alpha = \frac{D_w R_z^2 \dfrac{abS_z}{\varphi_z}}{D_z R_w^2 \dfrac{abS_w}{\varphi_w}} = \frac{D_w R_z^2 S_z \varphi_w}{D_z R_w^2 S_w \varphi_z},\ \varepsilon = \frac{D_d R_z^2 \dfrac{abS_z}{\varphi_z}}{D_z R_d^2 \dfrac{abS_d}{\varphi_d}} = \frac{D_d R_z^2 S_z \varphi_d}{D_z R_d^2 S_d \varphi_z},$$

$$\beta = \frac{3D_w R_z^2 (1 - \varphi_d - \varphi_z)}{D_z R_w^2 \varphi_z},\ \eta = \frac{3D_d R_z^2 (1 - \varphi_d)}{D_z R_d^2 \varphi_d},$$

$$\delta = \sqrt{\alpha\xi_{qk}^2 - \xi_{qk}\cot(\xi_{qk})\beta + \beta},\ \omega = \xi_{qk}^3 R_d^2 \alpha D_z \times$$

$$\left(2\alpha\xi_{qk} + \frac{1}{2}\eta(2\alpha\xi_{qk} - \cot(\xi_{qk})\beta + \xi_{qk}\beta + \xi_{qk}\beta\cot(\xi_{qk})^2)(\delta + \delta\cot\delta^2 - \cot\delta)\right)$$

ξ_{qk}为超越方程［式（9-34）］的根：

$$\alpha\xi_{qk}^2 - \eta\sqrt{\alpha\xi_{qk}^2 - \xi_{qk}\cot(\xi_{qk})\beta + \beta} \cdot \cot\left(\sqrt{\alpha\xi_{qk}^2 - \xi_{qk}\cot(\xi_{qk})\beta + \beta}\right) + \eta = \varepsilon k^2 \pi^2 \tag{9-35}$$

9.3 新模型通解的讨论与验证

新模型的通解为无穷级数解，涉及参数多，比较复杂。本章拟在对通解各项参数的物理意义讨论和简化的基础上，与实验数据对比验证，考察新模型的准确性和适应性，分析各参数在不同实验条件下的变化规律，力求寻找简化的近似式，以便于工程应用。

9.3.1 通解的讨论

由式（9-32）和式（9-34）可知，瓦斯扩散率随时间 t 的变化关系与 α、ε、β、η 等参数有关，这些参数均有物理意义。根据量纲分析，参数 α、ε 可表示为

$$\alpha = \frac{D_w R_z^2 S_z \varphi_w}{D_z R_w^2 S_w \varphi_z} = \frac{D_w / R_w^2 (S_z \varphi_w)}{D_z / R_z^2 (S_w \varphi_z)} = \frac{t_z}{t_w},\ \varepsilon = \frac{D_d R_z^2 S_z \varphi_d}{D_z R_d^2 S_d \varphi_z} = \frac{D_d / R_d^2 (S_z / \varphi_z)}{D_z / R_z^2 (S_d / \varphi_d)} = \frac{t_z}{t_d} \tag{9-36}$$

式中，t_z为吸附瓦斯通过扩散穿过中孔的时间；t_w为吸附瓦斯通过扩散穿过微孔的时间；t_d为吸附瓦斯通过扩散穿过大孔的时间；α 为瓦斯穿过中颗粒和小颗粒时间的比值；ε 为瓦斯穿过煤颗粒和中颗粒时间的比值。$\alpha \gg 1$ 时，且 $\varepsilon \gg 1$ 时，表明中孔控制瓦斯扩散过程；$\alpha \gg 1$时，且 $\varepsilon \ll 1$ 时，表明大孔控制瓦斯扩散过程；$\alpha \ll 1$ 时，且 $\varepsilon \gg 1$ 时，表明微孔控制瓦斯扩散过程。α 和 ε 值均在 1 左右时，表明三种孔隙均对瓦斯扩散过程有较大影响。

根据量纲分析，β 参数可表示为

$$\beta=\frac{3D_{\mathrm{w}}R_{\mathrm{z}}^{2}(1-\varphi_{\mathrm{d}}-\varphi_{\mathrm{z}})}{D_{\mathrm{z}}R_{\mathrm{w}}^{2}\varphi_{\mathrm{z}}}=\frac{3(1-\varphi_{\mathrm{d}}-\varphi_{\mathrm{z}})}{\varphi_{\mathrm{w}}}\alpha\frac{S_{\mathrm{w}}}{S_{\mathrm{z}}},\ \eta=\frac{3D_{\mathrm{d}}R_{\mathrm{z}}^{2}(1-\varphi_{\mathrm{d}})}{D_{\mathrm{z}}R_{\mathrm{d}}^{2}\varphi_{\mathrm{d}}}=\frac{3(1-\varphi_{\mathrm{d}})}{\varphi_{\mathrm{z}}}\varepsilon\frac{S_{\mathrm{d}}}{S_{\mathrm{z}}} \tag{9-37}$$

式（9-36）、式（9-37）表明，β/a 中的物理意义为微孔与中孔的比表面积比，η/ε 为大孔与中孔的比表面积比，根据 Langmiur 吸附理论的假定，煤粒表面只存在一种吸附位，吸附位的能量都相同，即煤粒为均匀表面，虽然该假定与实际固体表面能量分布矛盾，但目前公认煤粒对瓦斯吸附符合 Langmuir 吸附公式，钟玲文（2002a）的实验研究表明，煤的瓦斯吸附量与煤的比表面积呈正比。因此，可认为瓦斯吸附平衡时，比表面积比等于瓦斯吸附量比，微孔与中孔内吸附瓦斯量比值为$\frac{1}{3\ (\beta/\alpha)}$，大孔与中孔内瓦斯吸附量比值为$\frac{1}{3\ (\eta/\varepsilon)}$。

当 β/α 非常小时，表明吸附平衡时，微孔吸附量可忽略不计，相反，则可认为中孔吸附量可忽略不计；当 η/ε 非常小时，表明吸附平衡时，大孔吸附量可忽略不计，相反，中孔吸附量可忽略不计。综上所述，β/α 和 η/ε 反映了在瓦斯扩散初始时刻，煤粒内瓦斯分布特征。

9.3.2　通解的实验验证

采用煤粒瓦斯扩散特性实测数据和孔隙结构数据，代入式（9-34）扩散率通解式，绘制瓦斯扩散率与扩散时间的关系曲线，与实测曲线对比，以分析通解的准确性。

验证煤样选用永城车集软硬煤样，煤样粒度为 1～3mm，平均粒度为 2mm，吸附平衡瓦斯压力均为 0.74MPa，实验环境温度 25℃，室内大气压为 0.1MPa，新模型的瓦斯扩散参数计算结果见表 9-2，软硬煤的 f 值分别为 0.15、0.85。瓦斯放散规律实验结果表明，软煤样的瓦斯扩散规律不符合均质煤粒瓦斯扩散模型，硬煤样相对符合均质煤粒瓦斯扩散模型。

表 9-2　新模型的瓦斯扩散参数计算结果

煤样	α	ε	β	η	β/α	η/ε
车集软煤	0.256	315.0	220.0	302.6	860.0	0.96
车集硬煤	9.62×10^{-3}	4.23×10^{-4}	3.52707	10526.85	9.62×10^{-3}	0.25

按照新模型拟合车集煤矿煤粒的瓦斯解吸扩散实验数据，如图 9-5 所示，软硬煤的瓦斯解吸实验数据均基本与拟合曲线吻合，但当时间大于 30min 后仍出现偏差增大的趋势，可能是无穷级数解的精度造成的，因为，拟合分析时，考虑计算效率，通解中的 k、q 两级数均取值为 100，舍弃了后面的级数，所以存在截断误差。

根据曲线拟合，获得不同时间段的瓦斯扩散参数 α、ε、β 和 η，结果见表 9-2，软煤 α 值比硬煤大得多，η 值比硬煤小得多，说明软煤的中孔内吸附瓦斯扩散至中孔的时间远大于硬煤，反映了软煤的中孔孔容和比表面积有明显增加，这也是硬煤扩散系数曲线主要受微孔内瓦斯控制的原因，如图 9-5 和表 9-2 所示，硬煤的扩散参数很小，且为直线，而软煤的有明显的衰减；而 β/α 和 η/ε 说明了软煤的大中孔内瓦斯吸附量均大于硬煤，反映了

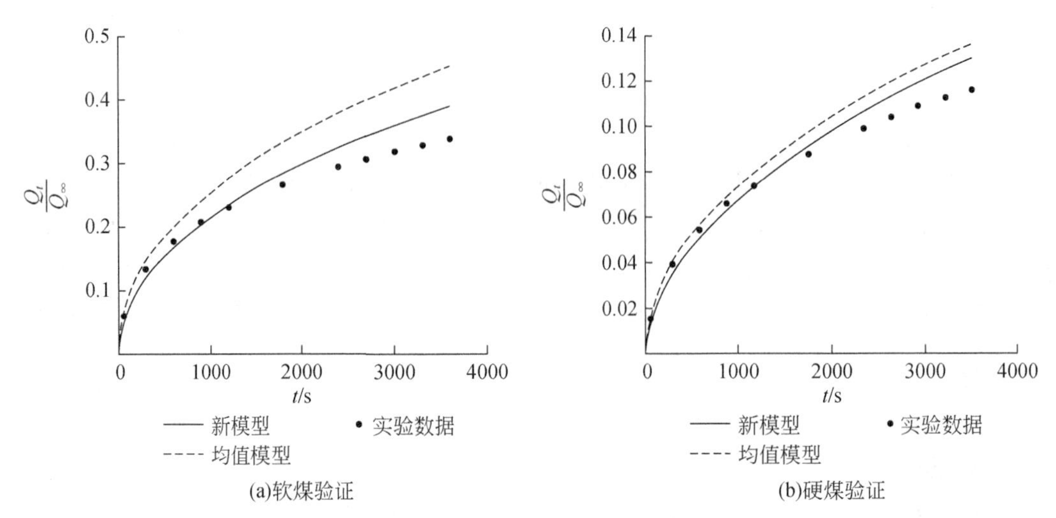

(a)软煤验证　　　　(b)硬煤验证

图 9-5　车集实验数据的新模型拟合曲线

软煤相对于硬煤，大中孔隙的比表面积有明显增加。

综上所述，经验证，新模型拟合数据与煤粒瓦斯解吸扩散实测数据基本吻合，拟合出的扩散参数，反映了软硬煤的孔隙结构和瓦斯放散规律的差异性。

第 10 章　结论与讨论

10.1　结　　论

在充分调研国内外研究成果的基础上，结合煤粒瓦斯放散规律应用中存在的问题，确定了研究目标和主要内容，采用物理模拟实验、孔隙结构实验测定、数学建模、理论分析和数值解算等方法，研制了具有温控功能的大质量煤样高效瓦斯吸附解吸实验系统，实验研究了吸附平衡压力、变质程度、破坏程度、粒度、水分和环境温度等因素对煤粒瓦斯放散动力学的影响规律和机理；采用压汞、低温液氮等温吸附和扫描电镜等手段测定了不同变质程度和不同破坏类型构造煤的孔裂隙结构参数，结合前人关于煤分子结构和孔隙结构的研究成果，研究了变质程度和破坏程度对煤的孔隙结构控制特征，探讨了动力变质对瓦斯放散规律的影响，完善了变质程度和破坏程度对煤粒瓦斯放散影响的规律和机理；在实验研究基础上，根据气体在多孔介质扩散理论，补充完善了煤粒瓦斯放散机理，结合变扩散系数规律，建立了基于三层孔隙结构的煤粒瓦斯放散物理-数学扩散模型，求出了该模型的通解，并进行理论分析和验证通解。通过研究获得以下主要结论。

(1) 围绕华北板块典型煤田，统计分析了板块内绝大部分矿区和矿井与构造煤有关的资料，其中，主要矿区 38 个，矿井 344 对，高突矿井 67 对。形成了华北煤田构造煤的区域和层域分布规律的地质构造控制作用机理的理论。华北板块受挤压构造带和伸张构造带控制，构造软煤总体比较发育，在区域上，可划分为北、中、南三带；在层域上，受地层结构、含煤地层结构和煤岩层岩性和厚度及组合控制，构造软煤层域特征明显。

(2) 煤粒瓦斯放散规律实验前的准备，研制了具有温控功能的高效、大质量煤样的煤粒瓦斯吸附-放散实验系统和湿煤样、平衡水煤样的制作装置。

(3) 不同吸附平衡压力的极限瓦斯放散量采用 Langmuir 改进公式［式 (8-9)］计算；提出不同吸附平衡压力的瓦斯放散速度随时间的变化关系可表示为 $V=B\cdot P^{K_p}\cdot t^{-K_t}$，但同一煤样，不同时间段，相关参数均发生变化；煤粒瓦斯扩散系数随吸附平衡瓦斯压力增大而稍有减小，与吸附平衡压力对瓦斯放散速度的影响量相比，减小量可忽略不计，即认为吸附平衡瓦斯压力对煤粒瓦斯扩散系数没有影响；硬煤的瓦斯扩散系数随放散时间基本不变化，可用均质模型描述，软煤的瓦斯扩散系数则随放散时间显著减小。

(4) 变质程度对瓦斯极限放散量的影响与对吸附能力的影响一致，对于实验煤样，总体随变质程度的提高而增加；相同时间内，瓦斯放散量与瓦斯放散速度均随变质程度的提高而增大；变质程度对扩散系数的影响总体随变质程度的提高呈增大趋势，变质程度为贫瘦煤的鹤壁煤样高于无烟煤的晋城煤样，分析原因是受破坏程度或变质变形环境影响；不同变质程度软煤的扩散系数均随时间而减小。

(5) 破坏程度对极限瓦斯放散量影响不大，软煤稍高于硬煤；相同时间，瓦斯放散量和瓦斯放散速度明显大于硬煤，通过实验数据回归，评价了 9 个经验公式，乌斯基诺夫式更合理，但相关系数偏低；软煤的扩散系数明显高于硬煤，基本在 2 ~ 10 倍变化，随破坏程度（f 值减小）提高扩散系数增大；瓦斯扩散系数随时间延长而衰减，破坏程度越高，衰减程度越大。

（6）软硬煤瓦斯放散初速度差值随粒度的减小而减小，粒度减小到一定程度——该粒度称为原始粒度，小于等于该粒度时，软硬瓦斯放散速度和扩散参数 KB 几乎没有差别，该粒度受变质程度、煤岩组分等影响；结合前人研究成果，完善了粒度对瓦斯扩散量、扩散速度和扩散系数的影响规律和机理，提出了粒度差别是软硬煤差别的本质特征之一；瓦斯扩散参数 KB 随粒度的减小而增大，扩散系数随粒度减小而减小，查明了瓦斯扩散参数和扩散系数随粒度变化的原因。

（7）煤粒中气态水分的增加减小了极限瓦斯放散量，减小了相同时间内的瓦斯放散初速度和扩散系数，查明了水分瓦斯放散规律的影响机理。

（8）根据气体在多孔介质中理论，理论推导了瓦斯放散量与环境温度的关系式，瓦斯放散量随温度呈指数变化；通过实验研究，确定了理论公式中各项系数，提出了解吸环境温度对瓦斯放散量的修正公式，给出了不同变质程度煤的回归系数和适用条件；查明随温度升高瓦斯放散速度加快的主要原因是，扩散系数随温度升高而增大，拟合出扩散参数 KB 与温度 T 的关系，印证了瓦斯放散量温度修正公式；查明了温度对扩散系数的影响机理。

（9）采用孔隙结构测定结果表明，破坏程度增加了煤的总孔容、中孔、过渡孔、大孔孔容和比表面积，其中中孔增加最显著，孔隙连通性也得到明显改善，微孔变化不明显；随变质程度提高，总体上，总孔容呈指数下降，大孔、中孔和过渡孔呈下降趋势，微孔逐渐升高，比表面积呈 U 形变化。结合煤的分子结构研究成果，动力变质作用在一定程度上提高了软煤的变质程度。

（10）理论分析表明，煤粒的吸附瓦斯放散过程，可用气体在多孔介质中的扩散理论描述，扩散模式包括细孔扩散、表面扩散和晶体扩散，其中，细孔扩散决定了煤粒瓦斯的动力学特性，实际煤粒的扩散参数受孔隙直径、孔分布、迂曲度和连通性等孔隙结构特征控制，具有随时间衰减的特征。

（11）根据以上认识和气体在多孔介质模型研究进展，建立了基于煤粒瓦斯连续性扩散理论的三层结构新模型，推导了扩散率关于放散时间的无穷级数通解，扩散率与时间呈指数关系，经数值验证，与煤粒瓦斯扩散实验规律一致。

10.2　讨　　论

煤粒的瓦斯放散规律、机理和模型的研究是煤层瓦斯含量测定、突出危险性预测参数测定、落煤的瓦斯涌出和煤层气开发等方面的关键科学问题之一，具有广泛的应用前景，受时间和篇幅所限，对获得关于瓦斯扩散规律的新认识和新模型，在具体应用方面开展研究较少，本书完成后，将继续对新模型的通解采用数值计算的方法，研究通解相关参数的变化规律并充分验证，进而简化应用到具体问题中。

参考文献

艾鲁尼 A T. 1992. 煤矿瓦斯动力现象 . 唐修义，宋德淑，王荣龙译 . 北京：煤炭工业出版社 .

包剑影 . 1996. 阳泉煤矿瓦斯治理技术 . 北京：煤炭工业出版社 .

彼特罗祥 . 1983. 煤矿沼气涌出 . 宋世钊译 . 北京：煤炭工业出版社 .

蔡成功，王魁军 . 1992. MD-2 型煤钻屑瓦斯解吸仪 . 煤矿安全，(7)：16-18.

曹代勇，李小明，张守仁 . 2006. 构造应力对煤化作用的影响——应力降解机制与应力缩聚机制 . 中国科学（D 辑），36（1）：59-68.

曹垚林，仇海生 . 2007. 碎屑状煤芯瓦斯解吸规律研究 . 中国矿业，16（12）：119-123.

陈昌国 . 1996. 煤吸附与解吸甲烷的动力学规律 . 煤炭转化：19（1）：68-71.

陈昌国，鲜晓红，张代钧，等 . 1995. 温度对煤和炭吸附甲烷的影响 . 煤炭转化，18（3）：88-92.

陈昌国，张代钧，鲜晓红，等 . 1997. 煤的微晶结构与煤化度 . 煤炭转化，20（1）：45-49.

陈富勇，琚宜文，李小诗，等 2010. 构造煤中煤层气扩散–渗流特征及其机理 . 地学前缘，17（1）：195-201.

陈攀 . 2010. 水分对构造煤瓦斯解吸规律影响的实验研究 . 河南理工大学硕士学位论文 .

陈萍，唐修义 . 2001. 低温氮吸附法与煤中微孔隙特征的研究 . 煤炭学报，26（5）：552-556.

陈向军 . 2008. 强烈破坏煤瓦斯解吸规律研究 . 河南理工大学硕士学位论文 .

陈向军，程远平，王林 . 2012. 水分对不同煤阶煤瓦斯放散初速度的影响 . 煤炭科学技术，40（12）：62-65.

陈振宏，王一兵，宋岩，等 . 2008. 不同煤阶煤层气吸附、解吸特征差异对比 . 天然气工业，28（3）：30-32.

大牟田秀文 . 1982. 煤层瓦斯涌出机理 . 矿业译丛，(2)：10-14.

渡边伊温，辛文 . 1985. 关于煤的瓦斯解吸特性的几点考察 . 煤矿安全，(4)：52-60.

范新欣，王宝和，于才渊，等 . 2010. 基于分形理论的油页岩有效扩散系数研究 . 化学工程，38（10）：238-242.

范壮军，何凤燕 . 2003. Dubinin 方程在 CO_2 吸附于活性炭的应用 . 炭素，3：3-8.

富向，王魁军，杨天鸿 . 2008. 构造煤的瓦斯放散特征 . 煤炭学报，33（7）：775-779.

缑发现，贾翠芝，杨昌光 . 1997. 用直接法测定煤层瓦斯含量来推算损失量的方法 . 煤矿安全，（7）：9-11.

郭德勇，韩德馨 . 1999. 构造煤的电子顺磁共振实验研究 . 中国矿业大学学报，28（1）：94-97.

郭德勇，韩德馨，王新义 . 2002. 煤与瓦斯突出的构造物理环境及其应用 . 北京科技大学学报，24（6）：582-592.

郭可信 . 2003. X 射线衍射的发现 . 物理，32（7）：427-433.

郭立稳，俞启香，王凯 . 2000. 煤吸附瓦斯过程温度变化的实验研究 . 中国矿业大学学报，29（3）：287-289.

郭绪杰，焦贵浩 . 2002. 华北古生界石油地质 . 北京：地质出版社 .

郝吉生，袁崇孚 . 2000. 构造煤及其对煤与瓦斯突出的控制作用 . 焦作工学院学报，19（6）：403-406.

郝琦 . 1987. 煤的显微孔隙形态特征及其成因探讨 . 煤炭学报，12（4）：51-57.

何学秋 . 1995. 含瓦斯煤岩流变动力学 . 徐州：中国矿业大学出版社 .

何学秋，聂百胜 . 2001. 孔隙气体在煤层中扩散的机理 . 中国矿业大学学报，30（1）：1-4.

何志刚 . 2010. 温度对构造煤瓦斯解吸规律的影响研究 . 河南理工大学硕士学位论文 .

霍多特 B B. 1966. 煤与瓦斯突出 . 宋士钊，王佑安译 . 北京：中国工业出版社 .

贾东旭，王兆丰，袁军伟，等 . 2006. 我国地勘解吸法存在的问题分析 . 煤炭科学技术，34（6）：88-90.
姜波，秦勇 . 1998. 实验变形煤结构演化的电子顺磁共振研究 . 长春科技大学学报，28（4）：411-416.
姜波，秦勇 . 1999. 变形煤的 EPR 结构演化及其构造地质意义 . 高校地质学报，5（3）：334-339.
姜波，秦勇，金法礼 . 1998a. 高温高压实验变形煤 XRD 结构演化 . 煤炭学报，23（2）：188-193.
姜波，秦勇，宋党育 . 1998b. 高煤级构造煤的 XRD 结构及其构造地质意义 . 中国矿业大学学报，27（2）：115-118.
蒋建平，罗国煜，康继武 . 2001. 煤 X 射线衍射与构造煤变质浅议 . 煤炭学报，26（1）：31-34.
降文萍 . 2009. 煤阶对煤吸附能力影响的微观机理研究 . 中国煤层气，（2）：19-22.
降文萍，崔永君，钟玲文 . 2007. 煤中水分对煤吸附甲烷影响机理的理论研究 . 天然气地球科学，18（4）：576-583.
降文萍，宋孝忠，钟玲文 . 2011. 基于低温液氮实验的不同煤体结构煤的孔隙特征及其对瓦斯突出影响的研究 . 煤炭学报，36（4）：609-614.
近藤精一，石川达雄，安部郁夫 . 2005. 吸附科学 . 李国希译 . 北京：化学工业出版社 .
靳朝辉 . 2004. 离子交换动力学的研究 . 天津大学博士学位论文 .
琚宜文 . 2003. 构造煤结构演化与储层物性特征及其作用机理 . 中国矿业大学博士学位论文 .
琚宜文，李小诗 . 2009. 构造煤超微结构研究新进展 . 自然科学进展，19（2）：131-140.
琚宜文，姜波，侯泉林，等 . 2004. 构造煤结构——成因新分类及其地质意义 . 煤炭学报，29（5）：513-517.
琚宜文，姜波，侯泉林，等 . 2005a. 华北南部构造煤纳米级孔隙结构演化特征及作用机理 . 地质学报，79（2）：269-285.
琚宜文，姜波，侯泉林，等 . 2005b. 煤岩结构纳米级变形与变质变形环境的关系 . 科学通报，50（17）：1884-1892.
琚宜文，姜波，王桂樑，等 . 2005c. 构造煤结构与储层物性 . 徐州：中国矿业大学出版社 .
康博 . 2014. 低温环境煤的瓦斯解吸特性研究 . 河南理工大学硕士学位论文 .
李红阳，朱耀武，易继承 . 2007. 淮南矿区地温变化规律及其异常因素分析 . 煤矿安全，38（11）：68-71.
李宏 . 2011. 环境温度对颗粒煤瓦斯解吸规律的影响实验研究 . 河南理工大学硕士学位论文 .
李惠娟 . 1994. 矿井降温中的空气调节技术 . 暖通空调，（13）：43-45.
李祥春，聂百胜 . 2006. 煤吸附水特性的研究 . 太原理工大学学报，37（4）：417-419.
李小明，曹代勇 . 2012. 不同变质类型煤的结构演化特征及其地质意义 . 中国矿业大学学报，41（1）：74-81.
李小明，曹代勇，张守仁，等 . 2005. 构造煤与原生结构煤的显微傅里叶红外光谱特征对比研究 . 中国煤田地质，17（3）：9-11.
李小彦，解光新 . 2004. 孔隙结构在煤层气运移过程中的作用——以沁水盆地为例 . 天然气地球科学，15（4）：341-344.
李玉辉，李育辉，崔永君，等 . 2005. 煤基质中甲烷扩散动力学特性研究 . 煤田地质与勘探，33（6）：31-34.
李云波 . 2011. 构造煤瓦斯解吸初期特征实验研究 . 河南理工大学硕士学位论文 .
李志宏，赵军平，吴东，等 . 2000. 小角 X 射线散射中 Porod 正偏离的校正 . 化学学报，58（9）：1147-1150.
李志强 . 2008. 重庆沥鼻峡背斜煤层气富集成藏规律及有利区带预测研究 . 重庆大学博士学位论文 .
李志强，王登科，宋党育 . 2015a. 新扩散模型下温度对煤粒瓦斯动态扩散系数的影响 . 煤炭学报，40（5）：

1055-1064.
李志强，王司建，刘彦伟，等 . 2015b. 基于动扩散系数新模型的构造煤瓦斯扩散机理 . 中国矿业大学学报，44（5）：836-842.
李子文 . 2015. 低阶煤的微观结构特征及其对瓦斯吸附解吸的控制机理研究 . 中国矿业大学博士学位论文 .
李子文，林柏泉，郝志勇，等 . 2013. 煤体孔径分布特征及其对瓦斯吸附的影响 . 中国矿业大学学报，42（6）：1047-1053.
梁冰 . 2000. 温度对煤的瓦斯吸附性能影响的实验研究 . 黑龙江矿业学院学报，10（1）：20-22.
刘高峰，张子戌，张小东，等 . 2009. 气肥煤与焦煤的孔隙分布规律及其吸附－解吸特征 . 岩石力学与工程学报，28（8）：1587-1592.
刘彦伟 . 2011. 煤粒瓦斯放散规律、机理与动力学模型研究 . 河南理工大学博士学位论文 .
刘彦伟，刘明举 . 2015. 粒度对软硬煤粒瓦斯解吸扩散差异性的影响 . 煤炭学报，40（3）：579-587.
刘彦伟，刘明举，魏建平，等 . 2012. 温度对煤粒瓦斯扩散动态过程的影响规律与机理 . 煤炭学报，37（增 2）：347-352.
刘志勇，孙伟，周新刚 . 2005. 混凝土气体扩散系数测试方法理论研究 . 混凝土，193（11）：3-9.
刘中民，郑禄彬，陈国权，等 . 1995. 与浓度相关的扩散系数 Dt 的求取 . 中国科学（B 辑），25（7）：704-709.
卢平，朱德信 . 1995. 解吸法测定煤层瓦斯压力和瓦斯含量的实验研究 . 淮南矿业学院学报，15（4）：34-40.
马东民，张遂安，蔺亚兵 . 2011. 煤的等温吸附–解吸实验及其精确拟合 . 煤炭学报，36（3）：477-479.
马东民，马薇，蔺亚兵 . 2012. 煤层气解吸滞后特征分析 . 煤炭学报，37（11）：1885-1889.
聂百胜，何学秋，王恩元 . 2000. 瓦斯气体在煤层中的扩散机理及模式 . 中国安全科学学报，10（6）：24-28.
聂百胜，郭勇义，吴世跃，等 . 2001. 煤粒瓦斯扩散的理论模型及其解析解 . 中国矿业大学学报，30（1）：19-22.
聂百胜，何学秋，王恩元，等 . 2004. 煤吸附水的微观机理 . 中国矿业大学学报，33（4）：379-383.
聂继红，孙进步 . 1996. 瓦斯突出煤的显微结构研究 . 东北煤炭技术，（6）：40-42.
秦勇 . 1994. 中国高煤级煤的显微岩石学特征及结构演化 . 徐州：中国矿业大学出版社 .
秦勇 . 2006. 中国煤层气产业化面临的形势与挑战（Ⅱ）：关键科学技术问题 . 天然气工业，26：4-8.
秦勇，姜波，王超，等 . 1997a. 中国高煤级煤的电子顺磁共振特征——兼论煤中大分子基本结构单元的“拼叠作用”及其机理 . 中国矿业大学学报，26（2）：10-11.
秦勇，姜波，曾勇，等 . 1997b. 中国高煤级煤 EPR 阶跃式演化及地球化学意义 . 中国科学，27（6）：499-502.
秦跃平，王翠霞，王健，等 . 2012. 煤粒瓦斯放散数学模型及数值解算 . 煤炭学报 . 37（9）：14：66-71.
秦跃平，郝永江，刘鹏，等 . 2015. 封闭空间内煤粒瓦斯解吸实验与数值模拟 . 煤炭学报，40（1）：87-92.
屈争辉 . 2010. 构造煤结构及其对瓦斯特性的控制机理研究 . 中国矿业大学博士学位论文 .
屈争辉 . 2011. 构造煤结构及其对瓦斯特性的控制机理研究 . 煤炭学报，36（3）：533-534.
桑树勋，朱炎铭，张井，等 . 2005a. 液态水影响煤吸附甲烷的实验研究：以沁水盆地南部煤储层为例 . 科学通报，50（增刊Ⅰ）：70-75.
桑树勋，朱炎铭，张时音，等 . 2005b. 煤吸附气体的固气作用机理 I 煤孔隙结构与固气作用 . 天然气工业，25（1）：13-15.
桑树勋，朱炎铭，张井，等 . 2005c. 煤吸附气体的固气作用机理–煤吸附气体的物理过程与理论模型 . 天然气工业，25（1）：16-21.
邵军 . 1994. K1 指标的实验室研究 . 煤矿安全，25（12）：1-5.
邵军 . 1989. 关于煤屑瓦斯解吸经验公式的探讨 . 煤炭工程师，(3)：21-27.
石强，潘一山 . 2005. 煤体内部裂隙和流体通道分析的核磁共振成像方法研究 . 煤矿开采，10（6）：7-9.
宋晓夏，唐跃刚，李伟，等 . 2014. 基于小角 X 射线散射构造煤孔隙结构的研究 . 煤炭学报，39（4）：719-724.
宋志敏，刘高峰，张子戌 . 2012. 高温高压平衡水分条件下变形煤的吸附-解吸特性 . 采矿与安全工程学报，29（4）：591-595.
苏文叔 . 1986. 综采工作面沼气涌出规律及预测 . 煤炭工程师，(1)：11-15.
苏现波，陈润，林晓英，等 . 2008. 吸附势理论在煤层气吸附/解吸中的应用 . 地质学报，82（10）：1382-1388.
孙丽娟 . 2013. 不同煤阶软硬煤的吸附-解吸规律及应用 . 中国矿业大学（北京）博士学位论文 .
孙文晶 . 2013. 煤炭体非均质结构对瓦斯气吸附解吸及煤层气强化抽采过程的影响 . 四川大学硕士学位论文 .
孙旭光，陈建平，王延斌 . 2002. 吐哈盆地侏罗纪煤中主要组分结构特征与生烃性分析 . 沉积学报，20（4）：721-726.
孙重旭 . 1983. 煤样解吸瓦斯泄出的研究及其突出煤层煤样瓦斯解吸的特点 . 煤与瓦斯突出第三次学术论文选集，重庆研究所 .
谈幕华，黄蕴元 . 1985. 表面物理化学 . 北京：中国建筑工业出版社 .
镡志伟，程五一，牛聚粉，等 . 2006. 利用钻屑解吸法测定煤层瓦斯压力的应用 . 华北科技学院学报，3（1）：17-19.
唐本东，邓全封 . 1987. 用井下实测煤的瓦斯解吸强度确定煤层瓦斯压力和瓦斯含量 . 煤矿安全，19（8）：1-9.
唐书恒，蔡超，朱宝存，等 . 2008. 煤变质程度对煤储层物性的控制作用 . 天然气工业，28（12）：30-33.
陶玉梅 . 2004. 煤的钻屑瓦斯解吸指标 Δh2 的实验室考查及应用 . 煤矿安全，35（8）：15-17.
王宝俊，章丽娜，凌丽霞，等 . 2016. 煤分子结构对煤层气吸附与扩散行为的影响 . 化工学报，67（6）：2548-2557.
王日存，王佑安 . 1983. 钻孔钻屑量测定及其与突出危险性关系 . 煤矿安全，14（9）：1-8.
王绍亭，陈涛 . 1986. 动量、热量与质量传递 . 天津：天津科学技术出版社 .
王佑安，杨思敬 . 1981. 煤和瓦斯突出煤层的某些特征 . 煤炭学报，(1)：47-53.
王兆丰 . 2001. 空气、水和泥浆介质中煤的瓦斯解吸规律与应用研究 . 中国矿业大学博士学位论文 .
温志辉 . 2008. 构造煤瓦斯解吸规律的实验研究 . 河南理工大学硕士学位论文 .
翁成敏，潘志贵 . 1981. 峰峰煤田煤的 X 射线衍射分析 . 地球科学，(1)：214-221.
吴俊 . 1989. 我国富烃煤层（突出煤层）岩石学和孔隙特征及成烃机理研究——兼论煤成油 . 中国矿业大学（北京）博士学位论文 .
吴俊 . 1994. 中国煤成烃的基本理论与实践 . 北京：煤炭工业出版社 .
吴俊，金奎励，童有德，等 . 1991. 煤孔隙理论及在瓦斯突出和抽放评价中的应用 . 煤炭学报，16（3）：86-95.
吴世跃 . 2005. 煤层气与煤层耦合运动理论及其应用的研究——具有吸附作用的气固耦合理论 . 东北大学博士学位论文 .
谢建林，郭勇义，吴世跃 . 2004. 常温下煤吸附甲烷的研究 . 太原理工大学学报，35（5）：562-564.

辛厚文，侯中怀 . 2000. 表面化学反应体系中非线性问题的理论研究 . 化学进展，12（1）：1-17.
徐龙君，鲜学福 . 1997. 突出区煤的化学组成和大分子结构研究 . 重庆大学学报（自然科学版），20（2）：69-73.
徐龙君，鲜学福，刘成伦，等 . 1999. 突出区煤的孔隙结构特征研究 . 矿业安全与环保，（2）：25-27.
许江，刘东，彭守建，等 . 2010. 煤样粒径对煤与瓦斯突出影响的试验研究 . 岩石力学与工程学报，29（6）：1231-1237.
许顺生 . 1966. X 射线学及电子显微术的进展 . 上海：上海科学技术出版社 .
严继民，张启元，高敬琮 . 1986. 吸附与凝聚——固体的表面和孔 . 北京：科学出版社 .
严荣林，钱国胤 . 1995. 煤的分子结构与煤氧化自燃的气体产物 . 煤炭学报，20（增刊）：58-63.
颜爱华 . 2001. 煤与瓦斯突出的热动力模型 . 焦作工学院硕士学位论文 .
杨其銮 . 1986a. 关于煤屑瓦斯放散规律的试验研究 . 煤矿安全，18（2）：9-17.
杨其銮 . 1986b. 煤屑瓦斯放散随时间变化规律的初步探讨 . 煤矿安全，（4）：3-11.
杨其銮，王佑安 . 1986. 煤屑瓦斯扩散理论及其应用 . 煤炭学报，（3）：87-94.
杨其銮，王佑安 . 1988. 瓦斯球向流动数学模拟 . 中国矿业学院学报，（3）：55-61.
杨思敬，杨福蓉，高照祥 . 1991. 煤的孔隙系统和突出煤的孔隙系统 . 中国矿业大学 . 第二届中国国际采矿科学技术会论文集 . 徐州：中国矿业大学出版社 .
杨兆彪，秦勇，王兆丰，等 . 2010. 钻井液条件下煤芯煤层气解吸-扩散模型及逸散量求取 . 中国科学：地球科学，40（2）：171-177.
姚多喜，吕劲 . 1996. 淮南谢一矿煤的孔隙研究 . 中国煤田地质，8（4）：31-33.
叶欣，刘洪林，王勃，等 . 2008. 高低煤阶解吸机理差异性分析 . 天然气技术，2（2）：19-22.
易俊，姜永东，鲜学福 . 2009. 煤层微孔中甲烷的简化双扩散数学模型 . 煤炭学报，34（3）：355-366.
于洪观，范维唐，孙茂远，等 . 2004. 煤中甲烷等温吸附模型的研究 . 煤炭学报，29（4）：463-467.
俞启香 . 1992. 矿井瓦斯防治 . 徐州：中国矿业大学出版社 .
袁军伟 . 2014. 颗粒煤瓦斯扩散时效特性研究 . 中国矿业大学（北京）博士学位论文 .
岳高伟 . 2014. 低温环境煤的瓦斯吸附/解吸特性研究 . 河南理工大学博士学位论文 .
曾社教，马东民，王鹏刚 . 2009. 温度对煤层气解吸效果的影响 . 西安科技大学学报，29（4）：449-454.
张登峰，崔永君，李松庚，等 . 2011. 甲烷及二氧化碳在不同煤阶煤内部的吸附扩散行为 . 煤炭学报，36（10）：1693-1698.
张东辉 . 2003. 多孔介质扩散、导热、渗流分形模型的研究 . 东南大学博士学位论文 .
张东辉，施明恒，金峰，等 . 2004. 分形多孔介质的粒子扩散特点（I）. 工程热物理学报，25（5）：822-824.
张红日 . 1999. 构造煤的孔隙特征——河北下花园矿Ⅰ3～Ⅲ3 煤层分析 . 山东矿业学院学报，18（1）：12-16.
张洪良 . 2011. 负压环境下煤的瓦斯解吸规律研究 . 河南理工大学硕士学位论文 .
张慧 . 2002. 煤中显微裂隙的成因类型及其研究意义 . 岩石矿物学杂志，21（3）：279-284.
张井，于冰，唐家祥 . 1996. 瓦斯突出煤层的孔隙结构研究 . 中国煤田地质，8（2）：71-74.
张庆玲 . 1999. 煤储层条件下水分-平衡水分测定方法研究 . 煤田地质与勘探，4（27）：25-27.
张群，庄军 . 1995. 丝炭和暗煤的顺磁共振研究 . 煤炭学报，20（3）：266-271.
张赛，陈君若，刘显茜 . 2013. 气体有效扩散系数的分形模型 . 化学工程，41（5）：39-43.
张时音，桑树勋 . 2009. 不同煤级煤层气吸附扩散系数分析 . 中国煤炭地质，21（3）：24-27.
张天军，许鸿杰，李树刚，等 . 2009. 粒径大小对煤吸附甲烷的影响 . 湖南科技大学学报：自然科学版，24（1）：9-12.

张小兵，张子敏，张玉贵．2009．力化学作用与构造煤结构．中国煤炭地质，（2）：10-14．

张小兵，王蔚，张玉贵，等．2016．构造煤微晶取向生长机制探讨．煤炭学报，（3）：712-718．

张晓东，秦勇，桑树勋．2005a．煤储层吸附特征研究现状及展望．中国煤田地质，17（1）：16-29．

张晓东，桑树勋，秦勇，等．2005b．不同粒度的煤样等温吸附研究．中国矿业大学，34（4）：427-432．

张玉贵．2006．构造煤演化与力化学作用．太原理工大学博士学位论文．

张玉贵，曹运兴，李凯琦．1997．构造煤顺磁共振波谱特征初探．焦作工学院学报，16（2）：37-40．

张玉贵，张子敏，曹运兴．2007，构造煤结构与瓦斯突出．煤炭学报，（3）：281-284．

张玉贵，张子敏，张小兵，等．2008．构造煤演化的力化学作用机制．中国煤炭地质，20（10）：11-13，21．

张玉涛，王德明．2007．煤孔隙分形特征及其随温度的变化规律．煤炭科学技术，35（11）：73-77．

张占存，马丕梁．2008．水分对不同煤种瓦斯吸附特性影响的实验研究．煤炭学报，33（2）：144-147．

张志刚．2012．煤粒中瓦斯时变扩散规律的解析研究．煤矿开采，17（2）：8-11．

张子敏，张玉贵．2005．瓦斯地质规律与瓦斯预测．北京：煤炭工业出版社．

张子戌，刘高峰，张小东，等．2009．CH_4/CO_2不同浓度混合气体吸附-解吸实验．煤炭学报，34（4）：551-555．

赵东，赵阳升，冯增朝．2011．结合孔隙结构分析注水对煤体瓦斯解吸的影响．岩石力学与工程学报，30（4）：686-692．

赵继尧，王向东．1987．中国科学院地球化学研究所开放实验室年报．贵阳：贵州人民出版社．

赵晓雨．2006．小角X射线散射技术的新进展．重庆文理学院学报，5（4）：35-38．

赵旭生，刘胜．2002．钻屑瓦斯解吸指标K1值测定误差的影响因素．矿业安全与环保，29（2）：3-5．

赵振国．2005．吸附作用应用原理．北京：化学工业出版社．

赵志根，唐修义，张光明．2001．较高温度下煤吸附甲烷实验及其意义．煤田地质与勘探，29（4）：29-30．

郑瑛，周英彪，郑楚光．2001．多孔CaO孔隙结构的分形描述．华中科技大学学报，29（3）：82-84．

钟玲文，张慧，员争荣，等．2002a．煤的比表面积、孔体积及其对煤吸附能力的影响．煤田地质与勘探，30（3）：31-35．

钟玲文，郑玉柱，员争荣，等．2002b．煤在温度和压力综合影响下的吸附性能及气含量预测．煤炭学报，27（6）：581-585．

周宏伟，谢和平．1997．多孔介质孔隙度与比表面积的分形描述．西安矿业学院学报，17（2）：97-102．

周世宁．1990．瓦斯在煤层中流动的机理．煤炭学报，15（1）：15-24．

朱履冰．1992．表面与界面物理．天津：天津大学出版社．

邹艳荣，杨起．1998．煤中的孔隙与裂隙．中国煤田地质，10（4）：39-40．

Airey E M. 1968. Gasemission from broken coal. International Journal of Rock Mechanics and Mining Sciences & Geomechanics Abstracts，5（6）：475-494.

Alexeev A D，Feldman E P，Vasilenko T A. 2007. Methane desorption from a coal-bed. Fuel，86（16）：2574-2580.

Barrer R M. 1951. Diffusion in and through Solid. Cambridge：Cambridge University Press.

Bertard C，Bruyet B，Gunther J. 1970. Determination ofdesorbable gas concentration of coal（direct method）. International Journal of Rock Mechanics and Mineral Science，7（1）：43-65.

Bielicki R J，Perkins J H，Kissell F N. 1972. Methane diffusion parameters for sized coal particles：a measuring apparatus and some preliminary results. Washington，DC：U. S. Dept. of Interior，Bureau of Mines.

Boer J H D. 1958. The shape of capillaries. in：Everett D H，Stone F S，*et al*（eds.）. The structure and properties of porous materials . London：Butterworth.

Bolt B A, Innes J A. 1959. Diffusion ofcarbon dioxide from coal. Fuel, 38 (2): 333-337.

Brunauer S, Emmett P H, Teller E. 1938. Adsorption of gases in multimolecular layers. Journal of the American Chemical Society, 60 (2): 309-319.

Busch A, Gensterblum Y, Krooss B M, *et al.* 2006. Investigation of high-pressure selective adsorption/desorption behaviour of CO_2, and CH_4, on coals: An experimental study [J] . International Journal of Coal Geology, 66 (1-2): 53-68.

Cao D Y, Li X M, Zhang S R. 2007. Influence of tectonic stress on coalification: stress degradation mechanism and stress polycondensation mechanism. Science China Earth Sciences, 50 (1): 43-54.

Charriere D, Pokryszka Z, Behra P. 2010. Effect of pressure and temperature on diffusion of CO_2 and CH_4 into coal from the Lorraine basin (France) . International Journal of Coal Geology, 81 (4): 373-380.

Clarkson C R, Bustin R M. 1999. The effect of pore structure and gas pressure upon the transport properties of coal: a laboratory and modeling study. 2. Adsorption rate modeling. Fuel, 78 (11): 1345-1362.

Claskson C R, Bustin B M. 2000. Binary gas adsorption/desorption isotherms: effect of moisture and coal composition upon carbon dioxide selectivity over methane. International Journal of Coal Geology, 42 (4): 241-271.

Crank J. 1956. The Mathematics of Diffusion. Oxford : The Clarendon Press.

Crank J. 1975. Mathematics ofDiffusion. London: Oxford University Press.

Crosdale P J, Beamish B B, Valix M. 1998. Coalbed methane sorption related to coal composition. International Journal of Coal Geology, 35 (1-4): 147-158.

Debye P, Anderson H R, Brumberger H. 1957. Scattering by an inhomogeneous solid. II. The correlation function and its application. Journal of Applied Physics, 28 (6): 679-683.

Diamond W P, Schatzel S J. 1998. Measuring the gas content of coal: a review. International Journal of Coal Geology, 35 (1-4): 311-331.

Dubinin M M. 1960. The potential theory of adsorption of gases and vapors for adsorbents with energetically nonuniform surfaces. Chemical Reviews, 60 (2): 235-241.

Frisen W I, Mikula R J. 1988. Mercury porosimetry of coals. Fuel, 67 (11): 1516-1520.

Gamson P D, Beamish B B, Johnson D P. 1993. Coal microstructure and micropermeability and their effects on natural gas recovery. Fuel, 72 (1): 87-99.

Gan H, Nandi S P, Walker P L. 1972. Nature of porosities in the American coals. Fuel, 51 (3): 272-277.

Gray P G, Do D D. 1992. A graphical method for determining pore and surface diffusivities in adsorption systems. Industrial & Engineering Chemistry Research, 31: 1176-1182.

Grazyna C S, Katarzyna Z. 2005. Sorption of carbon dioxide-methane mixtures. International Journal of Coal Geology, 62 (4): 211-222.

Guinier A, Fournet G. 1995. Small-angle scattering of X-rays. New York: John Wiley & Sons.

Helferich F G. 1990. Models and physicalerality in ion-exchange kinetics. React. Polym, 13 (1-2): 191-194.

Houst Y F, wittmann F H. 1994. Influence of porosity and water content on the diffusivity of CO_2 and O_2 through hydrated cement paste. Cement and Concrete Research, 24 (6): 1165-1176.

Hower J C. 1997. Observation on the role of Bemice coal field (Sullivan County, Pennsylvania) anthracites in the development of coal lification theories in the Appalachians. International Journal of Coal Geology, 33 (2): 95-102.

Janas H, 等. 1978. 国外煤和瓦斯突出资料汇编第一集. 北京: 科学技术文献出版社.

Jhon Y H, Cho M, Jeon H R, *et al.* 2007. Simulations of methane adsorption and diffusion within alkoxyfunctionalized IRMOFs exhibiting severely disordered crystal structures. Journal of Physical Chemistry C, 111 (44): 16618-16625.

Jiang H N, Cheng Y P. 2013. A fractal theory based Fractional diffusion model of methane in coal and experimental verification. 13th Coal Operators' Conference, University of Wollongong, The Australasian Institute of Mining and Metallurgy & Mine Managers Association of Australia, 314-323.

Jiang H N, Cheng Y P, Yuan L, *et al.* 2013. A fractal theory based fractional diffusion model used for the fast desorption process of methane in coal. Chaos, 23 (3): 342.

Joubert J I. 1974. Effect of Moisture on the Methane Capacity of American Coals. Fuel, 53 (3): 186-191.

Joubert J I, Grein C T, Bienstock D. 1973. Sorption of Methane in Moist Coal. Fuel, 52 (3): 181-185.

Ju Y W, Yan Z F, Li X S, *et al.* 2012. Structural characteristics andphysical properties of tectonically deformed coals. Journal of Geological Research, 1-14.

Karacan C O. 2003. An effective method for resolving spatial distribution of adsorption kinetics in heterogeneous porousmedia: application for carbon dioxide sequestration in coal. Chemical Engineering Science, 58 (20): 4681-4693.

Kissell F N, Mcculloch C M, Elder C H. 1973. The Direct Method of Determining Methane Content of Coalbeds for Ventilation Design. U. S. Bureau of Mines Report of Invstiegations, RI7767.

Laxminarayana C, Peter J. 1999. Modelling methane adsorption isotherms using pore filling models: a case study on indian coals. Proc. of the 1999 International coalbed Methane Symposium. Tuscaloosa: University of Alabama.

Li X S, Ju Y W, Hou Q L, *et al.* 2013. Response of macromolecular structure to deformation in tectonically deformed coal. Acta Geologica Sinica-English Edition, 87 (1): 82-90.

Liu Y W, Wang D D, Hao F C, *et al.* 2017. Constitutive model for methane desorption and diffusion based on pore structure differences between soft and hard coal. International Journal of Mining Science and Technology, 27 (6): 937-944.

Mandelbrot B. 1967. How long is the coast of britain? Statistical self-similarity and fractional dimension. Science, 156 (3775): 636-638.

Nakagawa T, Komaki I, Sakawa M, *et al.* 2000. Small angle X-ray scattering study on change of fractal property of Witbank coal with heat treatment. Fuel, 79: 1341-1346.

Nandi S P, Walker J P L. 1970. Activated diffusion of methane in coal. Fuel, 49 (3): 309-323.

Nandi S P, Walker J P L. 1975. Activated diffusion of methane from coals at elevated pressures. Fuel, 54 (2): 81-86.

Patell S, Turner J C R. 1979. Equilibrium and sorption properties of some porous ion-exchangers. Process Technology, 1 (1): 42-49.

Peng D Y, Robinson D B. 1976. A new two-constant equation of state. Industrial & Engineering Chemistry Fundamentals, 15 (1): 59-64.

Pfeifer P, Avnir D. 1983. Chemistry in non integer dimensions between two and three fractal theory of heterogeneous surfaces. Journal of Chemical Physics, 79 (7): 3558-3565.

Porod G. 1951. Die Rontgen kleinwin kelstreuuug von dichtgepackten kolloiden Systemen. Kolloid-Z, (124): 83-114.

Radlinski A P, Mastalerz M, Hinde A L, *et al.* 2004. Application of SAXS and SANS in evaluation ofporosity, pore size distribution and surface area of coal. International Journal of Coal Geology, 59: 245-271.

Ruckenstein E, Vaidyanathan A S, Youngquist G R. 1971. Sorption by solids with bidisperse pores tructures. Chemical Engineering Science, 26: 1305-1318.

Ruppel T C. 1974. Adsorption of methane on dry coal at elecated pressure. Fuel, (53): 152-162.

Ruthven D M. 1984. Principles of Adsorption Processes. New York: John Wiley&sons, inc.

Seidle J P, Metcalfe R S. 1991. Development of Coalbeds Methane. SPE23025.

Sevenster P G. 1959. Diffusion of gases through coal. Fuel, 38 (1): 403-418.

Shi J Q, Durucan S. 2003. A bidisperse pore diffusion model for methane displacement desorption in coal by CO_2 injection. Fuel, 82 (10): 1219-1229.

Shi Y, Xiao J, Quan S, *et al.* 2010. Fractal model for prediction of effective hydrogen diffusivity of gas diffusion layer in proton exchange membrane fuel cell. International Journal of Hydrogen Energy, 35 (7): 2863-2867.

Smith D M, Williams F L. 1981. A new technique for defermining the methane content of coal. Proceedings of the 16th Intersociety Energy Conversion Engineering Conference, Atlanta, GA.

Smith D M, Williams F L. 1984a. Diffusion models for gas production from coals : application to methane content determination. Fuel, 63 (2): 251-255.

Smith D M, Williams F L. 1984b. Diffusion models for gas production from coal-determination of diffusion parameters. Fuel, 63: 256-261.

Smith D M, Williams F L. 1984c. Direct method of determining the methane content of coal — a modification. Fuel, 63 (3): 425-427.

Weatherley L R, Tunrer J C R. 1976. Ion-exchange kinetics comparison between a macroporous and a gel resin. Transactions of the Institution of Chemical Engineers, 54: 89-94.

Winter K, Janas H. 2003. Gas Emission characteristics of coal and Methods of Determining the Desorbable Gas Content by Means of Desorbometers. XIV International Conference of Coal Mine Safety Research.

Yao Y, Liu D, Tang D, *et al.* 2008. Fractal characterization of adsorption-pores of coals from North China: an investigation on CH_4 adsorption capacity of coals. International Journal of Coal Geology, 73 (1): 27-42.

Yi J, Akkutlu I Y, Deutsch C V. 2008. Gas adsorption/diffusion in bidisperse coal particles: investigation for an effective diffusion coefficient in coalbeds. Journal of Canadian Petroleum Technology, 47 (10): 20-26.

Yi J, Akkutlu I Y, Karacan C Ö, *et al.* 2009. Gas sorption and transport in coals: a poroelastic medium approach. International Journal of Coal Geology, 77 (1-2): 137-144.

Yoshida H, Kataoka T, Ikeda S. 1985. Intraparticle mass transfer in bidispersed porous ion exchanger part I: isotopic ion exchange. Canadian Journal of Chemical Engineering, 63 (3): 422-429.

Zheng Q, Yu B, Wang S, *et al.* 2012. A diffusivity model for gas diffusion through fractal porous media. Chemical Engineering Science, 68 (1): 650-655.